高等职业教育

大数据与人工智能专业群系列教材

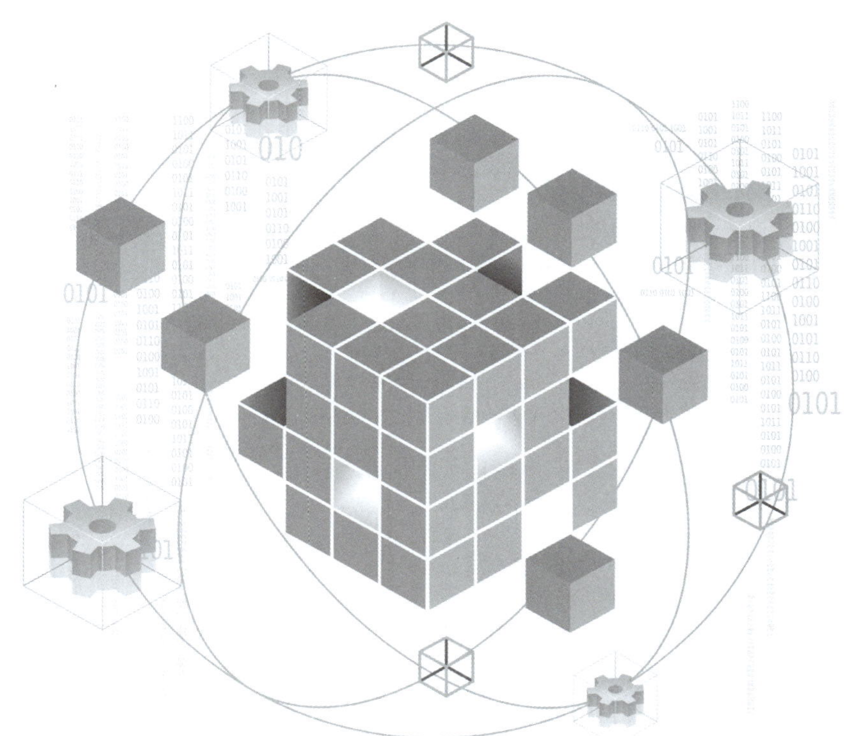

大数据

技术与应用

主　编 蔡劲松　李　伟

副主编 朱瑞玥　张　平　宋文宇

中国水利水电出版社
www.waterpub.com.cn

·北京·

内 容 提 要

本书紧扣 Hadoop 生态圈相关系统对大数据处理架构进行全方位介绍，重点围绕大数据基本概念、集群搭建、存储管理、各类数据分析计算以及可视化等方面的基本理论、方法和关键技术，通过丰富的应用案例展示了大数据的应用场景以及数据价值。全书共分 10 章，分别是认识大数据、Hadoop 集群搭建、HDFS 分布式文件系统、MapReduce 分布式计算框架、ZooKeeper 分布式协调服务、HBase 分布式数据库、Hive 数据仓库、Sqoop 数据迁移、Storm 流计算和数据可视化。

全书遵循“理论够用、实用第一”的原则选择内容，编排合理，表述深入浅出，所有操作命令全部按序列出，并配有解释和截图。本书指导性、实用性强，能使读者快速、轻松地掌握 Hadoop 大数据平台运维和分析的基本技术。

本书可作为高等职业教育本科、专科院校包括大数据技术与应用专业在内的电子信息类专业相关课程教材，也可作为非计算机专业通识课程教学用书以及大数据爱好者的参考读物。

本书附有配套电子课件、源码、教案、教学设计等资源，读者可从中国水利水电出版社网站（www.waterpub.com.cn）或万水书苑网站（www.wsbookshow.com）免费下载。

图书在版编目（CIP）数据

大数据技术与应用 / 蔡劲松，李伟主编. -- 北京 : 中国水利水电出版社，2022.12
高等职业教育大数据与人工智能专业群系列教材
ISBN 978-7-5226-1108-2

Ⅰ. ①大… Ⅱ. ①蔡… ②李… Ⅲ. ①数据处理－高等职业教育－教材 Ⅳ. ①TP274

中国版本图书馆CIP数据核字(2022)第215982号

策划编辑：石永峰　责任编辑：赵佳琦　加工编辑：陈红华　封面设计：梁燕

书　名	高等职业教育大数据与人工智能专业群系列教材 大数据技术与应用 DASHUJU JISHU YU YINGYONG
作　者	主　编　蔡劲松　李伟 副主编　朱瑞玥　张平　宋文宇
出版发行	中国水利水电出版社 （北京市海淀区玉渊潭南路 1 号 D 座　100038） 网址：www.waterpub.com.cn E-mail：mchannel@263.net（答疑） sales@mwr.gov.cn 电话：（010）68545888（营销中心）、82562819（组稿）
经　售	北京科水图书销售有限公司 电话：（010）68545874、63202643 全国各地新华书店和相关出版物销售网点
排　版	北京万水电子信息有限公司
印　刷	三河市德贤弘印务有限公司
规　格	184mm×260mm　16 开本　13.5 印张　296 千字
版　次	2022 年 12 月第 1 版　2022 年 12 月第 1 次印刷
印　数	0001—2000 册
定　价	42.00 元

前　言

随着互联网技术的飞速发展，构建信息内容的数据量也在急速增加，这类量级巨大、急速增加的数据信息被称为大数据。在各种处理大数据的系统中，Hadoop 生态圈相关系统的表现无疑最为突出。本书定位于 Hadoop 系统的入门教程，主要内容包括大数据基础知识、Hadoop 安装与配置管理、HDFS 技术、MapReduce 技术、ZooKeeper 技术、HBase 技术、Hive 分布式数据仓库技术、Sqoop 数据迁移工具、Storm 实时数据处理技术等最为常见与流行的 Hadoop 大数据系统架构。

本书内容编写深入浅出，注重实战。每章均配以实例进行讲解，读者在使用本书时，可以根据相应的操作过程进行操作，高效地掌握相关知识点及操作技能。学生通过对与大数据相关的基本知识、典型技术、具体应用进行全面而直观的了解，在入门性的学习过程中提高对专业的认识。本书注重知识结构的基础性，用案例开阔学生视野，启发创新思维。本书在写作思路和内容编排上具有以下几个方面的特色。

（1）知识体系完整。本书内容包括大数据采集、预处理、存储管理、挖掘分析以及可视化等处理流程中的基本理论、方法和关键技术，涵盖大数据技术与应用方向比较完整的理论体系，脉络清晰，知识完整。

（2）理论与案例结合。本书在各部分知识的讲解中，融入了大量入门级的教学案例，做到深入浅出、图文并茂，帮助读者对大数据知识和技术进行深入理解，体现专业认知的引导性。

（3）注重实践应用。本书在各章节中配置了运用大数据工具解决问题的综合实践案例，通过对实践内容的细致讲解，并辅助视频资料，能够帮助读者完成动手实践的环节，加深对专业知识的理解。

（4）适用范围广。本书既可作为高等职业教育本科和专科电子信息类各专业相关课程教材，也可作为非计算机专业的通识课程教学用书以及大数据爱好者的参考读物。

本书由蔡劲松、李伟任主编，朱瑞玥、张平、宋文宇任副主编，全书统稿和定稿工作由蔡劲松完成。此外，邹汪平、张成、王钧、戴永恒等人也参与了资料整理工作。本书是校企合作、资源共建的成果之一，在编写过程中得到了合肥课工场教育科技有限公司和北京课工场教育科技有限公司大数据开发教研团队的大力支持，在此一并表示感谢。

由于编者水平有限，书中难免存在错误和不妥之处，恳请读者批评指正。编者电子邮箱：94364330@qq.com。

编　者

2022 年 8 月

目　录

第 4 章　MapReduce 分布式计算框架

第 5 章　ZooKeeper 分布式协调服务

第 6 章　HBase 分布式数据库

第 7 章 Hive 数据仓库

第 8 章 Sqoop 数据迁移

第 9 章 Storm 流计算

第 10 章 数据可视化

参考文献

第1章 认识大数据

随着移动互联网、物联网、云计算等信息技术的迅速发展，大量的互联网用户产生了海量的个性化数据，将人们带入了一个新的时代——大数据（Big Data）时代，也使得大数据的存储管理和分析处理的重要性尤为凸显。大数据的深入推广和广泛应用，推动人类社会向信息化、数据化、电子化方向发展。如何合理、经济地存储、处理批量数据，促进社会和企业的变革，拉动人类社会的经济发展，是值得信息行业深入研究和讨论的问题。

本章将从大数据的概述、大数据的基本概念、大数据关键技术与计算模式以及大数据与云计算、物联网和人工智能的关系四个方面介绍大数据。

通过本章的学习，应达到以下目标：

- 了解大数据的概念
- 了解大数据的特点及各行业中的应用
- 理解大数据的关键技术与计算模式
- 掌握大数据与云计算、物联网和人工智能的关系

1.1 初识大数据

1.1.1 大数据产生的时代背景

大数据时代对人类的数据处理能力提出了新的挑战，但也为人们提供了发现新知识、新规律、新意义、新价值的机会。众所周知，21世纪是信息爆炸的时代，这在很大程度上是由于信息科技的进步、云计算技术的兴起以及数据资源化趋势的普及等原因产生的。因此，大数据时代的诞生并非偶然，可以说是应运而生。

1. 信息科技进步

20世纪60—70年代，大型计算机体型庞大且计算能力不高。20世纪80年代以后，随着微电子和集成技术的不断发展，小型计算机逐渐成为主流。20世纪末，互联网技术快速发展，使更多的人接触到网络。随着近几年智能设备的兴起，全球互联网用户数量急速增长，大量的互联网用户产生了海量的个性化数据，随之迎来了大数据时代。面对数据爆炸式的增长，存储设备的性能也必须得到相应的提高。

计算机的发展、智能设备的普及、互联网的广泛应用、存储设备性能的提高、网络

带宽的不断增长都是信息科技进步的表现，它们为大数据的产生提供了存储和流通的物质基础。

2. 云计算技术兴起

云计算技术是互联网行业的一项新兴技术，它的出现使互联网行业产生了巨大的变革，我们平常使用的各种网络云盘，就是云计算技术的一种具体化表现。云计算技术，通俗地讲就是使用云端共享的软件、硬件以及各种应用来得到我们想要的操作结果，而操作过程则由专业的云服务团队去完成。就像以前喝水需要自己打井、下泵，再通过水泵将水抽上来，而云计算就相当于现在的自来水厂，只要打开开关就有水流出，其他的过程都由厂家来完成，而用户只要交费就行。我们通常所说的云端就是“数据中心”，现在国内各大互联网公司、电信运营商、银行乃至政府部门都建立了各自的数据中心，云计算技术已经在各行各业得到普及，并进一步占据优势地位。

云空间是数据存储的一种新模式，云计算技术将原本分散的数据集中在数据中心，为庞大数据的处理和分析提供了可能，可以说云计算为大数据海量数据存储和分散用户访问提供了必需的空间和途径，是大数据诞生的技术基础。

3. 数据资源化趋势

根据数据产生的来源，大数据可以分为消费大数据和工业大数据。消费大数据是人们日常生活产生的大众数据，虽然只是人们在互联网上留下的印记，但各大互联网公司早已开始积累和争夺这些数据。谷歌（Google）依靠世界上最大的网页数据库，充分挖掘数据资产的潜在价值，打破了微软公司（Microsoft）的垄断；脸书（Facebook）基于人际关系数据库，推出了 Graph Search 搜索引擎；在国内，阿里巴巴和京东两家最大的电商平台也打起了数据战，利用数据评估对手的战略动向、促销策略等。在工业大数据方面，众多传统制造企业利用大数据成功实现数字转型，随着“智能制造”的快速普及，工业与互联网深度融合创新，工业大数据技术及应用将成为未来提升制造业生产力、竞争力、创新能力的关键要素。

1.1.2 大数据的发展历程

1. 萌芽期（20 世纪 90 年代至 21 世纪初）

“大数据”概念最初起源于美国，早在 1980 年，著名未来学家阿尔文•托夫勒就在其所著的《第三次浪潮》一书中将“大数据”称颂为“第三次浪潮的华彩乐章”。20 世纪 90 年代，复杂性科学的兴起不仅给我们提供了复杂性、整体性的思维方式和科学研究方法，还带来了有机的自然观。1997 年，美国航空航天局（简称 NASA）阿姆斯科研中心的大卫•埃尔斯沃斯和迈克尔•考克斯在研究数据的可视化问题时，首次使用了“大数据”概念。他们当时就坚信信息技术的飞速发展，一定会带来数据冗杂的问题，数据处理技术必定会进一步发展。1998 年，一篇名为《大数据科学的可视化》的文章在美国《自然》杂志上发表，“大数据”正式作为一个专用名词出现在公共刊物之中。

这一阶段可以看作大数据发展的萌芽时期，在当时大数据还只是作为一种构想或者假设被极少数的学者进行研究和讨论，其含义也仅限于数据量的巨大，并没有更进一步的探索有关数据的收集、处理和存储等问题。

2. 发展期（21 世纪前十年）

21 世纪的前十年，互联网行业迎来了飞速发展的时期，IT 技术也不断地推陈出新，大数据最先在互联网行业得到重视。2001 年，麦塔集团（META Group）[后被高德纳咨询公司（Gartner Group）收购] 分析师道格 • 莱尼提出了数据增长的挑战和机遇的三个方向：量（Volume，数据量大小）、速（Velocity，数据输入 / 输出的速度）、类（Variety，数据多样性），合称"3V"。在此基础上，麦肯锡公司（McKinsey & Company）增加了价值密度（Value），构成"4V"特征。

2005 年，大数据实现重大突破，Hadoop 技术诞生，并成为数据分析的主要技术。2007 年，数据密集型科学的出现不仅为科学界提供了全新的研究范式，还为大数据的发展提供了科学上的基础。2008 年，美国《自然》杂志推出了一系列有关大数据的专刊，详细讨论了有关大数据的一系列问题，大数据开始引起人们的关注。2010 年美国信息技术顾问委员会（简称 PITAC）发布了一篇名为《规划数字化未来》的报告，详细叙述了政府工作中对大数据的收集和使用，表明美国政府已经在高度关注大数据的发展。

这一阶段被看作大数据的发展时期，大数据作为一个新兴名词开始被理论界所关注，其概念和特点得到进一步的丰富，相关的数据处理技术相继出现，大数据开始展现活力。

3. 兴盛期（2011 年至今）

2011 年，IBM 公司研制出了沃森超级计算机，以每秒扫描并分析 4TB 的数据量打破世界纪录，大数据计算迈向了一个新的高度。紧接着，麦肯锡公司发布了题为《海量数据，创新、竞争和提高生成率的下一个新领域》的研究报告，详细介绍了大数据在各个领域中的应用情况以及大数据的技术架构，提醒各国政府为应对大数据时代的到来，应尽快制定相应的战略。2012 年，世界经济论坛在瑞士达沃斯召开，会上讨论了与大数据相关的系列问题，发布了名为《大数据，大影响》的报告，向全球正式宣布大数据时代的到来。另外，国内外学术界也针对大数据进行了一系列的研究，像《纽约时报》《自然》《人民日报》等都推出大篇幅对大数据的应用、现状和趋势的报道，同时哲学与社会科学界也出现了许多有影响力的著作，像舍恩伯格的《大数据时代》、城田真琴的《大数据冲击》等。大数据的发展历程如表 1-1 所示。

表 1-1 大数据发展历程

阶段	时间	内容
第一阶段：萌芽期	20 世纪 90 年代至 21 世纪初	随着数据挖掘理论和数据库技术的逐步成熟，一批商业智能工具和知识管理技术开始被应用，如数据仓库、专家系统、知识管理系统等
第二阶段：发展期	21 世纪前十年	Web2.0 应用迅猛发展，非结构化数据大量产生，传统处理方法难以应对，带动了大数据技术的快速突破，大数据解决方案逐渐走向成熟，形成了并行计算与分布式系统两大核心技术。谷歌的 GFD 和 MapReduce 等大数据技术受到追捧，Hadoop 软件系统开始流行
第三阶段：兴盛期	2011 年以后	大数据应用渗透各行各业，数据驱动决策，信息社会智能化程度大幅提高

1.1.3 大数据未来的发展趋势

现如今，各种数据迅速膨胀，对人类生产、生活的未来发展方向有着重要的影响，且伴随着时间的推移，人们必将深刻意识到大数据对人类发展的重要性。通过大数据的交换、整合、分析，新的知识、新的规律将被发现，也将产生新的意义、新的价值。大数据的发展需要政府在政策层面上的支持和企业的技术研究、革新、创造，同时，也需要在数据开放与数据保护之间取得平衡，以实现大数据应用的良性发展。

1. 大数据发展上升为国家战略

今天，对信息资源的开发利用能力已经成为开展国际竞争、展示国家整体实力的重要方面。当全球范围内数据成为国家资产、创新前沿，要成为“数据时代先驱者”，我们需要学习、借鉴、消化和创新。在国家层面建立大数据国家战略，强化对于基础设施的投入，推动政府数据公开，建立数据流通平台，加强法律环境建设，通过产业推进和详细规划，引导和推动各行业对大数据的研究与利用，推动各领域大数据落地，培养大数据时代的管理创新思维，实现数据治国、数据强国。大数据是促进创新和提高生产力的重要技术，直接影响到国家竞争力。各国政府对大数据的发展高度重视，将打造数据强国作为国家战略，纷纷出台相关政策来扶持大数据产业。抓住大数据带来的生产效率提升和经济社会运行成本降低的战略机遇，研究大数据发展趋势，将大数据战略上升为国家战略是大势所趋。

2. 企业和政府共推大数据发展

大数据的发展需要政府在政策层面上的支持，同时各个企业对于技术的研究、革新、创造同样不可或缺。在中国，百度、新浪、阿里巴巴等互联网巨头积极投身大数据开发，试图获取和整合更多的用户行为数据，增强挖掘、分析数据的能力，同时利用大数据开发出新的产品和服务，以获取更多的用户黏度和经济价值。在 2022 中国国际大数据产业博览会上，工业和信息化部（简称工信部）发布数据显示，“十三五”时期我国大数据产业年均复合增长率超过 30%，2021 年产业规模突破了 1.3 万亿元，大数据产业链初步形成；我国已建成全球规模最大的光纤宽带网络，千兆光网具备覆盖 3.2 亿户家庭能力，建成 5G 基站超过 160 万个，5G 移动电话用户达到了 4.1 亿户；大数据应用从互联网、金融、电信等领域逐步向智能制造、数字社会、数字政府等领域拓展，极大地丰富了我国数据资源，催生一批新场景、新模式、新业态。大数据技术在疫情防控和复工复产中发挥了重要作用。IBM、甲骨文（Oracle）、微软等国际互联网巨头也早将矛头瞄准了中国的大数据市场，利用自身在大数据领域的优势推出了针对性的产品和服务。各企业在大数据市场的争夺，在加剧竞争的同时也将进一步促进国内大数据基础设施建设以及相关软件设备的革新和进步。

3. 数据共享与数据保护成共存之势

大数据分析作为大数据应用的灵魂，其最大的特点就是对海量的、全集的数据进行分析，从这方面来看，各国数据开放将是大数据发展的一个必然趋势。但是另一方面，

数据安全问题也备受各国关注，数据开放所引发的个人信息泄露、隐私曝光等所带来的社会危害也坚定了各国开始建立数据保护防线的决心。因为国情不同，各国开放的数据范围、数量不同，数据保护的重点、重视程度也有所区别，但是数据开放与数据保护之间的平衡将成为各国大数据发展共同面临的课题。

综合来说，大数据与任何一项新技术一样，在推动社会变革的同时也造成了社会风险。在大数据发展过程中，数据开放与数据保护之间的矛盾是无法避免的，但是可以通过技术手段和法律法规政策进行平衡，比如规范数据开放、制定技术标准和运营标准、启动大数据立法等，以实现大数据应用的良性发展。

1.2 大数据基本概念

1.2.1 什么是大数据

大数据或称巨量数据、海量数据，指的是所涉及的数据量规模巨大到无法通过人工在合理时间内达到截取、管理、处理，并整理成为人类所能解读的信息。著名的麦肯锡公司给出的定义：大数据是一种规模大到在获取、存储、管理、分析方面大大超出了传统数据库软件工具能力范围的数据集合。信息技术咨询研究与顾问咨询公司高德纳咨询公司给出的定义：大数据是需要新处理模式才能具有更强的决策力、洞察发现力和流程优化能力来适应海量、高增长率和多样化的信息资产。

其实数据本身是没有用的，但数据经过提炼可以生成一个很重要的东西，叫作信息（Information）。注意，数据十分杂乱，经过梳理和清洗，才能够成为信息。信息会包含很多规律，我们需要从信息中将规律总结出来，称为知识（Knowledge）。最终通过在各领域应用中总结出的知识形成有利用价值的智慧。所以数据的应用分为四个步骤：数据、信息、知识、智慧，如图 1-1 所示。

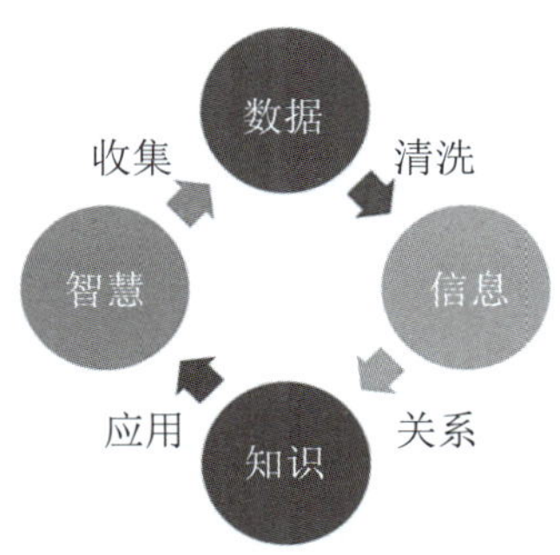

图 1-1　数据应用步骤

大数据技术的战略意义不在于掌握庞大的数据信息，而在于对这些含有意义的数据进行专业化处理，从中获得商业价值。例如，可用来察觉商业趋势、判定研究质量、避免疾病扩散、打击犯罪或测定实时交通路况等。换言之，如果把大数据比作一种产业，

那么这种产业实现盈利的关键在于提高对数据的“加工能力”，通过“加工”实现数据的“增值”，完成“数据变现”。因此，大数据技术就是对海量数据进行采集、存储、管理和分析，从各类数据中快速获得有价值信息的能力，大数据处理过程如图 1-2 所示。

图 1-2　大数据处理过程

1.2.2　大数据的特征

随着“互联网 +”和信息行业的发展，大数据是继云计算、物联网之后信息技术领域的又一次颠覆性变革。数据量的大小不是判断大数据的唯一指标，大数据的特征可以用“4V 特征”概括，即大量（Volume）、高速（Velocity）、多样（Variety）、价值（Value），如图 1-3 所示。

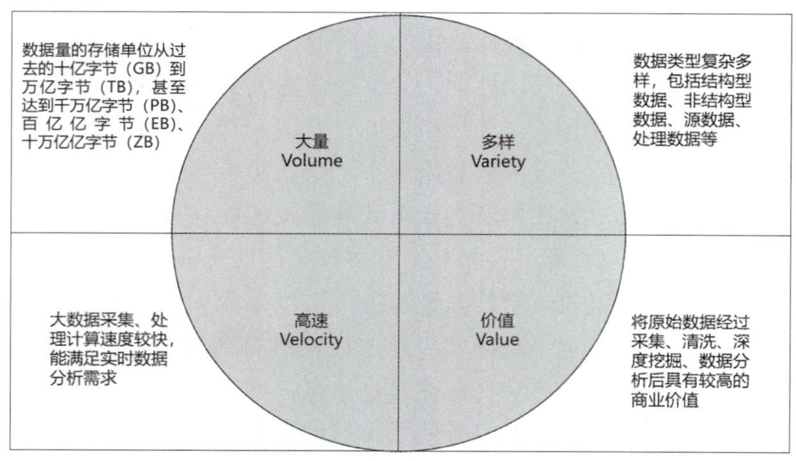

图 1-3　大数据的特征

大量（Volume）主要体现在数据存储量大和数据增量大。数据规模庞大是大数据最主要的特性，而进入信息社会以来，数据增长速度急剧加快，云计算、物联网等技术的高速发展掀起了新一轮的信息化浪潮。数据量已从十亿字节（GB）、万亿字节（TB）再到千万亿字节（PB），甚至已经开始以百亿亿字节（EB）和十万亿亿字节（ZB）字节来计量，数据单位换算关系如表 1-2 所示。

表 1-2　数据单位换算关系

单位	换算格式	单位	换算格式
Byte	1B = 8bit	TB	1TB = 1024GB
KB	1KB = 1024B	PB	1PB = 1024TB
MB	1MB = 1024KB	EB	1EB = 1024PB
GB	1GB = 1024MB	ZB	1ZB = 1024EB

高速（Velocity）指的是数据的产生和处理速度快。数据可以通过社交媒体、定位系统等应用快速大量地产生，而且大数据具有时效性，这要求处理数据的响应速度要快，只有快速适时地处理才可以更加有效地利用所得到的数据。

多样（Variety）主要体现在格式多和来源多两个方面。数据来源的广泛性，决定了数据形式的多样性，其中包括结构化、半结构化和非结构化数据，甚至包括非完整和错误数据。结构化数据即有固定格式和有限长度的数据，如财务系统数据、信息管理系统数据、医疗系统数据等，其特点是数据间因果关系强；半结构化数据是一些 XML 或者 HTML 格式的数据，如 HTML 文档、邮件、网页等，其特点是数据间的因果关系弱；非结构化数据就是不定长、无固定格式的数据，如视频、图片、音频等，其特点是数据间没有因果关系。2022 首届非结构化数据峰会报告显示，据预测，2022 年的全球数据产生量将接近 100ZB，接下来也将保持每二到三年翻一倍的数据增速，在全球数据增量和总量都不断增长的同时，其中 80% 的数据都将是处理难度颇高的非结构化数据。如何有效管理与应用海量的非结构化数据将是广大企业面临的巨大挑战。

价值（Value）是指价值密度，虽然大数据的数据量庞大但其中具有利用价值的信息并不多。其实价值密度的高低和数据总量的大小是成反比的，即数据价值密度越高，数据总量越小；数据价值密度越低，数据总量越大。因此，需要通过特定的技术对数据进行处理和进一步挖掘，提取最有用的信息来加以利用，任何有价值的信息的提取依托的都是海量的基础数据。

1.2.3 大数据的重要性

作为海量数据的集合，大数据不仅是信息时代发展的必然产物，更是推动世界经济迅猛发展的动力源。大数据的深入推广和广泛应用，必将推动人类世界向信息化、数据化、电子化方向发展。由于数据的来源与结构复杂多变，使大数据在实际应用过程中面临种类繁多的困难，但是随着计算机信息技术和网络通信技术的深入发展与完善，加快了社会经济活动的数字化、信息化的实现速度。透过在各行业的应用情况，大数据带给我们的不仅有规范化的战略、前瞻性的决策，更有对资源的合理化配置。大数据时代之下，无论是经营企业、国家管理还是人类的日常生活管理均离不开海量数据的存储和处理。下面对大数据在智慧医疗、公共服务、市场营销、企业管理和电信行业五个领域的应用的重要性进行简要分析。

1. 智慧医疗

随着大数据与医疗行业深度融合，大数据平台积累了海量的病例、病理报告，治愈方案，药物报告等信息资源。所有的常见病例、既往病例都记录在案，医生可以通过有效、连续的诊疗记录，运用大数据技术给病人优质、合理的诊疗方案。这不仅提高了医生的看病效率，还能够降低误诊率，并有效预防疾病，从而让患者在最短的时间接受最好的治疗。

2. 公共服务

社会和政府是大数据重要的应用领域，数据挖掘已经能够预防疾病爆发、理解交通模型并改善教育。在保护好公民隐私和数据安全的前提下，客观的市政类数据是消除争端、维系社会稳定的最佳纽带。伴随着各国政务的数字化进步以及政务数据的透明化，公民将能准确了解政府的运作效率。这是不可逆转的历史潮流，同时也是大数据最具潜力的应用领域之一，公共服务关系如图 1-4 所示。

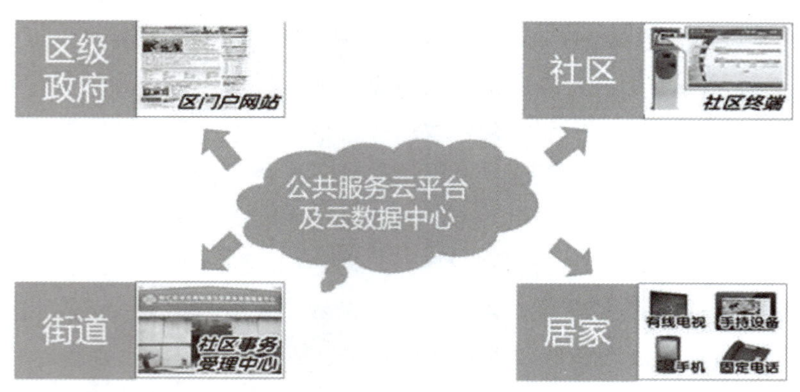

图 1-4　公共服务关系

3. 市场营销

美国零售业曾经有这样一个传奇故事，某家商店将纸尿裤和啤酒并排放在一起销售，结果纸尿裤和啤酒的销量双双增长！为什么看起来风马牛不相及的两种商品搭配在一起，能取到如此惊人的效果呢？后来经过分析发现，这些购买者多数是已婚男士，这些男士在为小孩购买纸尿裤的同时，会为自己购买一些啤酒。发现这个秘密后，沃尔玛超市就大胆地将啤酒摆放在纸尿裤旁边，这样顾客购买的时候更方便，销量自然也会大幅上升。

大数据在营销领域的应用，有利于增进消费者与企业之间的关系。如今的数字化营销与传统营销最大的区别就是是否能够实现个性化定制和市场精准定位。企业与客户之间的联系工具也发生了翻天覆地的变化，从过去的电话和邮件，发展到网页、社交媒体账户等。企业在这五花八门的渠道里跟踪客户、变现流量，每一次阅读、转发对企业来说都是一种推广行为，也可能间接促成企业产品交易。

4. 企业管理

应用大数据，企业管理可实现与现代化企业内部管理机制相融合，提升企业的生命力与市场竞争力。通过对供应商或者客户反馈的关于企业产品和服务相关数据进行针对性分析，可以准确、系统地把握消费者对产品质量和服务质量的要求，而在此基础上推行的产品服务策略可以更好地满足消费者对产品的需求。企业制定最佳经营战略谋取市场竞争中的优势，借助高质量的大数据分析、研讨得出的最终经营战略才能真实地反映市场和客户的实际需求，推动企业做出更加敏捷的经营战略决策，增强企业的市场竞争力，为企业赢得了更多的潜在商业机会。

5. 电信行业

未来电信业发展的技术支撑离不开 5G、互联网、云计算和大数据，大数据的研究推动了行业生态的变革和业务模式的创新。因而对于传统的电信运营商和设备商来说，在电信行业发展大数据有着可挖掘的巨大的商业机遇。目前来说，电信行业的大数据技术应用仍然处于摸索期，但随着时代的发展，无论是内部大数据应用还是外部大数据商业化都有很大的成长空间，数据分析将会使电信行业产生巨大飞跃。

大数据在上述领域占有举足轻重的地位，但我们也要清醒地认识到单纯的数据量的积累不会带来任何利益，只有采用适当的分析机制深加工大数据，才能将隐含在大数据之中的信息加以发掘利用，从而在各个领域最大限度地发挥大数据的效用。

1.3 大数据关键技术与计算模式

大数据技术是指从各种各样类型的数据中，快速获得有价值信息的技术。其总体架构包括三层：数据采集存储、数据处理和数据分析。采集的数据先要通过存储层存储下来，然后根据数据需求和目标来建立相应的数据模型和数据分析指标体系，对数据进行分析产生价值；而时效性又通过中间的数据处理层提供的强大并行计算和分布式计算能力来保障。三者相互配合，让大数据产生最终价值。大数据领域涌现出了大量新的技术，一般包括大数据采集、大数据预处理、大数据存储及管理、分布式计算、大数据挖掘、大数据可视化等，它们成为大数据采集、存储、处理和呈现的有力技术支持，大数据存储和运算的两大核心技术如图 1-5 所示。

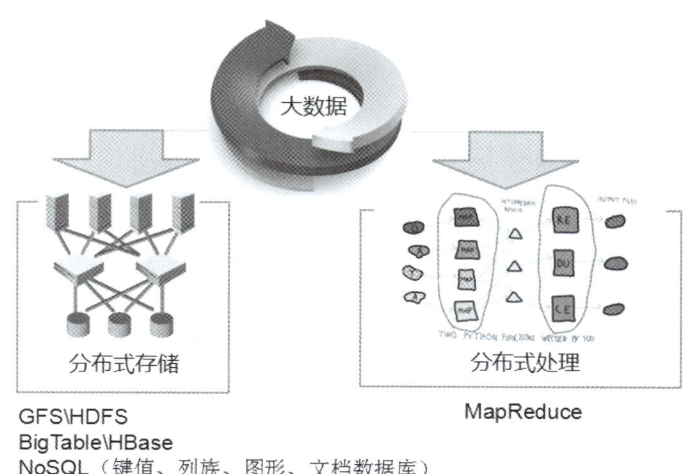

图 1-5 两大核心技术

1.3.1 大数据采集、预处理与存储管理

1. 大数据采集技术

大数据采集技术结构包括大数据智能感知层和基础支撑层。①大数据智能感知层：主要包括数据传感体系、网络通信体系、传感适配体系、智能识别体系及软硬件资源接入系统，实现对结构化、半结构化、非结构化的海量数据的智能化识别、定位、跟踪、接入、传输、信号转换、监控、初步处理和管理等，着重攻克针对大数据源的智能识别、感知、适配、传输、接入等技术。②基础支撑层：提供大数据服务平台所需的虚拟服务器，结构化、半结构化及非结构化数据的数据库及物联网资源等基础支撑环境，重点攻克分布式虚拟存储技术，大数据获取、存储、组织、分析和决策操作的可视化接口技术，大数据的网络传输与压缩技术，大数据隐私保护技术等。

目前数据的获取方式众多，主要的数据采集技术有条形码技术、传感器技术、移动终端技术、射频识别技术（简称 RFID）技术。获取的数据是指通过 RFID 射频识别、传感器、社交网络交互及移动互联网等方式获得的各种类型的结构化、半结构化（或弱结构化）及非结构化的海量数据。随着互联网和物联网的快速发展，互联网成为信息获取的主要途径，物联网成为海量数据的提供源。随着智能手机和电脑的普及以及大量软件的开发应用，社交网络日益庞大，这也加快了数据的流动并提高了采集精度。大数据的数据量庞大，数据的采集是对数据进行分析和处理的基础。

2. 大数据预处理技术

大数据预处理主要是完成对已接收数据的抽取、清洗等操作。①抽取：因获取的数据可能具有多种结构和类型，数据抽取过程可以帮助我们将这些复杂的数据转化为单一的或者便于处理的结构和类型，以达到快速分析处理数据的目的。②清洗：大数据并不全是有价值的，有些数据并不是我们所关心的内容，而另一些数据则是完全错误的干扰项，因此要对数据过滤、去噪，从而提取出有效数据。

3. 大数据存储及管理技术

在大数据时代，海量的数据存储必须采用分布式存储方式。分布式存储系统常是针对数据海量存储需求而特殊设计的，该存储系统所需硬件价格低廉，且许多用户可以同时访问，具有高可靠性、高可扩展性、高性能、透明性以及自制性的特征。传统的关系型数据库多用于存储结构化数据，信息化时代的数据具有多样性，传统的关系数据库对数据的单一处理方式无法满足大数据时代的需求，导致信息处理技术无法承载信息的负荷量，这就需要对数据的存储技术和存储模式进行创新与研究。为了有效应对现实世界中复杂多样的大数据处理需求，需要针对不同的大数据应用特征，从多个角度、多个层次对大数据进行存储和管理。大数据存储与管理要用存储器把采集到的数据存储起来，建立相应的数据库，并进行管理和调用，其重点在于对复杂的结构化、半结构化和非结构化大数据的管理与处理，主要解决大数据的可存储、可表示、可处理、可靠性及有效传输等几个关键问题。

（1）分布式文件系统（简称 HDFS）。分布式文件系统是一种通过计算机网络实现在多台机器上进行分布式存储的文件系统，它把文件分布存储到多个计算机节点上，成千上万的计算机节点构成计算机集群，其一般采用的是“客户端 / 服务器”模式。分布式文件系统的设计需要重点考虑具有可扩展性、可靠性、性能优化、易用性及高效元数据管理等特征的关键技术。当前大数据领域中，分布式文件系统的使用主要以 Hadoop 分布式文件系统为主。HDFS 采用了冗余数据存储，增强了数据可靠性，加快了数据传输速度，除此之外，HDFS 还具有设备廉价、数据模型简单、跨平台兼容性强等特点。但 HDFS 也存在着不足，比如不适合低延迟数据访问、无法高效存储大量小文件、不支持多用户写入及任意修改文件等。

（2）分布式数据库（简称 DDB）。接下来以 HBase 为例介绍分布式数据库，HBase 是一个具有高可靠性、高性能、面向列、可伸缩的分布式数据库，是谷歌 BigTable 分布式存储系统的开源实现，主要用来存储半结构化和非结构化数据。HBase 可以支持 Native Java APl、HBase Shell 等多种访问接口，可以根据具体应用场合选择相应的访问方式。而且相对于传统的关系型数据库来说，HBase 采用了更加简单的数据模型，把数据存储为未经解释的字符串，用户可以把不同格式的结构化数据和非结构化数据都序列化成字符串保存到 HBase 中。除此之外，HBase 在数据操作、存储模式、数据索引、数据维护和可伸缩性等方面都有更易于实现的方式。但 HBase 也存在着不支持事务等限制。

（3）非关系型数据库（简称 NoSQL）。非关系型数据库 NoSQL 具有读写性能高、可用性高、易扩展和数据模型灵活的特点，是一种分布式横向扩展技术。对于 NoSQL，当前比较流行的解释是“Not only SQL”，它所采用的数据模型并非传统关系型数据库的关系模型，而是类似键值、列族、文档等非关系模型。NoSQL 数据库没有固定的表结构，一般也不会存在连接操作，也没有严格遵守事务的原子性、一致性、隔离性和持久性。因此与传统关系型数据库相比，NoSQL 具有灵活的可扩展性、灵活的数据模型、与云计算紧密融合和支持海量数据存储等特点。但目前 NoSQL 的应用还不是很广泛，存在成熟度不高、风险较大、很难实现数据的完整性、难以体现业务的实际情况、增加了对于数据库设计与维护的难度等问题。目前 NoSQL 数据库数量很多，典型的 NoSQL 数据库通常包括键值数据库、列族数据库、文档数据库和图数据库。键值数据库系统的典型代表包括 BigTable、Dynamo、Redis、Cassandra 等。列族数据库系统的典型代表包括 HadoopDB、GreenPlum 等。文档数据库系统的代表包括 MongoDB、Coudibase 等。图数据库系统的代表包括 Neo4J、GraphDB 等。NoSQL 数据库使用了分布式节点集来提供高度弹性扩展功能，让用户可通过添加节点来动态处理负载。

（4）云数据库。云数据库技术是云计算的一项重要分支，是对云计算的具体运用。云数据库是部署和虚拟化在云计算环境中的数据库。它极大地增强了数据库的存储能力，消除了人员、硬件和软件的重复配置，让软硬件升级变得更加容易，同时也虚拟化了许多后端的功能。而且在云数据库中，所有数据库功能都是在云端提供的，客户端可以通过网络远程使用云数据库提供的服务，在使用中不需要了解云数据库的具体物理细节，使用非常方便。云数据库可按照用户的需求进行数据和信息的存储，例如普通用户通过使用百度云盘、360 云盘等众多互联网公司所开发的网络存储平台，可获得较大的存储容量，并且能够借助搜索功能快速获取目标数据文件。因此云数据库具有高可扩展性、高可用性、低使用代价、易用性、高性能和易维护等特点。

1.3.2 MapReduce 分布式计算框架

MapReduce 是 Hadoop 系统核心组件之一，它是一种可用于大数据并行处理的计算模型、框架和平台，主要解决海量数据的计算，在目前分布式计算模型中应用较为广泛。

MapReduce 的核心思想是“分而治之”。所谓“分而治之”就是把一个复杂的问题，按照一定的“分解”方法分为等价的规模较小的若干部分，然后逐个解决，分别找出各部分的结果并组成整个问题的结果，这种思想来源于日常生活与工作时的经验，同样也完全适合技术领域。

MapReduce 就是“任务的分解与结果的汇总”。使用 MapReduce 操作海量数据时，每个 MapReduce 程序被初始化为一个工作任务，每个工作任务可以分为 Map 和 Reduce 两个阶段。Map 阶段负责将任务分解，即把复杂的任务分解成若干个“简单的任务”并行处理，但前提是这些任务没有必然的依赖关系，可以单独执行任务，生成键值对形式的中间结果；Reduce 阶段负责将任务合并，即把 Map 阶段的结果进行全局汇总，对中间结果中相同“键”的所有“值”进行规约，以得到最终结果。即使用户不懂分布式计算框架的内部运行机制，但是只要能用 Map 和 Reduce 思想描述清楚要处理的问题，就能轻松地在 Hadoop 集群上实现分布式计算功能。

（1）MapReduce 优点。

1）易于编程，它提供一些简单统一的接口，可以让程序员完成一个分布式程序，这个分布式程序可以运行在大量普通人个计算机上。

2）具有良好的扩展性，当不能满足计算资源时，可通过简单地增加启动来扩展计算能力。

3）具有高容错性，假如一台机器挂机，它可以将该机器的计算任务转移到另外一台机器（节点）上，不会导致任务失败。在早期版本中这个过程需要人工干涉，后期版本的 Hadoop 提供自动干预功能。

4）MapReduce 适合的是千万亿字节（PB）级以上海量数据的离线数据处理。

（2）MapReduce 缺点。

1）不适合实时计算，受限于内部计算逻辑，MapReduce 不能以最快的速度得到结果。

2）不适合计算流式，不适合计算实时数据（动态的数据），MapReduce 适合计算静态数据。

3）MapReduce 中没有涉及一个逻辑 DAG（有向无环图），每个 MapReduce 作业的输出结果都会写到磁盘，就会造成大量的 I/O（输入 / 输出），导致性能下降。

1.3.3 大数据分析

大数据分析是指对海量的数据进行数据分析，在杂乱无章的数据中把信息集中、萃取和提炼出来，从中找出内在有价值的规律，把收集来的数据最大化地开发，发挥数据的作用，即用数据为企业或组织提供有产出的数据分析。数据分析可以让人们对数据产生更加优质的诠释，而具有预知意义的分析可以让分析员根据可视化数据分析后的结果做出一些预测性的推断。简单来说，大数据分析就是用专业的工具和分析思维来提取、整理、分析、处理数据。大数据分析包括数据挖掘和数据可视化。

（1）数据挖掘（Data Mining）就是从大量的、不完全的、有噪声的、模糊的、随机的实际应用数据中，通过算法提取隐藏于其中的信息和知识的过程。数据挖掘是一种决策支持过程，是目前人工智能和数据库领域研究的热点问题。其主要基于人工智能、机器学习、模式识别、统计学、数据库、可视化等技术，对大数据进行抽取、转换、分析和建模，高度自动化地分析企业的数据，做出归纳性的整理，从中挖掘出潜在的模式，从而帮助决策者调整市场策略，减少风险，做出正确的决策。

在大数据挖掘中，我们的目标是如何拥有一个（或多个）简单而有效的算法或算法的组合来提取有价值的信息，而不是去追求完美的算法模型。如图1-6所示，常用的数据挖掘算法一般分为两大类：有监督学习（分类分析、回归分析）是通过对大量已知分类或输出结果的数据进行训练，建立分类或预测模型，用来分类未知实例或预测输出结果的未来值；无监督学习（聚类分析、关联分析）是在学习训练之前，对没有预定义好分类的实例按照某种相似性度量方法，计算实例之间的相似程度，并将最为相似的实例聚类在一组，解释每组的含义，从中发现聚类的意义。

1）分类分析：根据已知属性建立分类器，预测未知类别的对象属于哪个预定义的类别（取值为类别值）。

2）回归分析：根据已知属性值，预测对象未来的属性值（连续取值）。

3）聚类分析：根据数据取多个相似度最大的小组，并以此获得未知的属性进行分类。

4）关联分析：寻找数据中潜在的联系。

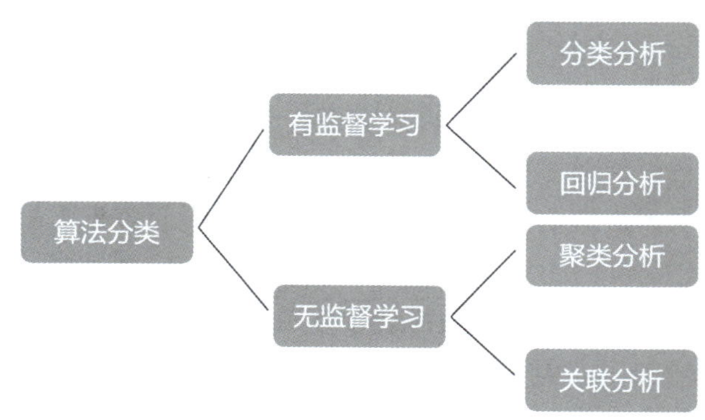

图1-6　数据挖掘算法

（2）数据可视化（Data Visualization）。可视化技术是利用计算机图形学和图像处理技术，将数据转换成图形或图像在屏幕上显示出来，并进行交互处理的理论、方法和技术。数据可视化是指将大数据中的数据以图形图像形式表示，并利用数据分析和开发工具发现其中未知信息的处理过程。数据可视化以问题或者任务为导向，以数据为原料，以可视化为工具，以分析为手段，以洞见为目的，以决策为归宿。简而言之，数据可视化分析就是针对问题所需的数据，通过可视化的方式做出决策的系统化过程，其目标是清晰和高效地向用户传达信息。

目前数据可视化已经提出了许多方法，这些方法根据其可视化的原理不同可以划分为基于几何的技术、面向像素技术、基于图标的技术、基于层次的技术、基于图像的技术和分布式技术等。

1.3.4 大数据计算模式

大数据要实现业务落地的前提是企业需要搭建起自身的大数据平台，实现对数据价值的挖掘和应用。而根据实际的业务场景需求，不同类型的数据需要不同的计算处理模式。大数据的计算模式如表 1-3 所示。

表 1-3 大数据计算模式

计算模式	解决问题	主要技术
批处理计算	针对大规模数据的批量处理	MapReduce、Spark 等
流计算	针对流数据的实时计算	Storm、S4、Flume、Streams、Puma、DStream、Super Mario、银河流数据处理平台等
图计算	针对大规模图结构数据的处理	Pregel、GraphX、Giraph、PowerGraph、Hama、GoldenOrb 等
查询分析计算	大规模数据的存储管理和查询分析	Hive、Impala、Dremel、Cassandra 等

1.4 大数据与云计算、物联网和人工智能的关系

1.4.1 大数据与云计算的关系

云计算是一种商业计算模型。它将计算机任务分布在大量计算机构成的资源池上，使各种应用系统能够根据需要获取计算能力、存储空间和信息服务。这种服务不受地点和客户端影响，具有超大规模、虚拟化、按需分配服务、高可靠性、可动态伸缩等特点。

从技术上看，大数据需要对海量数据进行分布式数据挖掘，但这无法用单台计算机进行处理，必须采用分布式架构，依托于云计算的分布式处理、分布式数据库、云存储、虚拟化技术。如果将大数据的应用比作一辆辆行驶的汽车，支撑起这些汽车行驶的高速公路就是云计算。

从整体上看，大数据着眼于数据，关注实际业务，提供数据采集分析挖掘技术，看重信息积淀，即数据存储能力。云计算着眼于计算，关注互联网技术解决方案，提供互联网技术基础架构，看重计算能力，即数据处理能力。没有大数据的信息积淀，云计算的计算能力再强大，也难有用武之地；没有云计算的处理能力，大数据的信息积淀再丰富，也终究不过是镜花水月。大数据根植于云计算，云计算关键技术中的海量数据存储技术、海量数据管理技术、MapReduce 编程模型，都是大数据技术的基础。

大数据与云计算的关系密不可分，可以理解为云计算技术就是一个容器，大数据正是存放在这个容器中的水，大数据是要依靠云计算技术来进行存储和计算的。

1.4.2 大数据与物联网的关系

大数据和物联网之间的关系，简单来说，就是大数据的发展源于物联网技术的应用，并用于支撑智慧城市的发展。物联网技术作为互联网应用的拓展，正处于快速发展阶段。物联网是智慧城市的基础，但智慧城市的范畴比物联网更为广泛；智慧城市的衡量指标由大数据来体现，大数据促进智慧城市的发展；物联网是大数据产生的催化剂，大数据源于物联网应用。从整个互联网产业的技术体系结构来看，无论是物联网技术体系还是人工智能技术体系，都离不开云计算和大数据的支撑。以物联网技术体系为例，云计算处在物联网体系结构的第三层，而大数据则处在第四层，二者最终为智能决策层提供服务，大数据与云计算、物联网三者之间的关系如图 1-7 所示。

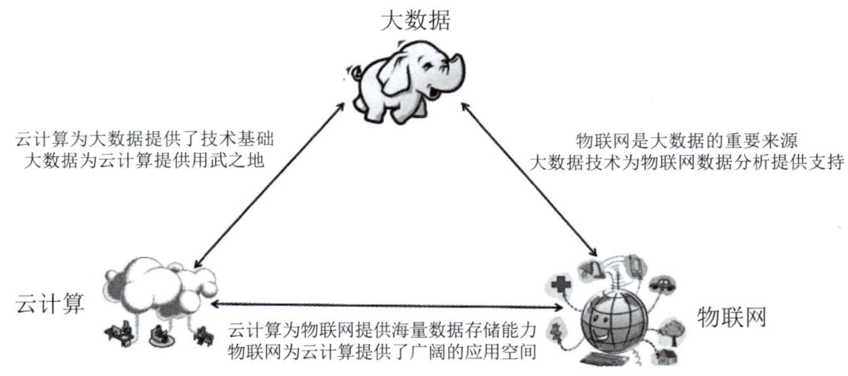

图 1-7 大数据与云计算、物联网之间的关系

1.4.3 大数据与人工智能的关系

人工智能和大数据是紧密相关的两种技术，二者既有联系，又有区别。

（1）人工智能与大数据的联系。一方面，人工智能需要大数据来建立智能化，特别是机器学习。例如，机器学习图像识别应用程序可以通过查看数以万计的飞机图像来了解飞机的构成，以便将来能够识别出它们。人工智能应用的数据越多，其获得的结果就越准确。大数据为人工智能提供了海量的数据，使得人工智能技术有了长足的发展，甚至可以说，没有大数据就没有人工智能。

另一方面，大数据技术为人工智能提供了强大的存储能力和计算能力。在过去，人工智能算法依赖于单机的存储和单机的算法。而在大数据时代，建立在集群技术之上的大数据分布式存储和分布式计算技术，可以为人工智能提供强大的存储能力和计算能力。

（2）人工智能与大数据的区别。人工智能是一种计算形式，它允许机器执行认知功能。而大数据是一种传统计算，它不会根据结果采取行动，只是寻找结果。另外，二者要达成的目标和实现目标的手段不同。大数据主要目的是通过数据的对比分析来掌握和推演出更优的方案。以视频推送为例，我们之所以会接收到不同的推送内容，便是因为大数据根据我们日常观看的内容，综合考虑了我们的观看习惯，推断出哪些内容更可能让我们有同样的感觉，并将其进行推送。而人工智能的开发，则是为了辅助和代替人们更快、更好地完成某些任务或进行某些决定。无论是软件调整还是医学样本检查，人工智能都能比人类更快完成相同的任务，而且错误更少，它能通过机器学习的方法，学习完成我们日常进行的重复性的事项，并以其计算机的处理优势来高效地达成目标。

小　结

本章首先对大数据的产生和发展进行了介绍；随后详细介绍了大数据的基本概念，大数据关键技术，大数据的数据计算与处理模式，大数据采集、预处理与存储管理，大数据分析与挖掘，数据可视化等；最后阐述了大数据与云计算、物联网、人工智能的关系。

习　题

一、选择题

1．大数据常见存储技术包括（　　）。（多选）

A．分布式文件系统　　B．分布式数据库

C．NoSQL 数据库　　D．云数据库

2．第一个提出大数据概念的公司是（　　）。

A．微软　　B．谷歌　　C．脸书　　D．麦肯锡

3．当前大数据技术的基础是由（　　）首先提出的。

A．微软　　B．百度　　C．谷歌　　D．阿里巴巴

4．大数据的起源是（　　）。

A．金融　　B．电信　　C．互联网　　D．公共管理

5．下列算法属于数据挖掘中无监督学习算法是（　　）。

A．分类分析　　B．回归分析　　C．聚类分析　　D．数据分析

二、填空题

1．大数据的 4V 特征包含 __________、__________、__________ 和 __________。

2．MapReduce 的核心思想是 __________。

3．大数据计算处理模式类型包含 __________、__________、__________ 和 __________。

三、简答题

1．简述什么是大数据。

2．简述大数据研究的意义。

3．简述大数据的发展历程。

4．简述大数据与云计算、物联网、人工智能这四者之间的关系。

第 2 章 Hadoop 集群搭建

从当前大数据领域的产业链来看，大数据领域涉及数据采集、数据存储、数据分析和数据应用等环节，不同的环节需要采用不同的技术，这些环节往往都要依赖于大数据平台，而 Hadoop 则是当前比较流行的大数据平台之一。Hadoop 是一个由 Apache 基金会开发的分布式系统基础架构，主要用来解决海量数据的存储和分析计算问题。由于 Hadoop 运行在 Linux 系统上，因此需要了解 Linux 操作系统和常用的 Linux 命令。

本章主要讲解 Linux 操作系统的概述、Hadoop 集群的搭建和配置以及 Hadoop 集群测试。

通过本章的学习，应达到以下目标：

- 了解 Linux 操作系统
- 理解 Linux 常用操作命令
- 掌握 Hadoop 集群的搭建和配置方法
- 掌握 Hadoop 集群测试方法

2.1 了解 Linux 操作系统

2.1.1 Linux 的诞生和发展

1. Linux 的诞生

Linux 操作系统（简称 Linux 系统或 Linux）于 1991 年诞生，目前已经成为主流的操作系统之一。经历了三十年的发展，其内核版本从开始的 0.01 版本发展到目前的 5.18 版本，从最初蹒跚学步的“婴儿”成长为目前在服务器、嵌入式系统和个人计算机等多个方面得到广泛应用的操作系统。

Linux 的诞生和发展与个人计算机（简称 PC）的发展历程是紧密相关的，具体而言，其是随着英特尔（Intel）的 i386 个人计算机的发展而逐步成熟的。在 1981 年之前没有个人计算机，计算机是大型企业和政府部门才能使用的昂贵设备。IBM 公司在 1981 年推出了个人计算机 IBM PC，从而促进了个人计算机的发展和普及。刚开始的时候，微软帮助 IBM 公司开发的 MS-DOS 操作系统在个人计算机中占有统治地位。随着互联网行业的发展，个人计算机的硬件价格虽然逐年在下降，但是软件和操作系统的价格一直居高不下。

早期，在大型机上的主流操作系统是 UNIX，而 UNIX 对操作系统的发展有诸多障碍：

（1）UNIX 的经销商为了寻求高利润，将价格抬得很高，个人计算机的用户根本无法负担，这不利于操作系统的普及。

（2）UNIX 操作系统的源代码具有版权，虽然贝尔实验室允许在大学的教学中使用 UNIX 源代码，但是因为版权问题源代码一直不能公开。对于广大的 PC 用户，软件行业的供应商一直没有提出解决 UNIX 操作系统普及性问题的方法。

在操作系统的发展受到版权限制的时候，出现了 Minix 操作系统供人们免费使用，这个操作系统由一本书来详细描述它的实现原理。由于书中对 Minix 操作系统的描述非常详细，并且很有条理性，当时几乎全世界的计算机爱好者都在看这本书来理解操作系统的原理，其中包括 Linux 系统的创始者——芬兰人林纳德 • 托瓦兹。

因为 Minix 操作系统专门为了教学，作者拒绝添加新的代码。为了可以让社区成员随意下载和改进源码，在 1991 年 9 月，托瓦兹在很多热心的支持者的帮助下，发布了 Linux 内核版本 0.01。Linux 是一套能够免费运用和自由传播的，类似于 UNIX 风格的操作系统，其在设计过程中借鉴了很多 UNIX 的思想。1994 年 3 月，Linux 1.0 版本出现，随后很多互联网公司加入开发，这时 Linux 迅速发展、普及并进入了商业领域。在 1995 年 6 月，发布了 Linux 2.0 版本，它可以支持很多处理器，而且具有了强大的网络功能，并增强了系统的文件与虚拟内存的性能，同时可以为文件系统提供独立的高速缓存设备。如今 Linux 已经受到了更多企业用户的重视，正日益成为主流的嵌入式操作系统之一。

2. Linux 的发展

自 1991 年发布 Linux 内核以来，很多公司加入其中，在内核的基础上构建了自己的操作系统版本，比如 RedHat、CentOS、Ubuntu 和 Suse 等。Linux 发行版本很多，本文用到的 Linux 系统为 CentOS，下面简单介绍比较流行的发行版本。

（1）RedHat 发行版（图 2-1）。RedHat Linux 是由 RedHat 公司发布的一个 Linux 发行版。RedHat Linux 可以算是一个“中年”的 Linux 发布包，其 1.0 版本于 1994 年 11 月 3 日发布。RedHat Linux 是业界应用较多的操作系统，很多其他发行版都是基于该发行版开发的，例如 CentOS 和 Oracle Linux 等。

图 2-1 RedHat 操作系统

（2）CentOS 发行版（图 2-2）。CentOS 发行版是一个 RedHat Linux 的开源版本，它来自于 RedHat Linux，依照开放源代码规定释出的源代码所编译而成。由于

RedHat Linux 本身是一个商业操作系统，因此很多企业在使用时存在诸多不便，这些企业就转移到 CentOS 上来。

图 2-2 CentOS 操作系统

（3）Ubuntu 发行版（图 2-3）。Ubuntu 最早是一个基于 Debian 的桌面版。Ubuntu 发行版中包含日常办公常用的软件，如邮件客户端、开源 Office 套件等，并且这些工具都是免费的，其基本上可以代替 Windows 实现日常办公。

（4）SUSE 发行版（图 2-4）。SUSE 是德国 SUSE Linux AG 公司发行维护的 Linux 发行版。第一个版本出现在 1994 年年初，也是比较早的发行版之一。

图 2-3 Ubuntu 操作系统

图 2-4 SUSE 操作系统

2.1.2 Linux 的整体架构

操作系统是一台计算机必不可少的系统软件，是整个计算机系统的灵魂。Linux 操作系统由内核（Kernel）、外壳（Shell）、应用程序和系统程序四大部分组成，如图 2-5 所示。硬件平台是 Linux 操作系统运行的基础。从这张图中我们可以看出操作系统与硬件及应用软件间的关系。下面分别介绍各部分含义和作用。

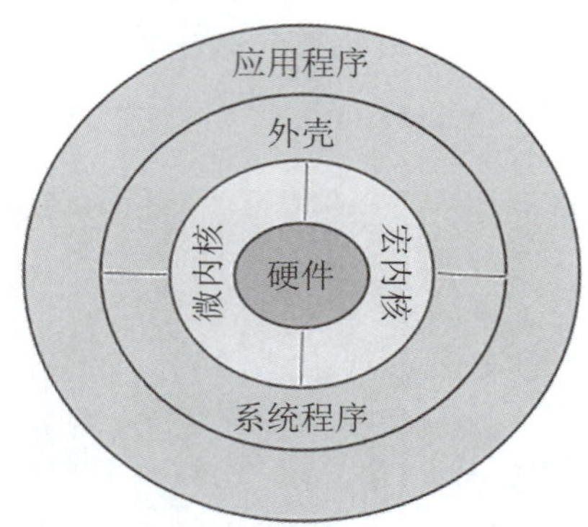

图 2-5 Linux 整体架构

（1）内核。内核程序是 Linux 系统的心脏，是运行程序和管理硬件设备的核心程序，负责控制硬件设备，管理文件系统、程序流程以及其他工作。通常来说，有两种类型的操作系统内核，分别是微内核和宏内核。

1）微内核。正如其名，微内核只包含基础的功能特性。在微内核操作系统中只提供了非常简单的软件，提供内存管理、进程管理和进程通信等功能。

2）宏内核。宏内核不仅仅提供内存管理、进程管理和通信的功能，还包含很多驱动程序。而且这些驱动程序可以动态加载和卸载。

（2）外壳。外壳程序是系统的用户界面，是为用户提供与内核交互操作功能的一种接口。它接收用户命令并传达给内核处理，内核处理后把结果传送到界面。

（3）应用程序。应用程序其实就是操作系统自带的一些软件，这些软件主要用于实现对操作系统的管理和监控等功能。比如文本处理工具、XWindow、编程语言和开发工具、Internet 工具软件、数据库等都属于应用程序。

（4）系统程序。操作系统最重要的功能是为上层提供抽象的接口，这样开发人员才能开发应用程序，从而利用计算机资源。其中系统库就是操作系统提供的抽象接口，也就是开发接口或者系统应用程序界面（API）。类似的接口有很多，比如访问文件系统的 API、网络套接字 API 和进程管理 API 等。

2.1.3 Linux 的特点

Linux 操作系统是被广泛应用的操作系统，许多软硬件厂商都设计开发采用 Linux 操作系统的产品。而 Linux 系统能大范围地应用也是因为其具有以下特点：

（1）自由软件，源码公开。Linux 系统遵循世界标准规范，特别是开放系统互连（OSI）国际标准。

（2）多用户。Linux 系统资源可以被不同用户使用，每个用户对自己的资源（如文件、设备）有特定的权限，互不影响。

（3）多任务并发。Linux 系统中，计算机可同时执行多个程序，而各个程序的运行互相独立。

（4）安全系统可靠。Linux 采取了许多安全技术措施，包括控制读写、带保护的子系统、审计跟踪、核心授权等，这为网络多用户环境中的用户提供了必要的安全保障。Linux 系统在设计的时候就是针对多用户环境的，所以对系统文件、用户文件都做了明确的区分，每个文件都有不同的用户属性。作为一个普通用户，通常只能读写自己的文件，而对一般的系统文件只能读取不能改动，对一些敏感的系统文件甚至读取都是被禁止的。

（5）良好的可移植性。Linux 是一种可移植的操作系统，能够在从微型计算机到大型计算机的任何环境和任何平台上运行。将 Linux 操作系统从一个平台转移到另一个平台，它仍然能以其自身的方式运行。

（6）丰富的网络功能。完善的内置网络是 Linux 的一大特点。Linux 为用户提供了完善的、强大的网络功能，其在通信和网络功能方面优于其他操作系统。其他操作系统不具备如此紧密地和内核结合在一起的连接网络的能力。

（7）设备的独立性。Linux 操作系统把所有外部设备统一当作文件来看待，只要安装它们的驱动程序，任何用户都可以像使用文件一样操纵、使用这些设备，而不必知道它们的具体存在形式。

（8）良好的用户界面。Linux 向用户提供了两种界面：用户界面和系统调用界面。用户界面作为人机交互界面，可分为基于文本的命令行界面和图形界面。系统调用界面为用户提供编程时使用的界面，用户可以在编程时直接使用系统提供的系统调用命令。

2.1.4 Linux 文本编辑器

文本编辑器有创建或修改文本文件和维护 Linux 系统中的各种配置文件的作用。Linux 文本编辑器有很多种，应用最广泛的有 vi、Vim、nano、pico、Emacs 等，这里主要介绍 vi 文本编辑器。

vi 文本编辑器是 UNIX 及 Linux 系统上默认文本编辑器，相当于 Windows 系统中的记事本，它的命名是取“visual”（可视化的）这个单词的前两个字母。vi 文本编辑器是 UNIX 平台上可视化编辑器的代表，由加州大学伯克利分校等机构以原来的 UNIX 行编辑器 ed 等为基础开发出来的，是一个使用多年且应用非常广泛的编辑工具。在 Linux 诞生的时候，vi 文本编辑器与基本 UNIX 应用程序一样被保留下来，成为管理系统的好帮手。

学会使用 vi 文本编辑器是学习 Linux 系统的必备技术之一，因为一般的 Linux 服务器是没有图形界面（简称 GUI）的，Linux 运维及开发人员基本上都是通过命令行的方式进行文本编辑或程序编写的。vi 文本编辑器是 Linux 内置的文本编辑器，几乎所有的类 UNIX 系统中都内置了 vi 文本编辑器，另外很多软件会调用 vi 文本编辑器进行内容编写，例如 crontab 定时任务。较于其他编辑器或 GUI 编辑器，vi 编辑速度是最快的，vim 是它的增强版本。

如图 2-6 所示，vi 文本编辑器有三种基本工作模式，分别是命令模式、插入模式和底行模式，通过不同的按键操作可以在不同的模式间进行切换。从命令模式按“:”（冒号）键可以进入底行模式；按 a、i、o 等键可以进入插入模式；在插入模式、底行模式均可按 Esc 键返回命令模式。

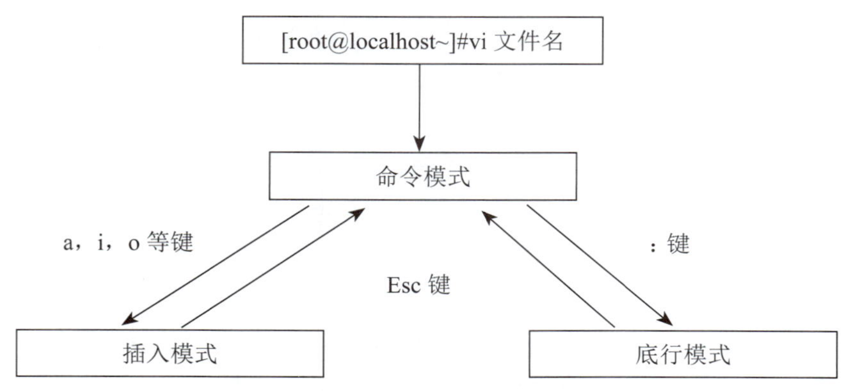

图 2-6　vi 基本工作模式

（1）命令模式。启动 vi 编辑器后默认进入命令模式。该模式中主要完成如移动光标以及删除、复制、粘贴文件内容等相关操作，如表 2-1 到表 2-6 所示。

表 2-1 移动光标命令

命令	操作	命令	操作
h	光标左移一格	Ctrl+b	屏幕往后移动一页
j	光标下移一格	Ctrl+f	屏幕往前移动一页
k	光标上移一格	Ctrl+u	屏幕往后移动半页
l	光标右移一格	Ctrl+d	屏幕往前移动半页
0	光标移动到文章的开头	w	光标跳到下个字的开头
G	光标移动到文章的最后	e	光标跳到下个字的字尾
$	光标移动到所在行的行尾	b	光标回到上个字的开头
^	光标移动到所在行的行首	#l	光标移到该行的第 # 个位置

表 2-2 删除文字命令

命令	操作	命令	操作	命令	操作
x	每按一次，删除光标所在位置的后面一个字符	X	每按一次大写 X，删除光标所在位置的前面一个字符	dd	删除光标所在行
#x	删除光标所在位置的后面 # 个字符	#X	删除光标所在位置的前面 # 个字符	#dd	从光标所在行开始删除 # 行

表 2-3 复制命令

命令	操作	命令	操作
yw	将从光标所在处到字尾的字符复制到缓冲区中	yy	复制光标所在行到缓冲区
#yw	复制 # 个字到缓冲区	#yy	复制从光标所在的该行往下数 # 行文字

表 2-4 替换命令

命令	操作
r	替换光标所在处的字符
R	替换光标所到处的字符，直到按下 Esc 键为止

表 2-5 跳至指定行命令

命令	操作
Ctrl+g	列出光标所在行的行号
#G	移动光标至文章的第 # 行行首

表 2-6　更改命令

命令	操作
cw	更改光标所在处到字尾处的字
c#w	更改 # 个字

除此之外，若错误执行一个命令，可以按下 u 键，回到上一个操作；按多次 u 键执行多次恢复操作。

（2）插入模式。该模式中主要的操作就是录入文件内容，可以对文本文件正文进行修改或添加新的内容。处于输入模式时，vi 编辑器的最后一行会出现“--INSERT--”的状态提示信息。否则，在命令模式下，vi 文本编辑器是只读模式，无法对文本做出更改。若想回到命令模式下，按 Esc 键即可。插入模式中常用命令如表 2-7 所示。

表 2-7　插入模式命令

命令	操作	命令	操作
i	从光标所在处插入	o	在光标所在处的下一行插入新的一行
I	在所在行的第一个非空格符处开始插入	O	在光标所在处的上一行插入新的一行
a	从光标所在的下一个字符处开始插入	r	取代光标所在的那一个字符一次
A	从光标所在行的最后一个字符处开始插入	R	取代光标所在的文字，直到按下 Esc 键为止

（3）底行模式。该模式中可以设置 vi 编辑环境、保存文件、退出编辑器以及对文件内容进行查找、替换等操作。处于底行模式时，vi 编辑器的最后一行会出现冒号（:）提示符。输入“:wq”后，即可保存并退出 vi 文本编辑器。如果不保存就退出 vi 文本编辑器，那么直接输入“q!”即可。底行模式中常用命令如表 2-8 所示。

表 2-8　底行模式命令

命令	操作	命令	操作
:w	保存编辑的内容	:q	离开 vi 文本编辑器
:w!	强制写入该文件	:q!	不保存修改强制离开
:w filename	将编辑的数据保存成另一个文件	:wq	保存后离开
:r filename	在编辑的数据中读入另一个文件的数据	:set nu	显示行号
/string	检索字符串，如果想继续寻找则按 n 键	:set nonu	取消行

2.1.5　Linux 权限与目录

1. 权限

与 Windows 分 C 盘、D 盘、E 盘不同，Linux 中一切设备都是文件，只有一个顶级目录，而且 Linux 中所有文件都是有权限的。查看文件权限等详细信息可以使用 ls -l 命令，例如，查看 /tmp 目录下所有文件 / 文件夹的详细信息的示例如下：

```
[root@localhost tmp]# ls -l
-rw-r--r--. 1 root root    0  12 月 24  19:57  2
-rw-r--r--. 1 root root 10240  12 月 24  22:24  2.tar
```

以上运行结果的开头为用户权限信息，接下来以图 2-7 为例解读权限信息结构。

如图 2-7 所示，第一组、第二组和第三组以三个字母为一组出现，这三个字母分别是 r（read）、w（write）、x（execute）。rwx 三个字母顺序是固定的，r 代表这个文件可读，w 代表这个文件可写，x 代表这个文件可以执行。如果不给这个文件赋权限，只需要在对应位置用“-”代替即可。

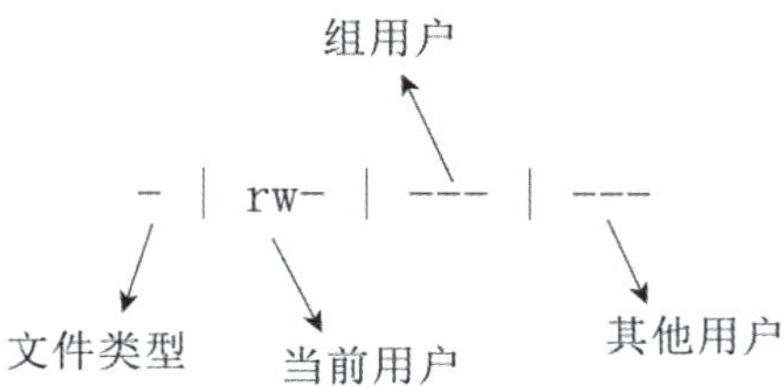

图 2-7　用户权限示意图

第一组“-”代表这个文件是一个普通文件。若此处为“d”代表这个文件是一个目录；若为“In”代表这个文件是一个软链接文件。

第二组“rw-”代表当前用户对这个文件只有“读”和“写”的操作权限。

第三组“---”代表组用户对这个文件没有任何权限。

第四组“---”代表其他用户对这个文件没有任何权限。

2. 目录

Linux 的文件路径都带有一个斜杠（/），这条斜杠单独出现时称为根目录，所有文件和目录都存放在根目录之下，可以用 ls / 命令进行查看。查看根目录下所有文件 / 文件夹的示例如下：

```
[root@localhost~] # ls /
bin dev home lib64 media opt root selinuxsys usr
boot etc lib lost+found mnt proc sbin srv tmp var
[root@localhost~] #
```

只有“/”单独出现时才代表根目录，若“/”后有其他目录，则“/”表示分隔分层。例如命令“ls /usr/src”即显示 usr 目录中的 src 目录中的所有文件及目录，示例如下：

```
[root@localhost~] # ls /usr/src
debug kernels
[root@localhost~] #
```

Linux 的目录结构比较简单，一般在 etc 目录下的文件是配置文件，在 bin 下的文件是二进制可执行文件，在 lib 下的文件是应用库文件。

每一个登录系统的使用者都会有一个家目录，默认是在 /home 文件夹下，并以使用者用户名命名文件夹。这个目录属于使用者的家目录，可以在里面任意操作，并不会对整个系统产成破坏性影响。但如果是 root 用户，家目录默认是 /root，操作时就要谨慎。因为 root 的权限很大，它可以忽略任何限制，如果操作不当可能会对系统造成破坏。Linux 根目录内主要目录功能说明及与 Windows 系统的对比如表 2-9 所示。

表 2-9　Linux 根目录内主要目录说明及与 Windows 的对比

Linux	含义	Windows
/bin	所有用户可用的基本命令存放的位置	Windows 没有固定的命令存放目录
/sbin	需要管理员权限才能使用的命令	
/boot	Linux 系统启动的时候需要加载和使用的文件	
/dev	外设连接 Linux 后，对应的文件存放的位置	类似于 Windows 中的 U 盘、光盘的符号文件
/etc	存放系统或者安装程序的配置文件，注册服务等	类似于 Windows 中的注册表
/home	家目录，Linux 中每新建一个用户，会自动在 home 中为该用户分配一个文件夹	类似于 Windows 中的“我的文档”，每个用户有自己的目录
/root	root 账户的家目录，仅供 root 账户使用	类似于 Windows 中的 Administrator 账户的“我的文档”
/lib	Linux 的命令和系统启动需要使用一些公共的依赖，一般放在 lib 中，类似我们开发的代码执行需要引入的 jdk 的 jar	
/usr	很多系统软件的默认安装路径	类似于 Windows 中的 C 盘下的“Program Files”
/var	系统和程序运行产生的日志文件和缓存文件放在这里	

2.1.6　Linux 基本命令

Linux 基本命令

1. 文件目录命令

（1）ls 命令。ls 命令就是 list（列出）的缩写，作用是列出文件夹内所有文件和指定文件夹内的所有文件。通过 ls 命令不仅可以查看 Linux 文件夹包含的文件，而且可以查看文件权限（包括目录、文件夹、文件权限）、目录信息等。

语法：

```
ls [ 参数 ] [ 目录名称 ]
```

常用参数搭配：

-l：列出文件的属性、权限等。

-a：列出目录所有文件，包含以“.”开始的隐藏文件。

-r：反序排列。

-t：以文件修改时间排序。

-S：以文件大小排序。

-h：以易读大小显示。

实例如下：

1）ls 未加目录名称，则表示列出当前目录下的所有文件，但隐藏文件不会列出。

```
[root@localhost~] # ls
```

2）按文件大小反序显示文件详细信息。

```
[root@localhost~] # ls -lrS
```

3）列出当前目录中所有以 t 开头的目录的详细内容。

```
[root@localhost~] # ls -l t*
```

4）查看指定目录下所有文件的详细信息，命令可以简化为 ll。

```
[root@localhost~] # ls -l
```

5）查看指定目录 /tmp 下的所有文件。

```
[root@localhost~] # ls /tmp
```

6）查看指定目录 /tmp 下的所有文件、属性及权限等。

```
[root@localhost~] # ls -al /tmp
```

（2）cd 命令。cd 命令是 change directory（切换目录）的缩写，cd 命令是在 Linux 系统中使用频繁的命令，可以用于在不同的目录间执行切换操作。在 Linux 中是通过执行 cd 命令加路径的方式，按 Enter 键实现切换目录的操作。

语法：

```
cd [ 目录名 ]
```

实例如下：

1）进入用户根目录。

```
[root@localhost~] # cd /
```

2）进入用户主目录。

```
[root@localhost~] # cd ~
[root@localhost~] # cd
```

3）返回进入此目录之前上一次目录。

```
[root@localhost~] # cd -
```

4）返回上级目录。

```
[root@localhost~] # cd ..
```

5）切换到根目录下的 tmp 目录。

```
[root@localhost~] # cd /tmp
```

（3）mv 命令。mv 命令是 move（移动）的缩写，用于根据第二个参数类型（如为目录，则移动文件；如为文件，则重命名该文件）移动文件或修改文件名。当第二个参数为目录时，第一个参数可以是多个以空格分隔的文件或目录，然后移动第一个参数指定的多个文件到第二个参数指定的目录中。

语法：

```
mv [ 参数 ] [ 源文件 ] [ 目标文件 ]
```

常用参数搭配：

-f：表示强制执行，例如文件已存在，不询问就可以执行覆盖等操作。

-i：如目标文件存在，需要询问才可以覆盖。

实例如下：

1）将文件 test.log 重命名为 test1.txt。

```
[root@localhost~] # mv test.log test1.txt
```

2）将文件 log1.txt、log2.txt、log3.txt 移动到根的 test3 目录中。

```
[root@localhost~] # mv log1.txt log2.txt log3.txt /test3
```

3）将文件 file1.txt 改名为 file2.txt，如果 file2.txt 已经存在，则询问是否覆盖。

```
[root@localhost~] # mv -i file1.txt file2.txt
```

4）移动当前文件夹下的所有文件到上一级目录。

```
[root@localhost~] # mv * ../
```

（4）pwd 命令。pwd 命令是 print working directory（打印工作目录）的缩写，用于查看当前工作目录路径。在终端进行操作时，总会有一个当前工作目录，在不太确定当前位置时，可以使用 pwd 来判定当前目录在文件系统内的确切位置。

语法：

```
pwd [ 参数 ]
```

常用参数搭配：

-p：显示实际路径，而非链接路径。

实例如下：

1）查看当前路径。

```
[root@localhost~] # pwd
```

2）查看软链接的实际路径。

```
[root@localhost~] # pwd -p
```

（5）rm 命令。rm 命令是 remove（移除）的缩写，用于删除一个目录中的一个或多个文件或目录，如果没有使用 -r 选项，则 rm 不会删除目录。如果使用 rm 来删除文件，通常可以将该文件恢复原状。

语法：

```
rm [ 参数 ] [ 文件或目录 ]
```

常用参数搭配：

-f：强制执行，忽略不存在或警告等信息。

-r：递归删除，常用于目录的删除。

实例如下：

1）删除 tmp 目录下多个文件，删除前逐一询问确认。

```
[root@localhost tmp] # rm test1 test2
```

2）删除 test 子目录及子目录中所有文件，并且不用一一确认。

```
[root@localhost~] # rm -rf test
```

（6）mkdir 命令。mkdir 命令是 make directory（创建目录）的缩写，用于创建文件夹。

语法：

```
mkdir [ 目录 ]
```

常用参数搭配：

-m：对新建目录设置存取权限。

-p：创建多级目录。若路径中的某些目录尚不存在，加上此选项后，系统将自动建好那些尚不存在的目录。

实例如下：

1）在当前工作目录下创建名为 t 的文件夹。

```
[root@localhost~] # mkdir t
```

2）在 tmp 目录下创建路径为 test/t1/t 的目录，若路径中的某些目录不存在，则创建。

```
[root@localhost~] # mkdir -p /tmp/test/t1/t
```

（7）rmdir 命令。rmdir 命令是 remove directory（移除目录）的缩写，用于删除空目录或从一个目录中删除一个或多个子目录项，删除某目录时必须具有对其父目录的写权限。

语法：

```
rmdir [ 目录 ]
```

常用参数搭配：

-p：删除多级目录下所有内容。

实例如下：

1）删除空目录 test。

```
[root@localhost~] # rmdir test
```

2）一并删除 parent 的子目录。

```
[root@localhost~] # rmdir -p parent/child/grandchild
```

2. 文件操作命令

（1）cp 命令。cp 命令是 copy 的缩写，用于将源文件复制至目标目录，或将多个源文件复制至目标目录。

语法：

```
cp [ 参数 ] [ 源文件 ] [ 目标文件 ]
```

常用参数搭配：

-a：通常在复制目录时使用，用于保留链接、文件属性，并复制目录下的所有内容。

-r：递归复制，用于复制目录。

-i：如目标文件存在，需要询问才可以覆盖。

-l：用于进行硬链接的连接文件的创建和复制，而非复制文件本身。

-s：复制成“快捷方式”文件。

-u：如果目标文件比源文件旧，则更新目标文件。

实例如下：

1）复制 a.txt 到 test 目录，保留原文件属性，如果文件已存在则提示是否覆盖。

```
[root@localhost~] # cp -ai a.txt test
```

2）为 a.txt 建立一个快捷方式 link_a.txt。

```
[root@localhost~] # cp -s a.txt link_a.txt
```

（2）cat 命令。cat 命令是 concatenate（连接）的缩写，用于显示指定文件内容的命令。

语法：

```
cat [ 参数 ] [ 目标文件 ]
```

常用参数搭配：

-b：列出行号，但空白行不显示当前的行号。

-A：将结尾的断行符 $ 显示出来。

-n：输出所有行号，且空白行的行号也会显示出来。

实例如下：

1）显示整个文件。

```
[root@localhost~] # cat filename
```

2）把 test1 的文件内容加上行号后输入 test2 文件中。

```
[root@localhost~] # cat -n test1 test2
```

3）把 test1 和 test2 的文件内容加上行号（空白行不加）之后输入 test 文件中。

```
[root@localhost~] # cat -b test1 test2 test
```

（3）chmod 命令。chmod 命令是 change mode（变更模式）的缩写，用于改变 Linux 系统文件或目录的访问权限。该命令有两种用法：一种是包含字母和操作符表达式的文字设定法；另一种是包含数字的数字设定法。使用数字设定法必须了解数字表示的含义：0 表示没有权限，1 表示可执行权限，2 表示可写权限，4 表示可读权限，可将其相加。例如，若让某个文件有“读 / 写”两种权限，则数字应为 4（可读）+2（可写）= 6（读 / 写）。

文字设定法语法：

```
chmod [ 操作对象 ] [ 操作符号 ] [ 模式 ] [ 文件名 ]
```

数字设定法语法：

```
chmod [ 模式 ] [ 文件名 ]
```

常用参数搭配：

- 操作对象。

u：表示“用户（user)”，即文件或目录的当前所有者。

g：表示“同组（group）用户”，即与文件当前所有者有相同组 ID 的所有用户。

o：表示“其他（others）用户”，除目录或文件的当前用户和群组之外的用户或者群组。

a：表示“所有（all）用户”，即所有的用户和群组，是系统默认值。

- 操作符号。

+：添加某个权限。

-：取消某个权限。

=：赋予给定权限并取消其他所有权限。

- 模式。

r：读权限。

w：写权限。

x：可执行权限。

u：与文件当前所有者拥有一样的权限。

g：与和文件当前所有者同组的用户拥有一样的权限。

o：与其他用户拥有一样的权限。

R：对目前目录下的所有档案与子目录进行相同的权限变更（即以递归的方式逐个变更）。

实例如下：

1）将档案 file1.txt 设为所有人皆可读取。

```
[root@localhost~] # chmod ugo+r file1.txt
[root@localhost~] # chmod a+r file1.txt
```

2）将档案 file1.txt 与 file2.txt 设为该档案拥有者与其所属同组的群体可写入，但其他人均不可写入。

```
[root@localhost~] # chmod ug+w,o-w file1.txt file2.txt
```

3）将目前目录下的所有档案与子目录均设为任何人可读取。

```
[root@localhost~] # chmod 777 file
[root@localhost~] # chmod -R a+r*
```

4）对 test 目录及其子目录所有文件添加可读权限。

```
[root@localhost~] # chmod u+r,g+r,o+r -R text/ -c
```

3. 打包和解压命令

打包是指将一大堆文件或目录变成一个总的文件；压缩则是将一个大的文件通过一些压缩算法变成一个小文件。在 Linux 系统中，普通文件可以不附带后缀名，但是压缩文件必须带后缀名，这是为了判断压缩文件是由哪种压缩工具压缩的，而后才能正确地解压这个文件。以下介绍常见的后缀名所对应的压缩工具。

- .gz：gzip 压缩工具压缩的文件。
- .bz2：bzip2 压缩工具压缩的文件。
- .tar：tar 打包程序打包的文件（tar 并没有压缩功能，只是把一个目录合并成一个文件）。
- .tar.gz：将打包过程分为两步执行，先用 tar 打包，再用 gzip 压缩。
- .tar.bz2：将打包过程分为两步执行，先用 tar 打包，再用 bz2 压缩。

（1）tar 命令。gzip、bzip2 不能压缩文件夹，但 tar 命令可解压或压缩文件夹（多层文件结构），压缩文件的后缀名为“.gz”“.bz2”等。使用 tar 命令解压或压缩后，不会删除源文件。

语法：

```
tar [ 参数 ] [ 压缩文件 ] [ 打包文件 ]
```

常用参数搭配：

-z：同时用 gzip 压缩。

-j：同时用 bzip2 压缩。

-x：递归压缩指定目录下以及子目录下的所有文件。

-t：查看 tar 包里面的文件，对压缩文件进行解压缩。

-c：建立一个 tar 包，将压缩数据输出到标准输出中，并保留源文件。

-v：可视化，递归压缩指定目录下以及子目录下的所有文件。

-f：压缩时加上 -f 参数，则表示压缩后的文件为 filename；如果是多个参数组合的情况下带有 -f，则需要把 f 写到最后。

实例如下：

1）用 tar 命令压缩 test 文件。

```
[root@localhost~] # tar -cvf test.tar test
```

2）用 tar 命令解压 test.tar 文件。

```
[root@localhost~] # tar -xvf test.tar
```

3）将 /etc 下的所有文件及目录打包到指定目录，并使用 gz 压缩。

```
[root@localhost~] # tar -zcvf /tmp/etc.tar.gz /etc
```

4）查看刚打包的文件内容（一定要加 z，因为是使用 gz 压缩的）。

```
[root@localhost~] # tar -ztvf /tmp/etc.tar.gz
```

（2）gzip 命令。gzip 是应用最广泛的压缩命令，可解压 zip 与 gzip 工具压缩的文件。而 gzip 创建的压缩文件后缀名为 gz（即 *.gz）。值得注意的是，gzip 解压或压缩都会将源文件删除。

语法：

```
gzip [ 参数 ] [ 文件 ]
```

常用参数搭配：

-d：对压缩文件进行解压缩。

-c：将压缩数据输出到标准输出中，并保留源文件。

-r：递归压缩指定目录下以及子目录下的所有文件。

-v：对于每个压缩和解压缩的文件，显示相应的文件名和压缩比。

-#：压缩等级，取值范围为 1 ～ 9，其中 1 为压缩最差，9 为压缩最好，6 为默认等级。

实例如下：

1）将 test 文件压缩成扩展名为 .gz 的文件。

```
[root@localhost~] # gzip test
```

2）将 test.gz 格式的压缩文件解压。解压后，压缩文件将直接变成解压后的文件。

```
[root@localhost~] # gzip -d test.gz
```

2.2 认识 Hadoop 集群

2.2.1 Hadoop 生态圈

Hadoop 是一个由阿帕奇（Apache）基金会开发的分布式系统基础架构，用户可以在不了解分布式底层细节的情况下去开发分布式程序，充分利用集群进行数据存储和数据计算。Hadoop 框架最核心的设计是 HDFS 和 MapReduce：HDFS 为海量的数据提供了分布式存储，MapReduce 是对数据进行分布式处理。如图 2-8 所示，Hadoop 框架是 Hadoop 生态圈的基础，许多工具都是基于 Hadoop 框架中分布式文件存储系统的基础而运行的，包括 Hive、Pig、HBase 等工具，所以通常所说的 Hadoop 就是指 Hadoop 生态圈。

Hadoop 生态圈好比一个厨房，需要各种工具，锅、碗、瓢、盆各有各的用处，相互之间又有重合。例如，可以用汤锅当碗来吃饭喝汤，也可以用小刀削土豆皮，虽然都可以达到最终目的，但是这种工具未必是最佳的选择。Hadoop 生态圈中的工具就像是厨房里的各种工具，它们都是基于“厨房”（Hadoop 框架）存在的，它们在这个圈里发挥各自的作用，组成了 Hadoop 生态系统。

（1）HDFS 分布式文件系统。HDFS 是 Hadoop 分布式文件系统的简称，它是 Hadoop 生态系统中的核心项目之一，是分布式计算中数据存储管理基础。HDFS 具有高容错性的数据备份机制，它能检测和应对硬件故障，并在低成本的通用硬件上运行。另外，HDFS 具备流式的数据访问特点，提供高吞吐量应用程序数据访问功能，适合带有大型数据集的应用程序。

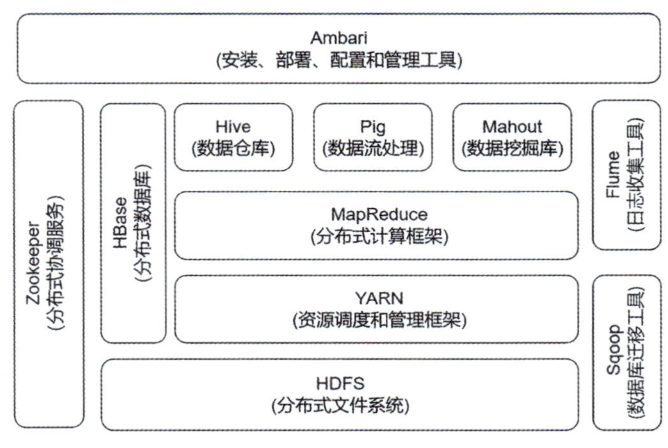

图 2-8　Hadoop 生态圈

（2）MapReduce 分布式计算框架。MapReduce 是一种计算模型，用于大规模数据集（大于 1TB）的并行运算。“Map”对数据集上的独立元素进行指定的操作，生成键值对形式的中间结果；“Reduce”则对中间结果中相同“键”的所有“值”进行规约，以得到最终结果。MapReduce 这种“分而治之”的思想，极大地方便了编程人员在不会分布式并行编程的情况下，将自己的程序运行在分布式系统上。

（3）YARN 资源调度和管理框架。YARN 是 Hadoop 2.0 中的资源管理器，它可为上层应用提供统一的资源管理和调度服务，它的引入为集群在利用率、资源统一管理和数据共享等方面带来了巨大好处。

（4）ZooKeeper 分布式协调服务。ZooKeeper 是一个开放源码的分布式应用程序协调服务，是 Google 公司的 Chubby 的一个开源的实现，是 Hadoop 和 HBase 的重要组件。

ZooKeeper 是一个为分布式应用提供一致性服务的软件，提供的功能包括配置维护、域名服务、分布式同步、组服务等用于构建分布式应用，目标就是封装好复杂易出错的关键服务，将简单易用的接口和性能高效、功能稳定的系统提供给用户。

（5）Sqoop 数据迁移工具。Sqoop 是一款开源的数据导入 / 导出工具，主要用于在 Hadoop 与传统的数据库间进行数据的转换，它可以将一个关系型数据库（例如 MySQL、Oracle 等）中的数据导入 Hadoop 的 HDFS 中，也可以将 HDFS 的数据导出到关系型数据库中，使数据迁移变得非常方便。

（6）Hive 数据仓库。Hive 是基于 Hadoop 的一个分布式数据仓库工具，可以将结构化的数据文件映射为一张数据库表，将 SQL 语句转换为 MapReduce 任务运行。其优点是操作简单，学习成本低，可以通过类 SQL 语句快速实现简单的 MapReduce 统计，不必开发专门的 MapReduce 应用，十分适合数据仓库的统计分析。

（7）Flume 日志收集工具。Flume 是 Apache 公司提供的一个高可用的、高可靠的、分布式的海量日志采集、聚合和传输的系统，Flume 支持在日志系统中定制各类数据发送方，用于收集数据。同时，Flume 提供对数据进行简单处理，并写到各种数据接收方的功能。

HBase 在本书的后续章节有详细介绍，Ambari、Pig、Mahout 等工具请读者在课后自行查阅资料学习。

2.2.2 Hadoop 的运行模式

Hadoop 有三种常见的运行模式，分别是单机模式、伪分布式模式和完全分布式模式。

（1）单机模式：又称为独立模式，是 Hadoop 的默认模式，这种模式在使用时只需要下载解压 Hadoop 安装包并且配置环境变量即可，不需要配置其他 Hadoop 相关的配置文件。一般情况下，不使用单机模式。

（2）伪分布式模式：在这种模式下，所有的守护进程都运行在一个节点上，由于是在一个节点上模拟一个具有 Hadoop 完整功能的微型集群，所以被称为伪分布式集群。通常使用伪分布式模式来调试 Hadoop 分布式程序的代码，或判断程序执行是否正确。

（3）完全分布式模式：在这种模式下，Hadoop 守护进程会运行在多个节点上，形成一个真正意义上的分布式集群。守护进程分别运行在由多个主机搭建成的集群上，不同节点担任不同的角色。在实际工作应用开发中，通常使用该模式构建企业级 Hadoop 系统。

2.2.3 Hadoop 的优势

Hadoop 作为分布式计算平台，能够处理海量数据，并对数据进行分析。经过近十年的发展，Hadoop 已经形成了以下几点优势：

（1）扩容能力强。Hadoop 是一个高度可扩展的存储平台，它可以存储和分发跨越数百个并行操作的廉价的服务器数据集群。不同于传统的关系型数据库不能扩展到处理大量的数据，Hadoop 是一个在真正意义上能给企业提供将成百上千 TB 数据提交到节点上运行的功能的平台。

（2）成本低。Hadoop 为企业用户提供了缩减成本的存储解决方案。通过普通廉价的机器组成服务器集群来分发处理数据，成本比较低，普通用户也很容易在自己的 PC 机上搭建 Hadoop 运行环境。

（3）高效率。Hadoop 能够并发处理数据，并且能够在节点之间动态地移动数据，并保证各个节点的动态平衡，因此处理数据的速度非常快。

（4）可靠性。Hadoop 自动维护多份数据副本，假设计算任务失败，Hadoop 能够对失败的节点重新分布处理。

（5）高容错性。Hadoop 的一个关键优势就是容错能力强，当数据被发送到一个单独的节点时，该数据也被复制到集群的其他节点上，这意味着故障发生时，存在另一个副本可供使用。

2.3 Hadoop 集群的搭建和配置

2.3.1 主机的硬件配置与虚拟化软件

（1）主机的硬件配置。使用虚拟机搭建 Hadoop 集群安装环境时，硬件只需要一台计算机（台式机或笔记本均可）即可。对计算机配置要求如下：

1）处理能力：对处理能力的要求不高，达到一般家用桌面级别即可，如 Intel 的 Celeron 系列（G540、G530 等）、AMD 的 A4、A6 系列，但 CPU 必须支持虚拟化（Virtualization）技术，并在主板 BIOS 设置中打开虚拟化功能（VT-X/AMD-V）。

2）内存容量：同时开启的虚拟机越多，对内存的需求就会越大。实验系统一般只开启 3 台 Linux 虚拟机，每台虚拟机分配 1GB 左右的内存，所以有 4GB 内存就能达到要求。

3）硬盘容量和速度：对硬盘的容量和速度方面要求都不高，有 10GB 左右的空闲容量，速度达到主流硬盘的速度即可。如果能配备数据吞吐率高的硬盘（如固态硬盘等），虚拟机的启动速度和性能会有所提升。

（2）虚拟化软件。一台计算机本身可以装多个操作系统，但是做不到在多个操作系统间切换自如，所以我们需要在主机上安装虚拟化软件来达到这个目的。VMware Workstation 是一个功能强大的本地桌面虚拟化软件，可以让用户在单一的桌面上同时运行不同的操作系统，提供了完整的虚拟网络环境。

2.3.2 Hadoop 集群安装准备

Hadoop 集群安装准备

集群是一组通过网络互联的计算机，集群中的每一台计算机又称作一个节点。所谓搭建 Hadoop 集群，就是在一组通过网络互联的计算机组成的物理集群上安装部署 Hadoop 相关的软件，然后整体对外提供大数据存储和分析等相关服务。Hadoop 是一个用于处理大数据的分布式集群架构，支持在 GNU/Linux 系统以及 Windows 系统上进行安装使用。在实际开发中，由于 Linux 系统的便捷性和稳

定性更好，所以更多的 Hadoop 集群是在 Linux 系统上运行的，因此本教材也针对 Linux 系统上 Hadoop 集群的构建和使用进行讲解。

1. 安装虚拟机

Hadoop 集群的搭建涉及多台机器，这在日常学习和个人开发测试过程中显然是不可行的，因此可以使用虚拟机软件（如 VMware Workstation）在同一台计算机上构建多个 Linux 虚拟机环境，从而进行 Hadoop 集群的学习和个人测试。使用 VMware Workstation 虚拟软件工具进行 Linux 系统虚拟机的安装配置步骤演示如下：

（1）单击“创建新的虚拟机”选项进入新建虚拟机向导，如图 2-9 所示。

图 2-9　VMware Workstation 主界面

（2）选中“典型”单选按钮，然后单击“下一步”按钮，如图 2-10 所示。

（3）选中“稍后安装操作系统”单选按钮，然后单击“下一步”按钮，如图 2-11 所示。

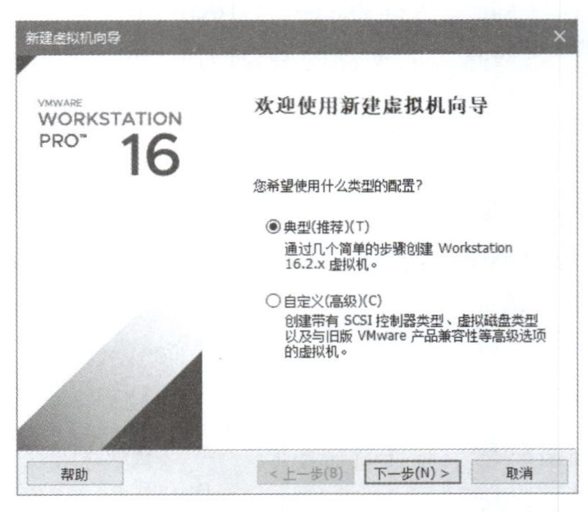

图 2-10　新建虚拟机向导初始界面

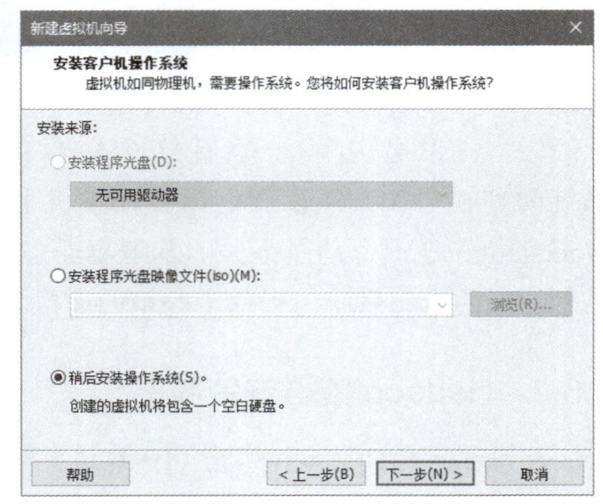

图 2-11　“安装客户机操作系统”界面

（4）进入“选择客户机操作系统”界面，选择要安装的客户机操作系统为 Linux，版本为“CentOS 7 64 位”，然后单击“下一步”按钮，如图 2-12 所示。

（5）进入“命名虚拟机”界面，设置虚拟机名称（本书设置为 hadoop1）和安装位置，单击“下一步”按钮，如图 2-13 所示。

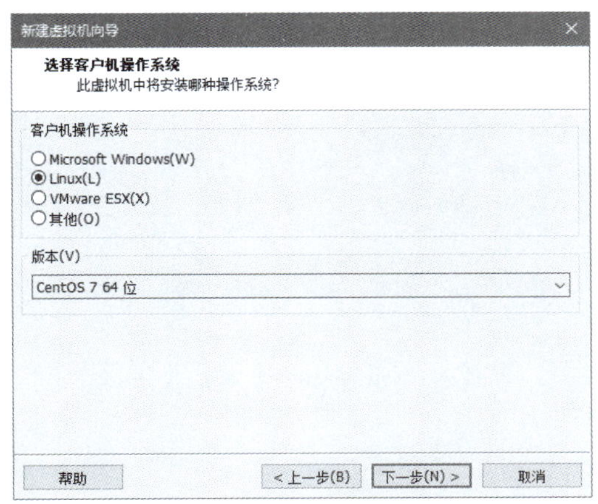

图 2-12 “选择客户机操作系统”界面

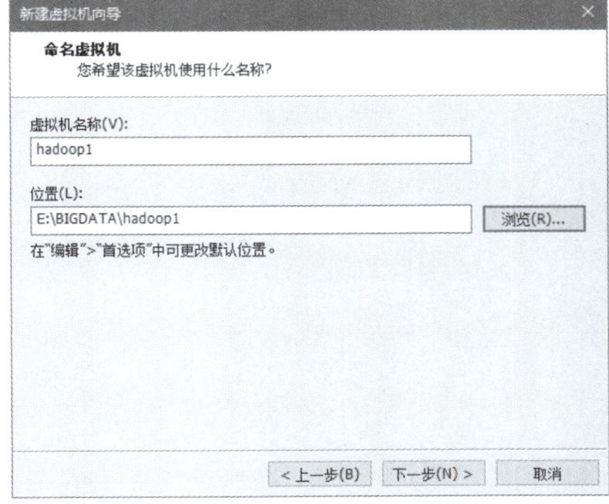

图 2-13 “命名虚拟机”界面

（6）进入“指定磁盘容量”界面，根据实际需要和本机硬件情况，合理选择“最大磁盘大小”（此处使用默认值 20.0GB）给虚拟机分配磁盘，并选中“将虚拟磁盘拆分成多个文件”单选按钮，单击“下一步”按钮，如图 2-14 所示。

（7）进入“已准备好创建虚拟机”界面，单击“自定义硬件”按钮，如图 2-15 所示。

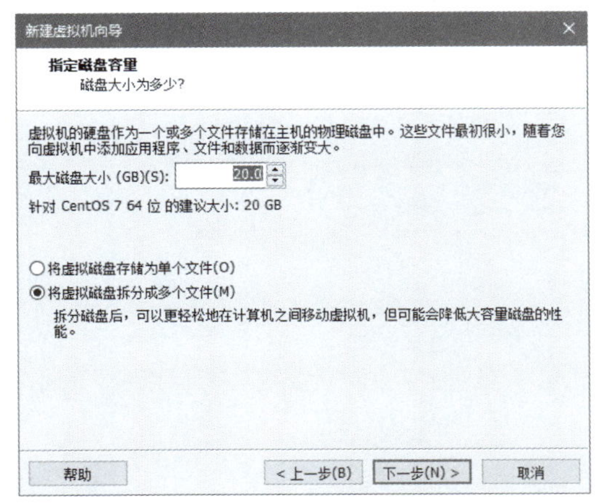

图 2-14 “指定磁盘容量”界面

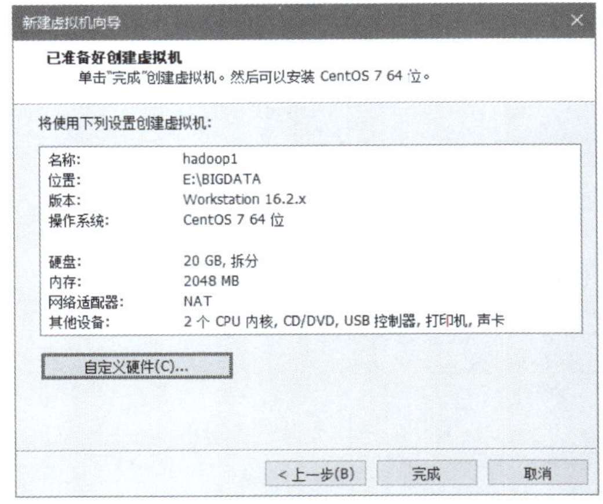

图 2-15 “已准备好创建虚拟机”界面

（8）进入“硬件”界面，单击“内存”选项，根据实际需要和本机硬件情况，合理地给虚拟机分配内存，如图 2-16 所示。注意，分配的内存大小不能超过本机的内存大小，多台虚拟机的内存总和不能超过本机的内存大小。

（9）单击“处理器”选项，如图 2-17 所示，根据实际需要和本机硬件情况为虚拟机分配“处理器数量”和“每个处理器的内核数量”，注意不能超过本机处理器的核数（此处使用处理器数量为 1，每个处理器的内核数量为 2）。单击“关闭”按钮，返回到“已准备好创建虚拟机”界面，再单击“完成”按钮，完成新建虚拟机的创建。

图 2-16　硬件 - 内存界面

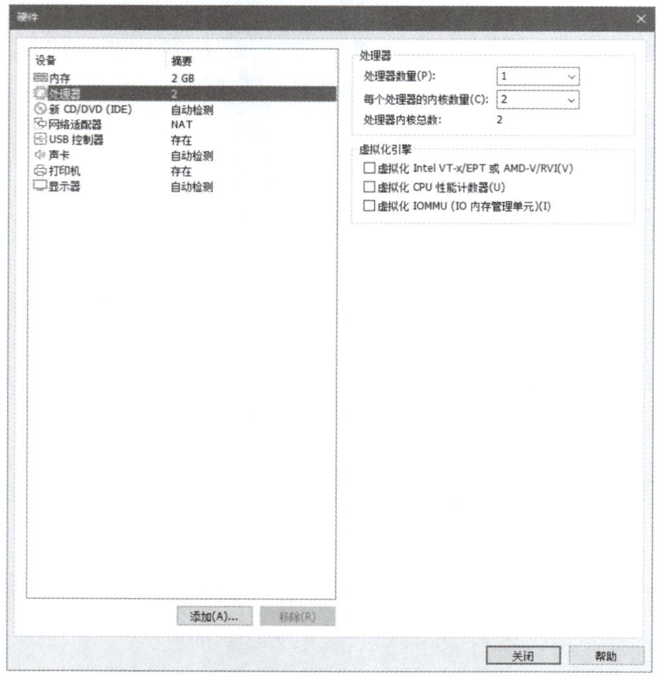

图 2-17　硬件 - 处理器界面

（10）选中创建成功的虚拟机 hadoop1，右击打开“虚拟机设置”中的 CD/DVD (IDE) 选项，选中“使用 ISO 镜像文件”单选按钮，并单击“浏览”按钮设置 CentOS

镜像文件的具体地址来初始化 Linux 系统（CentOS 镜像文件下载地址：https://www.centos.org/download/）。设置完镜像文件，单击“确定”按钮，如图 2-18 所示。

图 2-18　虚拟机镜像文件设置界面

（11）启动虚拟机 hadoop1，选择图 2-19 中的第一条 Install CentOS 7 选项，引导驱动加载完毕，开始安装进程。

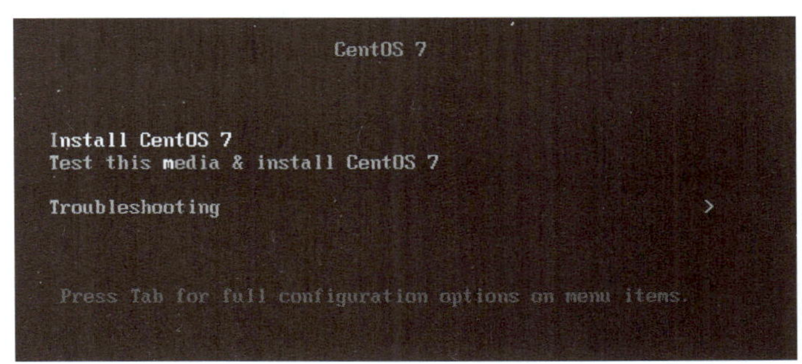

图 2-19　虚拟机启动初始界面

（12）进入系统语言设置界面，为了后续软件及系统兼容性，通常会使用默认的 English(United States) 选项作为系统语言，单击 Continue 按钮，如图 2-20 所示。

（13）设置好系统语言后，选择 INSTALLATION DESTINATION 选项，为系统配置存储位置，单击 Begin Installationion 按钮，如图 2-21 所示。

（14）选中 I will configure partitioning 单选按钮，单击 Done 按钮，如图 2-22 所示。

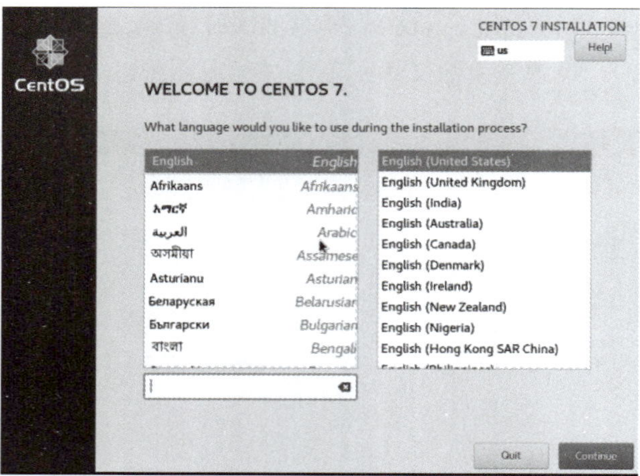

图 2-20　虚拟机语言选择界面

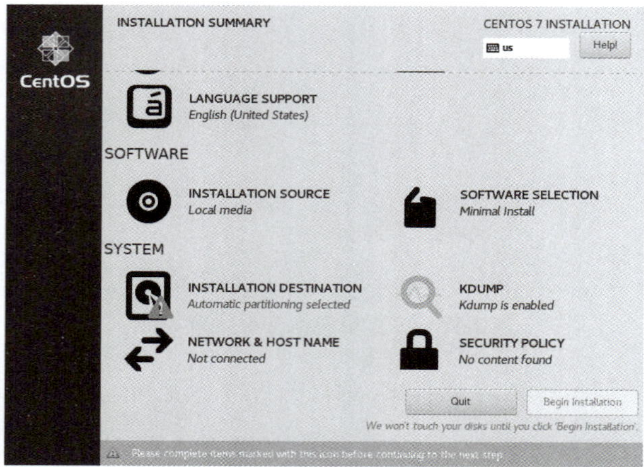

图 2-21　存储位置配置界面

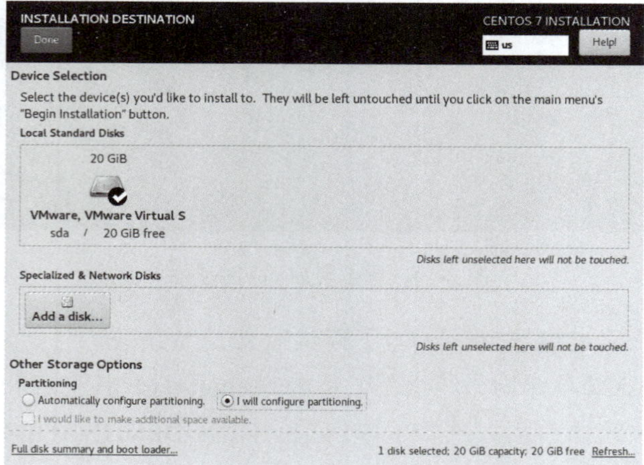

图 2-22　存储选项选择界面

（15）单击 New mount points will use the following partitioning scheme 下的下拉框，选择 Standard Partition，即设置为标准分区，单击 Done 按钮，如图 2-23 所示。

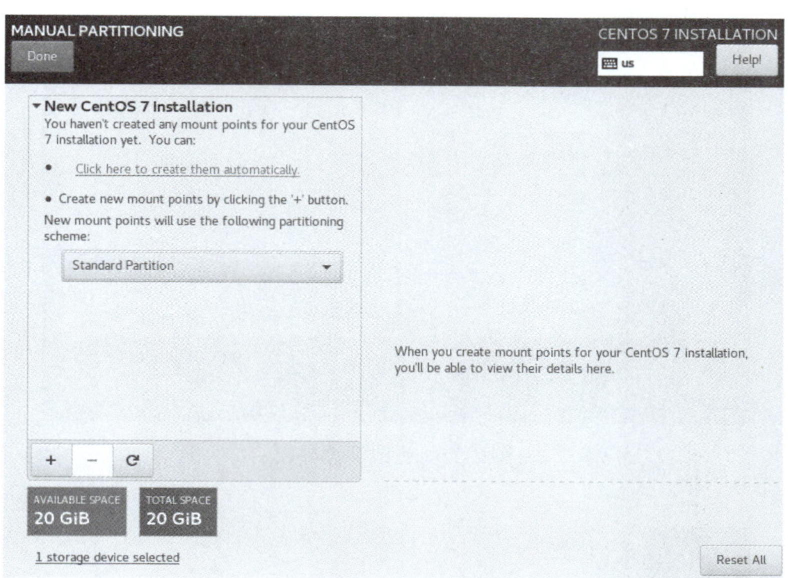

图 2-23　分区选择界面

（16）单击“+”按钮，添加三个分区，分别如下：① Mount point：/boot，Desired Capacity：200M；② Mount point：swap，Desired Capacity：4GB；③ Mount point：/；单击 Done 按钮。此处以“boot”分区为例，如图 2-24 所示。

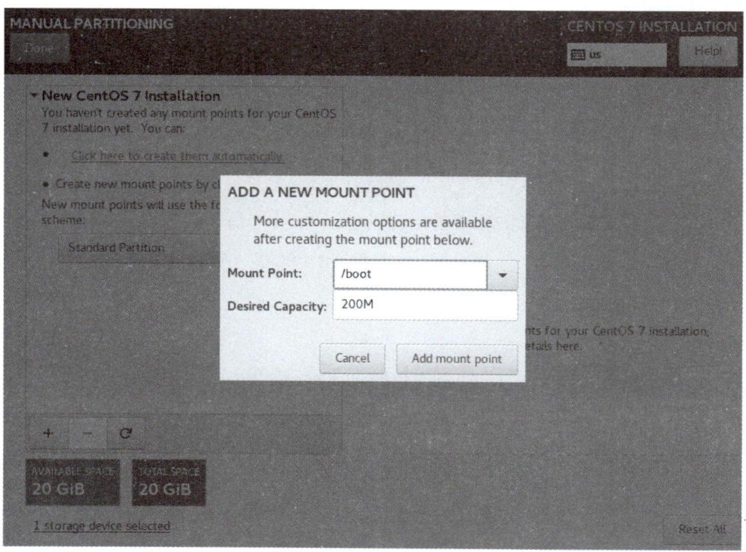

图 2-24　添加分区界面

（17）单击 Accept Changes 按钮，同意更改，如图 2-25 所示。

（18）设置根用户的 root 密码，完成安装，如图 2-26 所示。

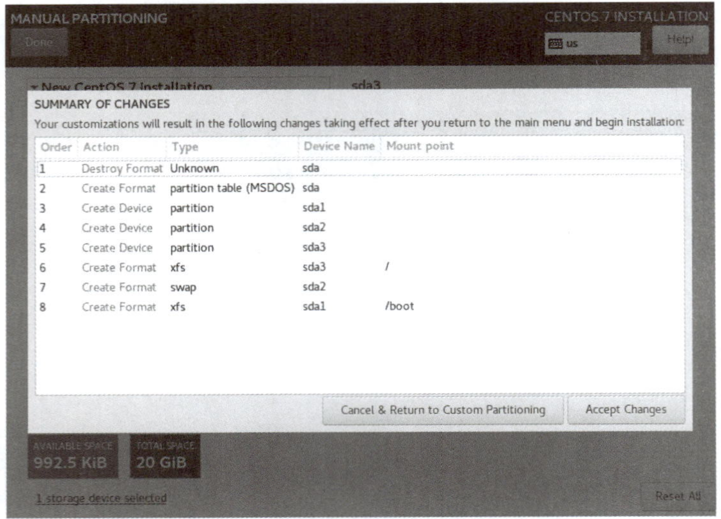

图 2-25 更改汇总界面

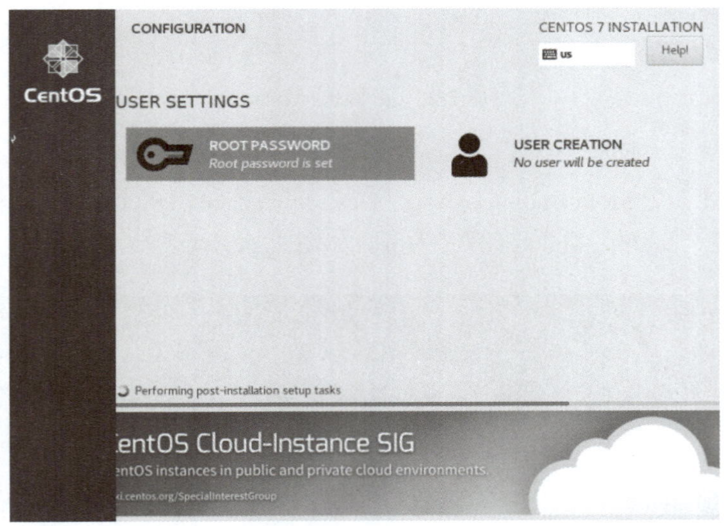

图 2-26 设置密码界面

2. 克隆虚拟机

至此，我们已成功安装好了一台搭载 CentOS 镜像文件的 Linux 系统，但一台虚拟机远不能满足搭建 Hadoop 集群的需求，因此需对已安装的虚拟机进行克隆。VMware Workstation 提供了两种类型的克隆，分别是完整克隆和链接克隆。

- 完整克隆：对原始虚拟机进行完全独立的复制，克隆得到的虚拟机不和原始虚拟机共享资源，可以脱离原始虚拟机独立使用。
- 链接克隆：克隆得到的虚拟机需要和原始虚拟机共享同一虚拟磁盘文件，不能脱离原始虚拟机独立运行。但是，采用共享磁盘文件可以极大缩短创建克隆虚拟机的时间，同时还节省物理磁盘空间。

以上两种克隆方式中，完整克隆的虚拟机文件相对独立且安全，在实际开发中也较为常用。因此，本书以完整克隆方式为例演示虚拟机的克隆（假设克隆了 2 个虚拟机 hadoop2 和 hadoop3，此处演示 hadoop2 的克隆过程）。注意：要克隆的虚拟机在克隆前需要处于关闭状态。

（1）关闭要克隆的虚拟机 hadoop1，在 VMware Workstation 工具左侧系统资源库中，右击 hadoop1，选择“管理”列表下的“克隆”选项，弹出克隆虚拟机向导界面，如图 2-27 所示。

（2）根据克隆向导连续单击界面中的“下一页”按钮，进入“克隆类型”界面后，选中“创建完整克隆”单选按钮，如图 2-28 所示。

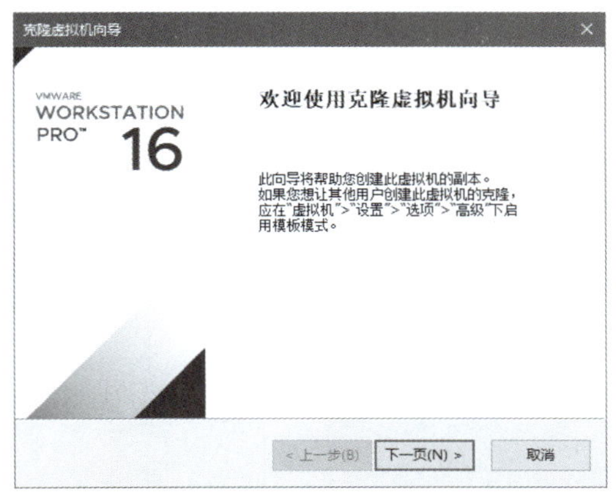

图 2-27　克隆虚拟机向导界面

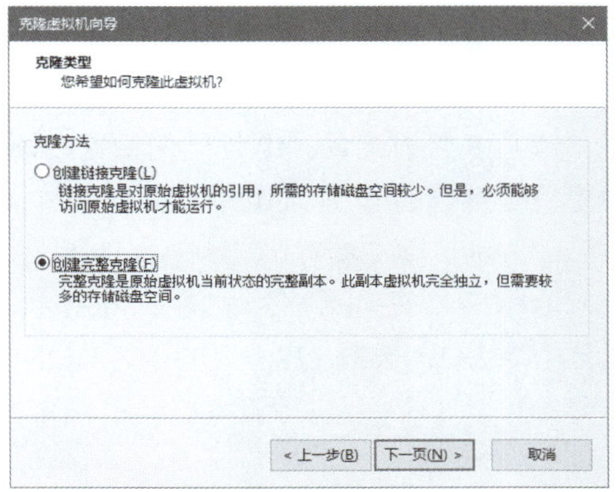

图 2-28　“克隆类型”界面

（3）选择“创建完整克隆”方式后，单击“下一页”按钮，进入“新虚拟机名称”界面，在该界面自定义新虚拟机名称和位置，如图 2-29 所示。

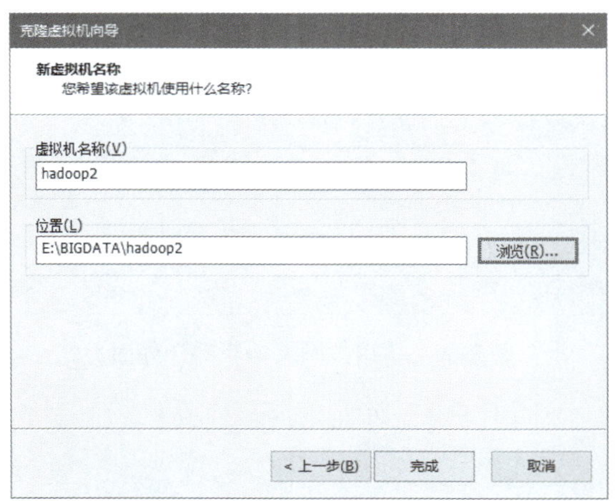

图 2-29　“新虚拟机名称”界面

（4）设置好新虚拟机名称和位置后，单击“完成”按钮就会进入新虚拟机克隆过程。在克隆成功界面，单击“关闭”按钮完成虚拟机的克隆。

3. 网络配置

上一节介绍了虚拟机的安装和克隆，虚拟机 hadoop1 能正常使用，但其动态 IP 在不断的开停过程中很容易改变，不利于实际开发；而通过 hadoop1 克隆的虚拟机（虚拟机 hadoop2 和 hadoop3）则无法动态分配到 IP，完全无法使用。因此，需要对这三台虚拟机的网络分别进行配置。

接下来，本节对如何配置虚拟机网络进行详细讲解（以虚拟机 hadoop1 为例），具体如下。

（1）主机名配置。具体操作命令如下：

```
#hostnamectl --static set-hostname hadoop1
```

执行上述命令后，在打开的界面左侧选项卡中右击虚拟机 hadoop1，选择“重命名”选项进行重新编辑，根据个人实际需求对主机名重命名为 hadoop1。依据相同的步骤对虚拟机 hadoop2、虚拟机 hadoop3 进行设置。

（2）IP 映射配置。IP 地址的配置必须在 VMware 虚拟网络 IP 地址范围内。所以必须先清楚可选的 IP 地址范围。首先，选择 VMware 工具的“编辑”菜单下的“虚拟网络编辑”菜单项；接着，选中“NAT 模式”类型的 vmnet8，单击“DHCP 设置”按钮，进入 DHCP 设置对话框。如图 2-30 所示，本机 VMware 工具允许的虚拟机 IP 地址可选范围为 192.168.31.128 ～ 192.168.31.254。

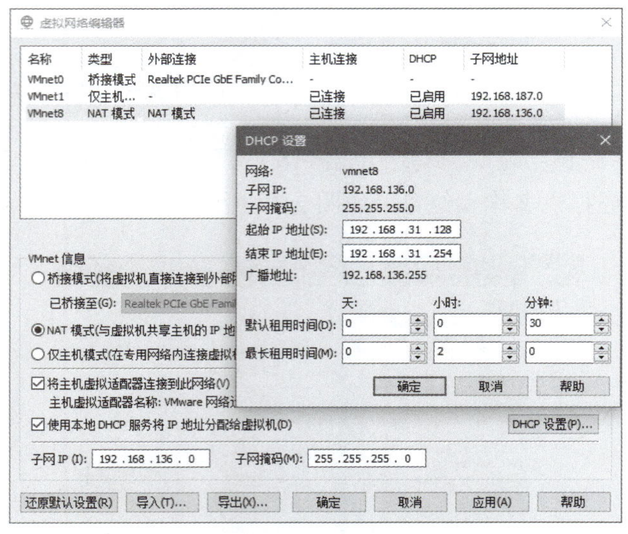

图 2-30 “虚拟网络编辑器”界面

然后，执行如下命令对 IP 映射文件 hosts 进行编辑：

```
#vi /etc/hosts
```

执行上述命令后，打开 hosts 映射文件，为了保证后续相互关联的虚拟机能够通过主机名进行访问，根据实际需求配置对应的 IP 和主机名映射。

此处分别将主机名 hadoop1、hadoop2、hadoop3 与 IP 地址 192.168.31.129、192.168.31.130 和 192.168.31.131 进行映射匹配（根据本机的 DHCP 设置和主机名规

划 IP 映射，对要搭建的集群主机都配置主机名和 IP 映射）。保存设置完成之后，运行“service network restart”命令，重启网卡，如图 2-31 所示。

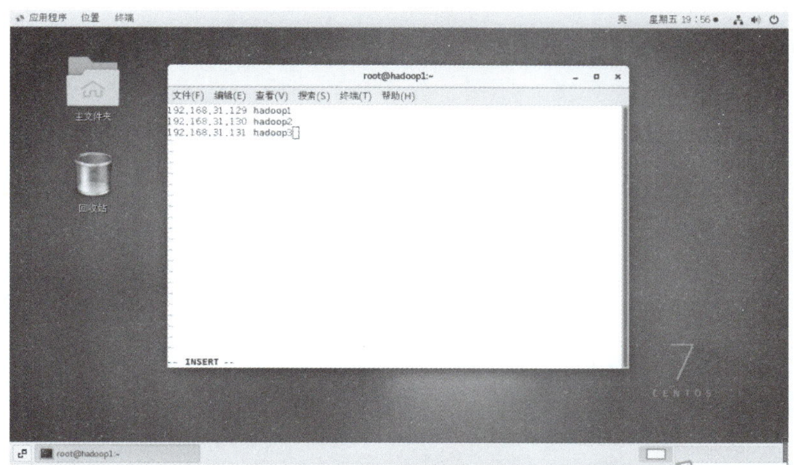

图 2-31 IP 映射配置

（3）网络参数配置。在上一步中，对虚拟机的主机名和 IP 映射进行了配置，而想要虚拟机能够正常使用，还需配置网络参数。修改虚拟机网卡配置文件，具体命令如下：

```
#vi /etc/sysconfig/network-scripts/ifcfg-ens32
```

执行上述命令后，会打开当前虚拟机的网卡设备参数文件，如图 2-32 所示。

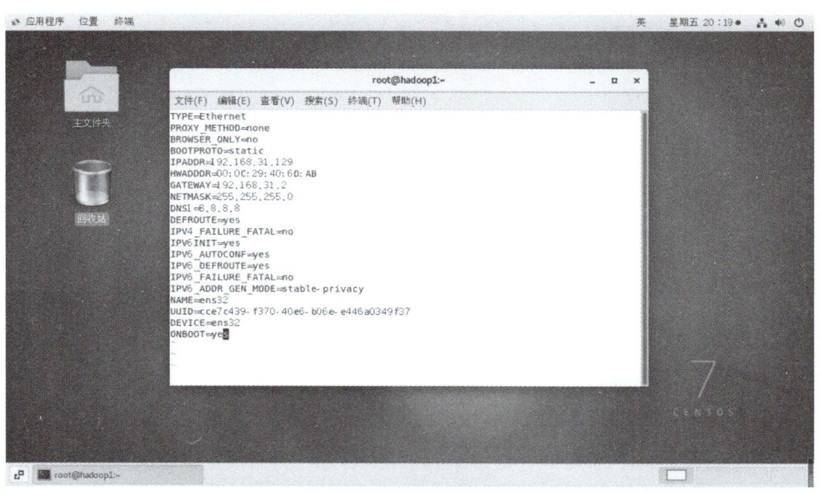

图 2-32 网络参数配置

根据需要通常要配置或修改以下 6 处参数：

- BOOTPROTO=static：表示静态路由协议，保持 IP 固定。
- IPADDR：表示虚拟机的 IP 地址，这里设置的 IP 地址要与前面 IP 映射配置时的 IP 地址一致，否则无法通过主机名找到对应 IP。
- GATEWAY：表示虚拟机网关，通常都是将 IP 地址最后一个位数变为 2。

● NETMASK：表示虚拟机子网掩码，通常都是 255.255.255.0。

● DNS1：表示域名解析器，使用 Google 提供的免费 DNS 服务器 8.8.8.8。

● HWADDR：表示虚拟机 MAC 地址，需要与当前虚拟机 MAC 地址一致。

为了查看当前虚拟机的 MAC 地址，应右击当前虚拟机的“设置”列表并选中“网络适配器”选项，单击“高级”按钮。如图 2-33 所示，当前虚拟机 hadoop1 的 MAC 地址为 00:0C:29:40:6D:AB，虚拟机 MAC 地址是唯一的。

图 2-33　查看虚拟机 MAC 地址

重启虚拟机后，先通过“ifconfig”命令查看 IP 配置是否生效，再执行“ping www.baidu.com”命令检测网络连接是否正常。

4. SSH 服务配置

完成前面的操作，虚拟机依然存在下列问题：

（1）实际工作中，服务器被放置在机房中，受到地域和管理的限制，开发人员通常不会进入机房直接上机操作，而是通过远程连接服务器进行相关操作。

（2）在集群开发中，主节点通常会对集群中各个节点频繁地访问，需要不断输入目标服务器的用户名和密码，操作非常烦琐且影响集群服务的运行效率。

为了解决上述问题，可以通过配置 SSH 服务来分别实现远程登录和 SSH 免密登录功能。

（1）远程登录。SSH 为 Secure Shell 的缩写，它是一种网络安全协议，专为远程登录会话和其他网络服务提供安全保障。通过使用 SSH 服务，可以对传输的数据进行加密，有效避免远程管理过程中的信息泄露问题。SecureCRT 是一款支持 SSH 的终端仿真程序，它能够在 Windows 操作系统上远程连接 Linux 服务器执行操作。

SecureCRT 的下载地址：https://www.vandyke.com/cgi-bin/releases.php?product=securecrt。下载安装完成后，按照以下操作进行远程连接访问（以 hadoop1 为例）。

1）打开 SecureCRT 远程连接工具，执行导航栏上的“文件”中的“快速连接”命令，进入“快速连接”界面，将主机名选项设置为目标服务器 hadoop1 的 IP 或者主机名，用户名设置为“root”，单击“连接”按钮，如图 2-34 所示。

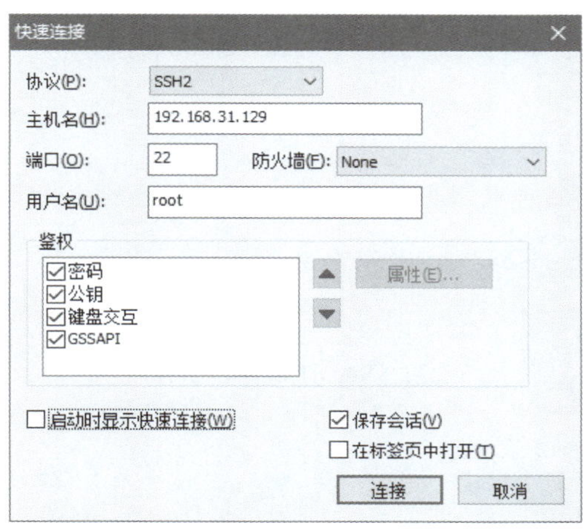

图 2-34 “快速连接”界面

2）进入“新建主机密钥”界面，主要用于密钥的信息发送确认，单击“接受并保存”按钮，如图 2-35 所示。

3）进入“输入安全外壳密码”界面，客户端需要输入目标服务器的用户名和密码，单击“确定”按钮即可完成远程连接，如图 2-36 所示。

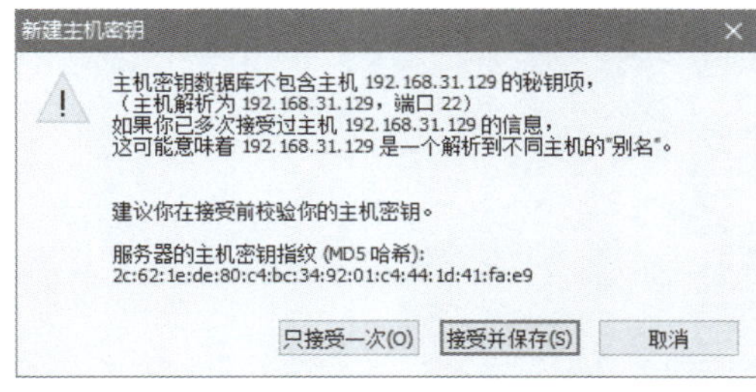

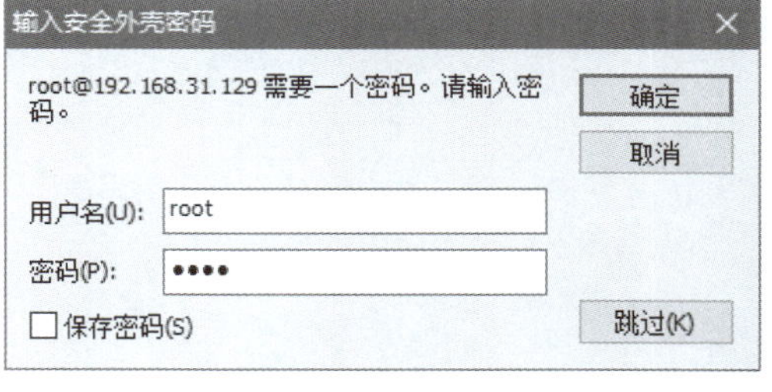

图 2-35 “新建主机密钥”界面　　图 2-36 “输入安全外壳密码”界面

（2）免密登录。实现 SSH 远程登录功能后，若想要实现多台服务器之间的免密登录功能，还需进一步配置 SSH 免密登录（此处以 hadoop1 为例），具体如下：

1）生成密钥，在虚拟机上输入如下命令：

```
#ssh-keygen -t rsa
```

随后连续按 4 次 Enter 键确认，此时会在当前虚拟机的 root 目录下生成一个包含有密钥文件的 .ssh 隐藏文件，如图 2-37 所示。

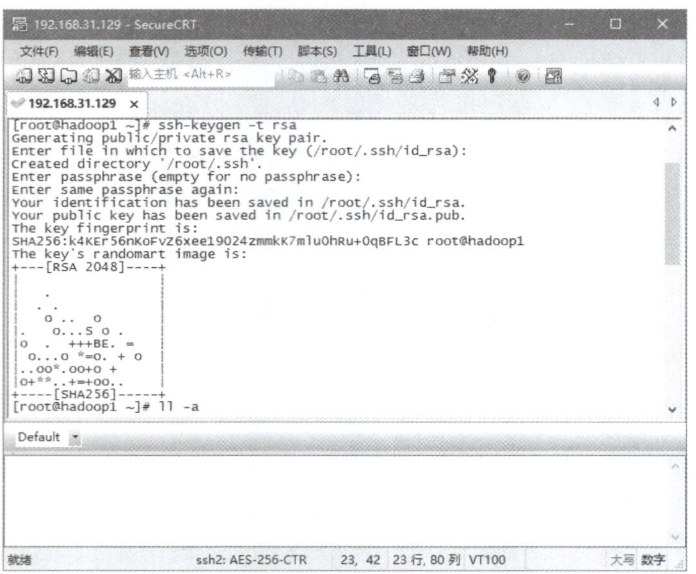

图 2-37　生成密钥文件

2）在虚拟机的 root 目录下执行如下命令：

```
#ll -a
```

通过上述命令可以查看当前目录下的所有文件（包括隐藏文件），然后进入 .ssh 隐藏目录，查看当前目录的文件。如图 2-38 所示，ssh 隐藏目录下的 id_rsa 就是 hadoop1 的私钥，id_rsa.pub 为 hadoop1 的公钥。

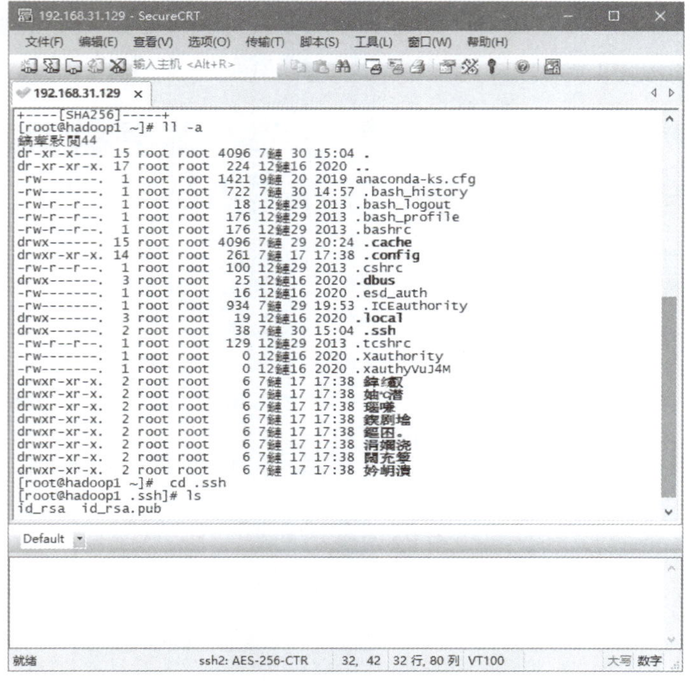

图 2-38　查看 .ssh 隐藏目录

3）在生成密钥文件的虚拟机 hadoop1 上，执行如下命令：

```
#ssh-copy-id hadoop2
```

接着输入密码，将公钥文件复制到需要关联的虚拟机 hadoop2 上，如图 2-39 所示。集群中的任意一台虚拟机都应与另外两台虚拟机关联（虚拟机 hadoop1 还应与虚拟机 hadoop3 关联，虚拟机 hadoop2 和虚拟机 hadoop3 上也应进行同样操作）。若需关联到其他服务器，只需在命令中修改主机名即可。

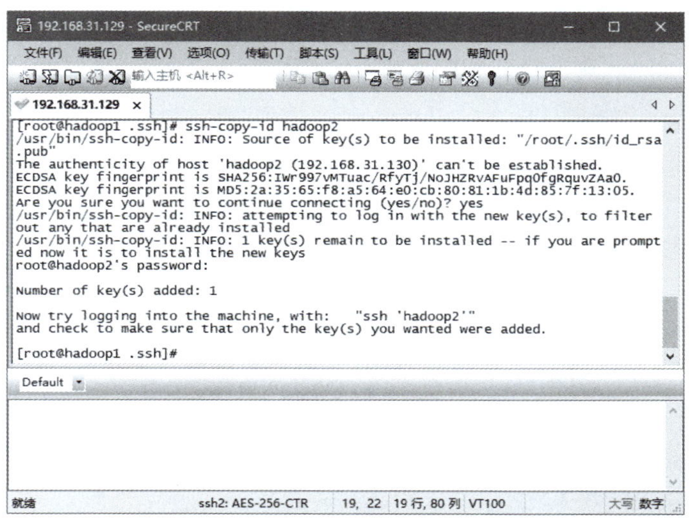

图 2-39 发送公钥到关联虚拟机

4）从图 2-40 可以看出，在 hadoop1 主机上生成的公钥复制到了 hadoop2 主机上。在 hadoop1 主机上输入如下命令：

```
#ssh hadoop2
```

可以发现，访问 hadoop2 主机时就不再需要输入密码，实现了免密登录。

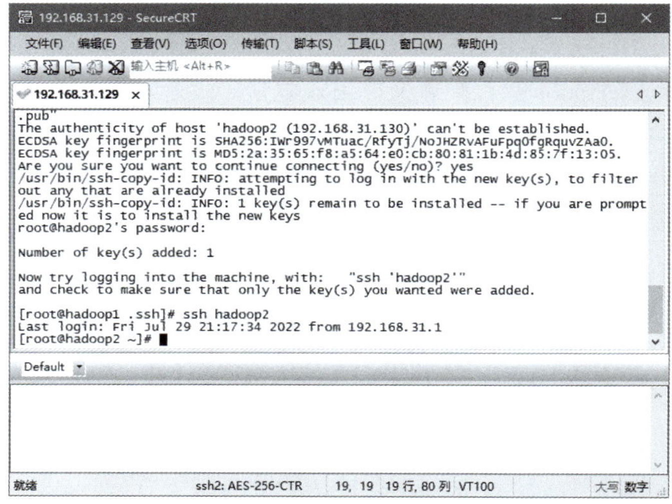

图 2-40 免密登录

Hadoop 集群搭建和配置

2.3.3 Hadoop 集群搭建和配置

前面已经学习了虚拟机的安装、网络配置以及 SSH 服务配置，减少了后续集群搭建与使用过程中的麻烦。为进一步规范后续 Hadoop 集群的安装配置，需要在虚拟机的根目录下创建如下文件夹：

- /export/data/：存放数据类文件。
- /export/serv/：存放服务类软件。
- /export/soft/：存放安装包文件。

接下来对 Hadoop 集群搭建和配置进行详细讲解。

1. JDK 安装

因为 Hadoop 是用 Java 语言开发的，因此 Hadoop 集群的使用依赖于 Java 环境，所以在安装 Hadoop 集群前，需要先安装并配置好 JDK。此处以 Hadoop 集群主节点 hadoop1 为例分步骤演示如何安装和配置 JDK（虚拟机 hadoop2 和虚拟机 hadoop3 重复相同步骤进行安装和配置），具体如下：

（1）下载 JDK 安装包。在 https://www.oracle.com/java/technologies/downloads/#java8 网址下载 Linux 系统的 JDK 安装包。

（2）安装 JDK。下载完 JDK 安装包后，先将安装文件通过 SecureCRT 工具客户端的 rz 命令上传到主节点 hadoop1 的 /export/soft/ 目录，再将安装包解压到 /export/serv/ 目录，具体命令如下：

```
#tar -zxvf jdk-8u211-linux-x64.tar.gz -C /export/serv
```

（3）配置 JDK 环境变量。

安装完 JDK 后，还需要配置 JDK 环境变量。使用如下命令打开 profile 文件：

```
#vi /etc/profile
```

在文件底部添加如下内容，再执行“:wq”命令，保存并退出。

```
export JAVA_HOME=/export/serv/jdk1.8.0_211
export CLASSPATH=.:$JAVA_HOME/lib/dt.jar:$JAVA_HOME/lib/tools.jar
export PATH=$PATH:$JAVA_HOME/bin
```

配置完 profile 文件后，执行配置文件生效命令，命令如下：

```
#source /etc/profile
```

（4）验证 JDK。如图 2-41 所示，在完成 JDK 的安装和配置后，执行如下命令验证 Java 是否安装成功，看到 Java 的版本号则表示安装成功。

```
#java -version
```

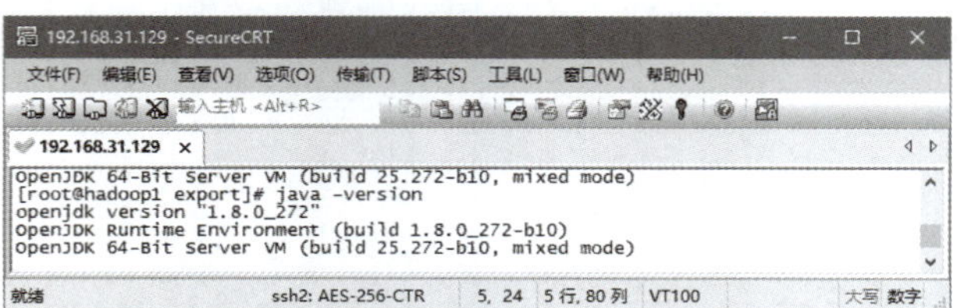

图 2-41　验证 JDK

2. Hadoop 安装

（1）下载 Hadoop 安装包。

在 https://hadoop.apache.org/releases.html 网址下载 Linux 系统的 Hadoop 安装包，本书以 Hadoop 2.9.1 版本为例。

（2）安装 Hadoop。

下载完 Hadoop 安装包后，先将下载的 hadoop-2.9.1.tar.gz 安装包上传到主节点 hadoop1 的 /export/soft/ 目录，再将文件解压到 /export/serv/ 目录，解压命令如下：

```
#tar -zxvf hadoop-2.9.1.tar.gz -C /export/serv
```

（3）配置 Hadoop 环境变量。

安装完 Hadoop 后，还需要配置 Hadoop 环境变量。使用如下命令打开 profile 文件：

```
#vi /etc/profile
```

在文件底部添加如下内容，再执行“:wq”命令，保存并退出。

```
export HADOOP_HOME=/export/serv/hadoop-2.9.1
export PATH=$PATH:$HADOOP_HOME/bin:$HADOOP_HOME/sbin
```

配置完 profile 文件后，执行配置文件生效命令：

```
#source /etc/profile
```

（4）验证 Hadoop。如图 2-42 所示，在完成 Hadoop 的安装和配置后，执行如下命令验证 Hadoop 是否安装成功，看到 Hadoop 的版本号则表示安装成功。

```
#hadoop version
```

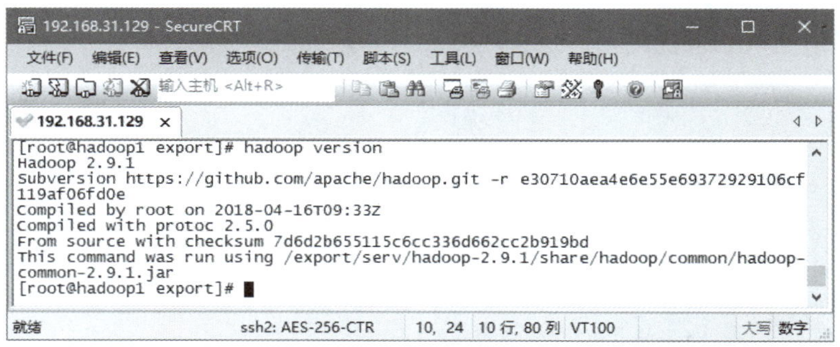

图 2-42 验证 Hadoop

3. Hadoop 集群配置

为了在多台机器上进行 Hadoop 集群搭建和使用，保证集群服务协调运行，还需要对相关配置文件进行修改。主要配置文件所在地为 /export/serv/hadoop-2.9.1/etc/hadoop，执行如下命令：

```
#cd /export/serv/hadoop-2.9.1/etc/hadoop
```

此时，用“ls”命令即可查看相关配置文件，Hadoop 集群搭建涉及的主要配置文件及功能如表 2-10 所示。

表 2-10　主要配置文件说明

配置文件	功能描述
hadoop-env.sh	配置 Hadoop 运行所需的环境变量
slaves	用于设置所有的 slave 的名称或 IP，每行存放一个
core-site.xml	Hadoop 的核心全局配置文件，可在其他配置文件中引用
hdfs-site.xml	HDFS 的配置文件，继承 core-site.xml 配置文件
mapred-site.xml	MapReduce 的核心配置文件，继承 core-site.xml 配置文件
yarn-site.xml	YARN 的配置文件，继承 core-site.xml 配置文件

接下来，配置 Hadoop 相关配置文件（均在主节点 hadoop1 上完成）。

（1）配置 hadoop-env.sh 文件。

执行如下命令，打开 hadoop-env.sh 文件。

```
#vi hadoop-env.sh
```

修改文件参数：

```
export JAVA_HOME=/export/serv/jdk1.8.0_211
```

将 JAVA_HOME 地址修改为解压的 JDK 地址，再执行“:wq”命令保存文件并退出。配置 JAVA_HOME 是为了使用 Java 环境，Hadoop 启动时能够执行守护进程。

（2）配置 core-site.xml 文件。

执行如下命令，打开 core-site.xml 文件。

```
#vi core-site.xml
```

在文档中插入如下代码，再执行“:wq”命令保存文件并退出。

```
<configuration>
<property>
<name>fs.defaultFS</name>
<value>hdfs://hadoop1:9000</value>
</property>
<property>
<name>hadoop.tmp.dir</name>
<value>/export/serv/hadoop-2.9.1/tmp</value>
</property>
</configuration>
```

core-site.xml 文件是 Hadoop 的核心全局配置文件，其目的是配置 HDFS 地址、端口号以及临时文件目录。

（3）配置 hdfs-site.xml 文件。

执行如下命令，打开 hdfs-site.xml 文件。

```
#vi hdfs-site.xml
```

在文档中插入如下代码，再执行“:wq”命令保存文件并退出。

```
<configuration>
<property>
<name> dfs.replication</name>
```

```
<value>3</value>
</property>
<property>
<name>dfs.namenode.secondary.http-address</name>
<value>hadoop2:50090</value>
</property>
</configuration>
```

hdfs-site.xml 文件用于设置 HDFS 的 NameNode 和 DataNode 两大进程。

（4）配置 mapred-site.xml.template 文件。

将 mapred-site.xml.template 复制并重命名为 mapred-site.xml 文件，执行如下命令：

```
#cp mapred-site.xml.template mapred-site.xml
```

执行如下命令，打开 core-site.xml 文件。

```
#vi mapred-site.xml
```

在文档中插入如下代码，再执行“:wq”命令，保存文件退出。

```
<configuration>
<property>
<name>mapreduce.framework.name</name>
<value>yarn</value>
</property>
</configuration>
```

mapred-site.xml 文件是 MapReduce 的核心配置文件，用于指定 Hadoop 的 MapReduce 运行框架为 YARN。

（5）配置 yarn-site.xml 文件。

执行如下命令，打开 yarn-site.xml 文件。

```
#vi yarn-site.xml
```

在文档中插入如下代码，再执行“:wq”命令保存文件并退出。

```
<configuration>
<property>
<name>yarn.resourcemanager.hostname</name>
<value>hadoop1</value>
</property>
<property>
<name>yarn.nodemanager.aux-services</name>
<value>mapreduce_shuffle</value>
</property>
</configuration>
```

yarn-site.xml 文件是 YARN 框架的核心配置文件，用于指定 YARN 集群的管理者。在上述配置过程中，配置了 YARN 主进程 ResourceManager 的运行主机为 hadoop1，同时配置了 NodeManager 运行时的附属服务，即需要配置为 mapreduce_shuffle 才能正常运行 MapReduce 默认程序。

（6）配置 slaves 文件。

执行如下命令，打开 slaves 文件。

```
#vi slaves
```

清空文档，输入如下代码，再执行“:wq”命令保存文件并退出。

```
hadoop1
hadoop2
hadoop3
```

slaves 文件用于记录 Hadoop 集群所有从节点的主机名，用来配合一键启动脚本，启动集群从节点。

（7）将配置文件分往各子节点。

完成 Hadoop 集群主节点 hadoop1 的配置后，还需要将系统环境配置文件 JDK 安装目录和 Hadoop 安装目录分发到其他子节点（hadoop2 和 hadoop3）上。逐个运行如下命令：

```
#scp /etc/profile hadoop2:/etc/profile
#scp /etc/profile hadoop3:/etc/profile
#scp -r /export/ hadoop2:/
#scp -r /export/ hadoop3:/
```

执行完上述所有命令后，还需要在子节点 hadoop2 和 hadoop3 上分别执行如下命令刷新配置文件：

```
#source /etc/profile
```

2.3.4 Hadoop 集群测试

Hadoop 集群测试

1. 格式化文件系统

通过前面的学习，整个集群所有节点都有了 Hadoop 运行所需的环境和文件。此时还不能直接启动集群，因为在初次启动 HDFS 集群时，必须对主节点 hadoop1 进行格式化处理，具体命令如下：

```
#hdfs namenode -format
```

执行格式化命令后，出现“successfully formatted”信息则代表格式化成功。格式化命令只需要在 Hadoop 集群初次启动前执行即可，后续重复启动就不再需要执行格式化。

2. 启停 Hadoop 集群

（1）单节点逐个启停。

1）启动 HDFS NameNode 进程命令。

```
#hadoop-daemon.sh start namenode
```

2）启动 HDFS DataNode 进程命令。

```
#hadoop-daemon.sh start datanode
```

3）启动 YARN ResourceManager 进程命令。

```
#yarn-daemon.sh start resourcemanager
```

4）启动 YARN NodeManager 进程命令。

```
#yarn-daemon.sh start nodemanager
```

5）启动 Secondary NameNode 进程命令。

```
#hadoop-daemon.sh start secondarynamenode
```

在 hadoop1 上启动 4 个进程（NameNode/DataNode/ResourceManager/NodeManager），在 hadoop2 上启动 3 个进程（DataNode/NodeManager/Secondary NameNode），在 hadoop3 上启动 2 个进程（DataNode/NodeManager），完成后用“jps”命令判断是否启动成功。

（2）多节点一键启停。启动集群使用脚本一键启动，前提是需要配置 slaves 文件和 SSH 免密登录。为了在任意节点上执行脚本一键启动 Hadoop 服务，就必须在三个节点 hadoop1、hadoop2 和 hadoop3 上均配置 SSH 双向免密登录和 slaves 文件。使用脚本一键启动 Hadoop 集群，可以选择在主节点 hadoop1 上参考如下方式进行启动。

1）在主节点 hadoop1 上使用如下命令启动或关闭所有 HDFS 服务进程。

```
#start-dfs.sh
#stop-dfs.sh
```

2）在主节点 hadoop1 上使用如下命令启动或关闭所有 YARN 服务进程。

```
#start-yarn.sh
#stop-yarn.sh
```

3）在主节点 hadoop1 上使用如下命令启动或关闭所有服务进程。

```
#start-all.sh
#stop-all.sh
```

3. 关闭防火墙

想要通过外部用户界面（简称 UI）访问虚拟机服务，还需要对外开放配置 Hadoop 集群服务端口号。为了后续学习方便，直接关闭所有集群节点防火墙，具体命令如下：

```
#systemctl stop firewalld
```

4. UI 界面查看 Hadoop 集群

Hadoop 集群正常启动后，默认开放 50070 和 8088 两个端口，分别用于监控 HDFS 集群和 YARN 集群。通过 UI 可以方便地进行集群的管理和查看，只需要在本地操作系统浏览器（本书使用 Chrome 浏览器）使用 IP+ 端口地址（50070 或 8088 两个端口）查看集群。访问 http://hadoop1:50070（集群服务 IP+ 端口号）和 http://hadoop1:8088 查看 HDFS 和 YARN 集群状态如图 2-43 和图 2-44 所示。

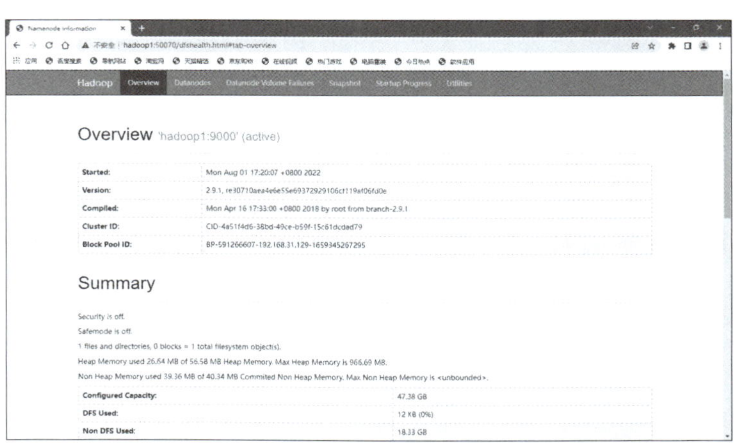

图 2-43　HDFS 集群的 UI 界面

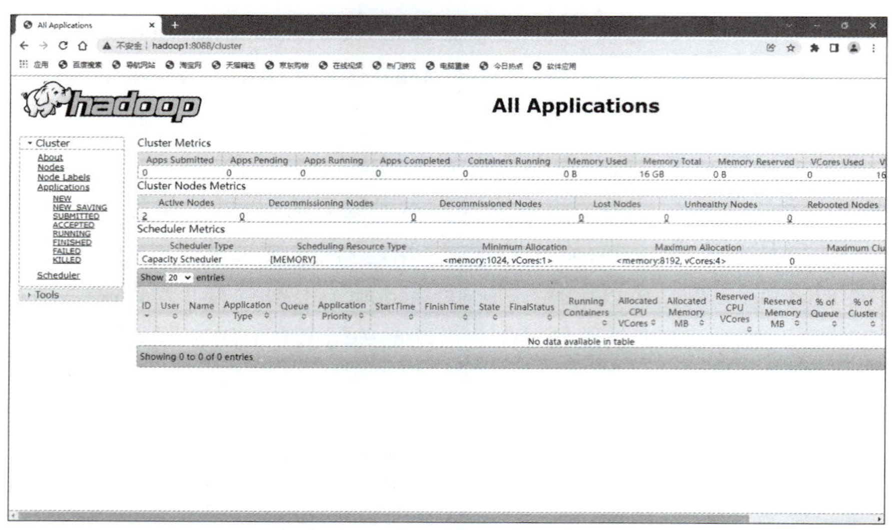

图 2-44　YARN 集群的 UI 界面

从图 2-43 和图 2-44 可以看出，通过 UI 访问 Hadoop 集群的 HDFS 集群和 YARN 集群页面显示正常。

小　　结

由于 Hadoop 常运行在 Linux 系统上，因此本章详细介绍了 Linux 操作系统的发展历程、组成、特点、vi 文本编辑器和 Linux 基本命令；Hadoop 集群的生态圈、运行模式和相较于其他集群的优势；Hadoop 集群的搭建和配置、格式化文件系统、启停 Hadoop 集群、关闭防火墙和使用 UI 界面查看 Hadoop 集群的方法。

习　　题

一、选择题

1. Linux 发行版本很多，比较流行的发行的版本包括（　　）。（多选）

   A. Redhat　　B. CentOS　　C. Ubuntu　　D. Suse

2. Linux 操作系统由内核、外壳、应用程序和（　　）四大部分组成。

   A. 微内核　　B. 宏内核　　C. 系统程序　　D. 硬件

3. （　　）编辑器不属于 Linux 的常见文本编辑器。

   A. vi　　B. vim　　C. nano　　D. notepad

4. （　　）大数据分析工具不属于 Hadoop 框架范畴。

   A. HBase　　B. Tableau　　C. Pig　　D. Hive

5．Hadoop 集群搭建涉及的主要配置文件有 hadoop-env.sh、core-site.xml 和（　　）。

A．yarn-site.xml　B．pom.xml　C．web.xml　D．index.html

二、填空题

1．Hadoop 集群运行模式分别是 __________、__________ 和 __________。

2．验证 JDK 安装成功的命令为 __________。

3．加载环境变量配置文件需要使用 __________ 命令。

4．Hadoop 默认开设 HDFS 集群的端口号是 __________，监控 YARN 集群的端口号是 __________。

5．格式化 HDFS 集群命令是 __________。

三、简答题

1．简述使用 Hadoop 技术的原因及 Hadoop 技术的优势。

2．简述 SSH 协议解决的问题。

3．简述启动 Hadoop 集群各节点分别要启动哪些进程。

第3章 HDFS分布式文件系统

HDFS是Hadoop项目的核心子项目，它的诞生主要解决了大数据的存储问题。本章将从HDFS产生的背景开始，逐步讲解HDFS体系架构和读写原理，重点讲解如何通过Shell和JavaAPI两种操作方式对HDFS进行读写操作。

通过本章的学习，应达到以下目标：

- 了解HDFS的发展过程和特点
- 理解HDFS的体系架构和读写原理
- 掌握HDFS的Shell命令行基本操作
- 掌握HDFS的Java API基本操作

3.1 认识HDFS

Hadoop分布式文件系统（Hadoop Distributed File System，HDFS）是一个易于扩展的分布式文件系统，可以运行在低成本的机器上，因此被大多数企业所采用。它与现有的分布式文件系统有许多相似之处，也有很多明显的不同。HDFS具有高容错性、高可靠性、高可扩展性、高获得性和高吞吐量等特征。

3.1.1 HDFS产生的背景

当今世界正处在大数据的时代，数据不仅由互联网产生，科学计算、物流、工业设备、道路交通等领域也在产生海量的数据。随着数据量越来越大，使用单个操作系统的存储方式显然已经不能满足大数据存储的需求，因此，迫切需要一种系统来存储大数据时代下产生的海量数据，于是分布式文件系统（Distributed File System，DFS）就诞生了。

分布式文件系统是指文件系统管理的物理资源不一定直接连接在本地节点上，而是通过计算机网络与节点相连。它允许将一个文件通过网络在多台主机上以多副本（提高容错性）的方式进行存储，实际上是通过网络来访问文件，而从用户和程序角度看来却像是访问本地的文件系统一样。

Hadoop分布式文件系统（HDFS）是指被设计成适合运行在通用硬件（Commodity Hardware）上的分布式文件系统（DFS）。它和现有的分布式文件系统有很多共同点，但同时和其他的分布式文件系统也有很明显的区别。HDFS放宽了一部分POSIX（一系列 API 标准的总称）约束，来实现流式读取文件系统数据的目的。HDFS 在最开始是作为 Apache Nutch 搜索引擎项目的基础架构而开发的。HDFS 是 Apache Hadoop Core 项目的一部分。

3.1.2 HDFS 简介

HDFS 源于 Google 在 2003 年 10 月发表的论文《Google 文件系统》（*Google File System*）。HDFS 有着高容错性的特点，部署在低廉的硬件上，它提供高吞吐量服务来访问应用程序的数据，适合那些有着超大数据集的应用程序，其基本结构如图 3-1 所示。

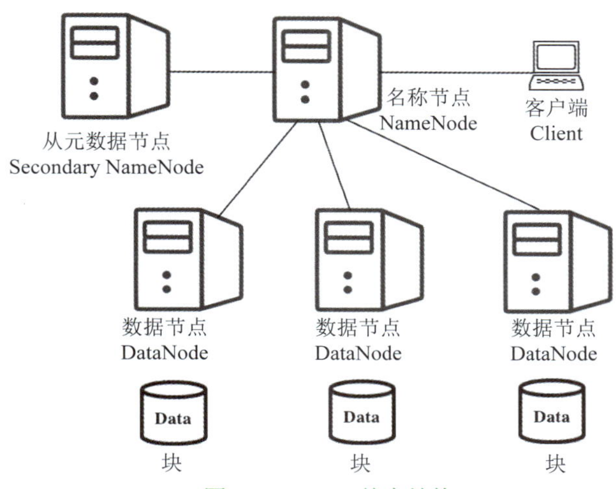

图 3-1　HDFS 基本结构

HDFS 的工作机制就是当客户端（Client）把一个文件存入 HDFS 时，HDFS 会把这个文件切块后，分散存储在多台 Linux 机器系统中，其中负责存储文件块的角色是数据结点（DataNode）。针对于文件的切块存储，HDFS 中有一个机制来记录每一个文件的切块信息及每一块的具体存储机器，其中负责记录块信息的角色是元数据结点，又称名称结点（NameNode）。为了保证数据的安全性，HDFS 可以将每一个文件块在集群中存放多个副本，并存放在不同的 DataNode 上。从元数据节点（Secondary NameNode）相当于 NameNode 的快照，也称为二级 NameNode，能够周期性地备份 NameNode，记录 NameNode 上的元数据等，以防止 NameNode 进程出现故障，起到备份作用。

3.1.3 HDFS 的优缺点

互联网数据规模的不断增大对文件存储系统提出了更高的要求，用户需要具有更大的容量、更好的性能以及更高的安全性的文件存储系统。HDFS 是基于流数据模式访问和处理超大文件的需求而开发的，专为解决大数据存储问题而产生，它可以运行于廉价的商用服务器上。与传统分布式文件系统一样，HDFS 也是通过计算机网络与节点相连，也有传统分布式文件系统的优点和缺点。

（1）HDFS 的主要优点如下：

1）可处理超大文件。这里的超大文件通常是指数百 MB 甚至数百 TB 大小的文件。目前在实际应用中，HDFS 已经能用来存储管理 PB 级的数据。在雅虎（Yahoo），Hadoop 集群已经扩展到了 4000 个节点。

2）流式访问数据。HDFS 的设计建立在更多地响应“一次写入、多次读取”任务的基础之上。这意味着一个数据集一旦由数据源生成，就会被复制分发到不同的存储节点中，然后响应各种各样的数据分析任务请求。在大多数情况下，分析任务都会涉及数据集中的大部分数据，也就是说，对 HDFS 来说，请求读取整个数据集要比读取一条记录更加高效。

3）可运行于廉价的商用机器集群上。Hadoop 设计对硬件需求比较低，能运行在廉价的商用硬件集群上，而无需使用价格昂贵的高可用性机器。但是使用廉价的商用机也就意味着大型集群中出现节点故障情况的概率非常高，这就要求在设计 HDFS 时要充分考虑数据的可靠性、安全性及高可用性。

4）高容错。HDFS 可以由成百上千台服务器组成，每个服务器存储文件系统数据的一部分。HDFS 中的副本机制会自动把数据保存为多个副本，DataNode 节点周期性地向 NameNode 发送心跳信号。当网络发生异常时，可能导致 DataNode 与 NameNode 失去通信，此时 NameNode 和 DataNode 通过心跳检测机制可发现 DataNode 宕机。当 DataNode 中副本丢失时，HDFS 则会从其他 DataNode 上的副本自动恢复数据，因此 HDFS 具有高容错性。

（2）HDFS 还有一定的局限性，主要表现在以下几方面：

1）不适合低延迟数据访问。HDFS 不适合于处理一些用户要求时间比较短的低延迟应用请求。HDFS 主要用于处理大型数据集分析任务，主要是为达到高数据吞吐量而设计的，这就要以高延迟作为代价。

2）无法高效存储大量小文件。在 Hadoop 中需要用 NameNode 来管理文件系统的元数据，以响应客户端请求返回文件位置等，因此文件数量大小的限制要由 NameNode 来决定。例如，每个文件、索引目录及块大约占 100 字节，如果有 100 万个文件，每个文件占一个块，那么至少要消耗 200MB 内存，这似乎还可以接受。但如果有更多文件，那么 NameNode 的工作压力更大，检索处理元数据所需的时间将非常长。

3）不支持多用户写入及任意修改文件。HDFS 的一个文件只有一个写入者，而且写操作只能在文件末尾完成，即只能执行追加操作。目前 HDFS 还不支持多个用户对同一文件的写操作以及在文件任意位置进行修改。

3.2 HDFS 的基本原理

3.2.1 HDFS 的体系架构

HDFS 采用了典型主从（Master-Slave）架构设计。一个 HDFS 集群包含了一个活动的 NameNode，它的职责是管理文件系统名字空间以及处理用户对数据的访问。另外，集群中还包含了一定数量的 DataNode。一般是一个节点对应一个 DataNode，每一个 DataNode 都管理并存储了整体数据的一部分。HDFS 对外暴露了文件系统的名字空间，用户能够以文件的形式在上面存储数据。从内部看，一个文件通常被分成一个或多个数据块（Block），这些 Block 存储在一组 DataNode 上。NameNode 会执行类似于打开、关闭或重命名文件夹或文件的操作，同时也负责确定数据块到具体 DataNode 的映射。DataNode 负责处理文件系统客户端的读写请求，在 NameNode 的统一调度下进行数据块的创建、删除和复制。HDFS 体系架构如图 3-2 所示。

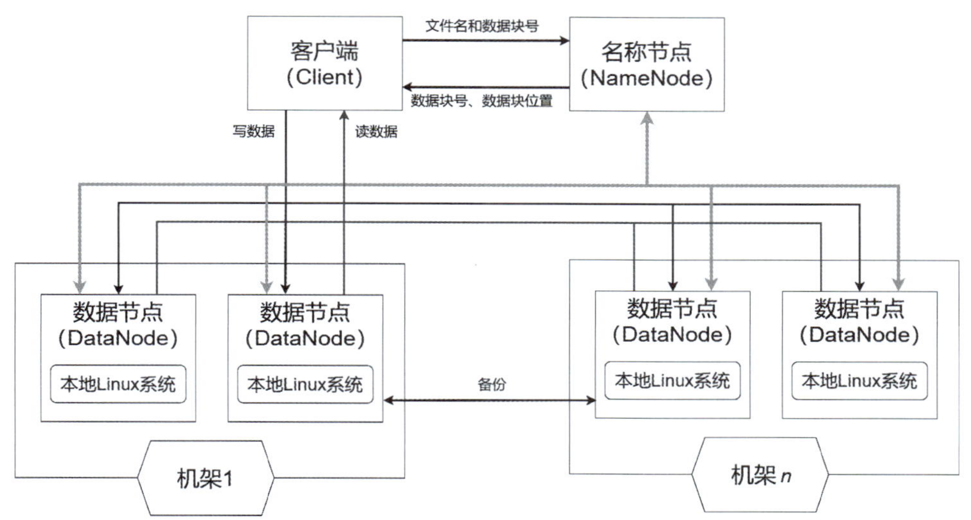

图 3-2 HDFS 体系架构图

从图中可以看出，NameNode 是 HDFS 集群的主节点，负责管理文件系统的命名空间以及客户端对文件的访问；DataNode 是集群的从节点，负责管理它所在节点上的数据存储。HDFS 分布式文件系统中的 NameNode 和 DataNode 两种角色各司其职，共同协调完成分布式的文件存储服务。下面介绍 HDFS 架构中的各组件的概念和作用。

（1）数据块（Block）。HDFS 最基本的存储单位是数据块，CDH 发行版（Hadoop 发行版的一种）默认的块大小（BlockSize）是 128MB。HDFS 中的文件被分成以 BlockSize 为单位的数据块结构进行存储，小于一个块大小的文件不会占据整个块的空间。

（2）元数据节点（NameNode）。NameNode 是管理者，一个 Hadoop 集群中只有一个活动的 NameNode 节点，它负责管理文件系统的命名空间和控制用户的访问。NameNode 的主要功能如下：

- 提供名称查询服务。
- 保存元数据（Metadata）信息。具体包括：文件包含哪些块，块保存在哪个 DataNode。元数据信息在 NameNode 启动后会加载到内存。

（3）数据节点（DataNode）。一般而言，DataNode 是一个在 HDFS 实例中的单独机器上运行的进程。Hadoop 集群包含大量的 DataNode。DataNode 是文件系统中真正存储数据的地方，一个文件被拆分成多个块后，这些块会存储在对应的 DataNode 上。

客户端向 NameNode 发起请求，然后到对应的 DataNode 上写入或者读出对应的数据块。DataNode 的主要功能如下：

- 保存块，每个块对应一个元数据信息文件。这个文件主要描述块属于哪个文件、是文件中第几个块等信息。
- 启动 DataNode 进程时向 NameNode 汇报块信息。
- 通过向 NameNode 发送心跳与其保持联系（3 秒一次），如果 NameNode 在 10 分钟还没有收到 DataNode 的心跳，则认为该 DataNode 已经丢失，NameNode 会将该 DataNode 上的块复制到其他 DataNode。

（4）从元数据节点（Secondary NameNode）。Secondary NameNode 并不是 NameNode 宕机时的备用节点，它的主要功能是周期性地将 EditLog 文件中对 HDFS 的操作合并到一个 FsImage 文件中，然后清空 EditLog 文件，防止日志文件过大。合并后的 FsImage 文件也在元数据节点保存一份，NameNode 重启时就会加载最新的 FsImage 文件，这样周期性地合并可以减少 HDFS 重启的时间。Secondary NameNode 用来帮助 NameNode 将内存中的元数据信息持久化到硬盘。

（5）机架（Rack）。Rack 是用来存放部署 Hadoop 集群服务器的机架，不同机架之间的节点通过交换机通信。HDFS 通过机架感知策略，使 NameNode 能够确定每个 DataNode 所属的机架 ID，并使用副本存放策略来改进数据的可靠性、可用性和网络带宽的利用率。

（6）元数据（Metadata）。元数据从类型上可分为三种信息形式：一是维护 HDFS 文件系统中文件和目录的信息，例如文件名、目录名、父目录信息、文件大小、创建时间、修改时间等；二是记录文件内容存储相关信息，例如文件分块情况、副本个数、每个副本所在的 DataNode 信息等；三是用来记录 HDFS 中所有 DataNode 的信息，用于 DataNode 管理。

3.2.2 HDFS 文件读写原理

HDFS 的数据流主要分为读文件和写文件过程，接下来详细讲解文件的读取和文件的写入过程。本节将详细介绍在执行读写操作时客户端和 HDFS 实现的交互过程，以及 NameNode 和各 DataNode 之间的数据流。

（1）HDFS 文件的读取流程。如图 3-3 所示，从 HDFS 文件读取数据的流程如下：

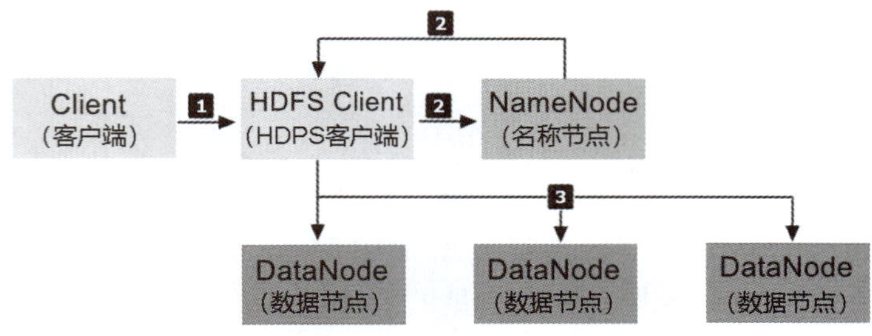

图 3-3　HDFS 文件的读取流程

1）客户端向 NameNode 发送读取请求。

2）NameNode 返回文件的所有 Block 和这些 Block 所在的 DataNodes（包括复制节点）。

3）客户端直接从 DataNode 中读取数据，如果该 DataNode 读取失败（DataNode 失效或校验码不对），则从复制节点中读取（如果读取的数据就在本机，则直接读取，否则通过网络读取）。

（2）HDFS 文件的写入流程。图 3-4 就是在 HDFS 中写入一个新文件的数据流程图，写入数据的流程如下：

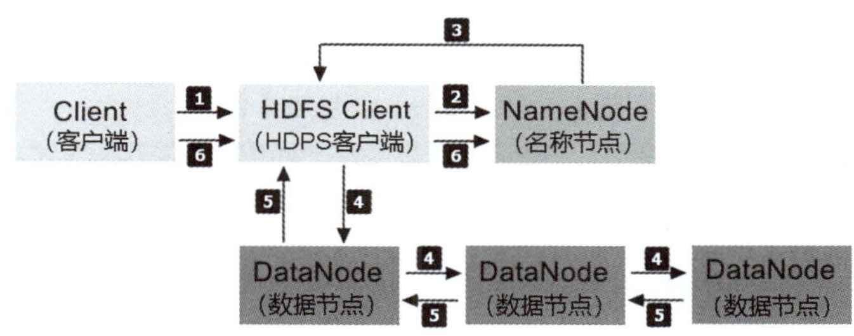

图 3-4　HDFS 文件的写入流程

1）客户端将文件写入本地磁盘的 HDFS Client 文件中。

2）当临时文件大小达到一个 Block 大小时，HDFS Client 通知 NameNode，申请写入文件。

3）NameNode 在 HDFS 的文件系统中创建一个文件，并把该 Block ID 和要写入的 DataNode 的列表返回给客户端。

4）客户端收到这些信息后，将临时文件写入第一个 DataNode（一般以 4KB 为单位进行传输），第一个 DataNode 接收后，将数据写入本地磁盘，同时也传输给第 2 个 DataNode，依此类推到最后一个 DataNode。数据在 DataNode 之间是通过管道（Pipeline）的方式进行复制的，后面的 DataNode 接收完数据后，都会发送一个确认信息给前一个 DataNode，最终第一个 DataNode 返回确认信息给客户端。至此，第一个 block 块传输完毕。

5）当客户端接收到整个 Block 的确认信息后，会向 NameNode 发送一个最终的确认信息，如果写入某个 DataNode 失败，数据会继续写入其他的 DataNode。然后 NameNode 会找另外一个 DataNode 继续复制，以保证冗余性，每个 Block 都会有一个校验码，并存放到独立的文件中，以便读取时验证其完整性。

6）文件写入完成后（客户端关闭），NameNode 提交文件，这时文件可见。如果提交前 NameNode 宕机，则文件会丢失。

3.3　HDFS 的 Shell 命令行操作

HDFS 提供了多种数据访问形式，如网页形式和命令行形式等。其中命令行的形式

最为常用，同时也是许多开发者最容易掌握的数据访问形式。本节将针对 HDFS 的命令行基本操作进行讲解。

Shell 在计算机科学中俗称“壳”，是提供给使用者使用界面与系统交互的软件，通过接收用户输入的命令执行相应的操作。Shell 分为图形界面 Shell 和命令行式 Shell。HDFS 基于 Shell 的命令行操作，基本格式如下：

```
hadoop  fs  <args>        // 可以操作任何文件系统，如本地系统、HDFS 等
hadoop  dfs  <args>       // 主要用于 HDFS
hdfs  fs  <args>          // 已经被“hadoop dfs”命令代替
```

HDFS 的 Shell 命令行操作

本节采用通用的 hadoop fs 命令介绍 HDFS 的 Shell 命令。常见的 HDFS Shell 命令如表 3-1 所示。

表 3-1　HDFS Shell 常用命令

命令参数	功能描述	命令参数	功能描述
-ls	查看指定路径的目录	-mkdir	创建空目录
-put	上传文件	-get	下载文件
-cat	查看文件内容	-rm	删除文件 / 空目录
-du	统计目录下所有文件大小	-help	帮助

学习 HDFS 命令时可以通过“hadoop fs -help”命令获得帮助文档，也可以查看 Hadoop 的官方文档学习。接下来我们对部分常用命令进行介绍。

（1）列出目录结构：ls 命令。此命令用于列出文件夹内所有文件和指定文件夹内的所有文件。通过 ls 命令不仅可以查看 Linux 文件夹包含的文件，而且可以查看文件权限（包括目录、文件夹、文件权限）、目录信息等。

语法：

```
hadoop fs -ls [-d] [-h] [-R] <args>
```

参数说明：

-d：将目录显示为普通文件。

-h：使用便于操作人员读取的单位信息格式。

-R：递归显示所有子目录的信息。

例 1：显示 HDFS 根目录下的所有文件及文件夹。

```
hadoop fs -ls /
```

（2）创建空目录：mkdir 命令。此命令用于在指定路径下创建子目录。

语法：

```
hadoop fs -mkdir [-p] <paths>
```

参数说明：

-p：创建子目录先检查路径是否存在，如果不存在，则创建相应的各级目录。

例 2：在 HDFS 的根目录下创建 /test/test1 层级文件夹。

```
hadoop fs -mkdir -p /test/test1
```

（3）上传文件：put 命令。此命令用于将 Linux 本地的文件或文件夹上传（复制）到 HDFS 上。

语法：

```
hadoop fs -put [-f] [-p] <locationsrc> <det>
```

参数说明：

-f：覆盖目标文件。

-p：保留访问和修改时间、权限。

例 3：将本地 Linux 文件系统目录 /home/hadoop/data/ 下的 test.txt 文件上传到 HDFS 的 /test/test1 目录。

```
hadoop fs -put -f /home/hadoop/data/test.txt /test/test1
```

（4）下载文件：get 命令。此命令用于将 HDFS 文件系统上的文件或文件夹下载（复制）到 Linux 本地，并对该文件进行重命名。

语法：

```
hadoop fs -get <src> <locationdet>
```

例 4：将 HDFS 的 /test/test1 目录下的 hello.txt 下载到本地 Linux 文件系统目录 /home/hadoop/data/ 下。

```
hadoop fs -get /test/test1/hello.txt /home/hadoop/data/
```

（5）查看文件：cat 命令。此命令用于查看 HDFS 指定目录下文件的内容。

语法：

```
hadoop fs -cat <paths>
```

例 5：查看 HDFS test/test1 下的 hello.txt 文件内容。

```
hadoop fs  -cat  test/test1/hello.txt   // 注意：如果数据量过大，该命令不适用
```

（6）删除文件或目录：rm/rmr 命令。此命令用于删除 HDFS 指定目录下文件或空文件夹的内容。rm 命令用于删除文件或空目录，rmr 命令用于递归删除指定目录及其子目录和文件。

语法：

```
hadoop fs -rm  [-r] [-f]  <paths>   //-r 和 -f 不能组合成 -rf
hadoop fs -rmr  <paths>             // 递归删除指定目录及其子目录和文件
```

参数说明：

-r：递归删除指定目录及其子目录和文件。

-f：覆盖目标文件。

例 6：删除根目录下的 test.txt 文件。

```
hadoop fs -rm /test.txt
```

3.4 HDFS 的 Java API 操作

除了可以使用 Shell 命令行进行访问操作，HDFS 还提供了大量的 API 支持应用程序对 HDFS 的访问。本节将演示在 Windows 环境下使用 Java 应用程序访问 HDFS 的基本操作。

3.4.1 Java API 操作环境搭建

（1）JDK 的下载与安装。Java API 访问 HDFS，首先需要安装 Java 开发环境 JDK。可以登录 Oracle 官网 https://www.oracle.com/，下载“jdk-8u144-windows-x64.exe”到本地硬盘。双击文件进入 JDK8 安装界面。

在进入 JDK 安装界面，开发人员根据自己的需求选择所要安装的模块，本书选择“开发工具”模块。然后，根据需要确定 JDK 的安装目录，之后单击“确定”按钮完成 JDK 的安装。

（2）JDK 的环境配置。右击“此电脑”图标，选择“属性”选项，在弹出的“设置”界面中单击“高级系统设置”超链接，打开如图 3-5 所示的“系统属性”对话框。

图 3-5 “系统属性”对话框

单击“环境变量”按钮，将弹出“环境变量”对话框，如图 3-6 所示。单击“系统变量”栏下的“新建”按钮，创建新的系统变量。

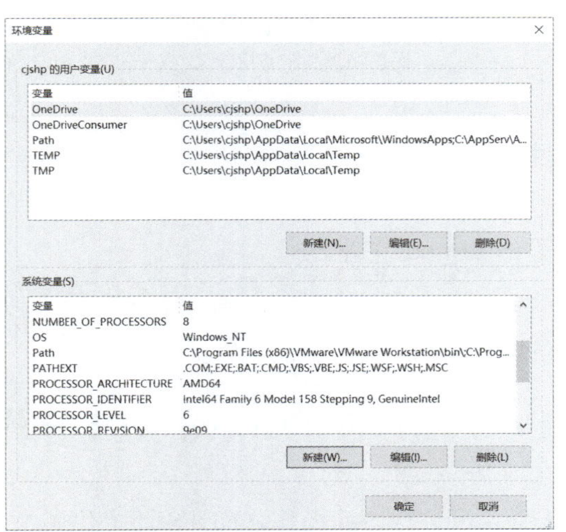

图 3-6 “环境变量”对话框

在打开的“新建系统变量”对话框中，分别输入变量名“JAVA_HOME”和变量值（即JDK 的安装路径）。图 3-7 中的变量值是本书的 JDK 安装路径，读者需要根据自己的实际安装路径选择。单击“确定”按钮，关闭“新建系统变量”对话框。

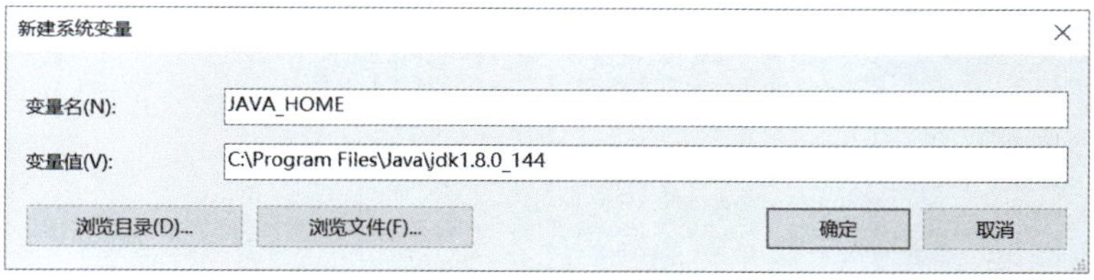

新建系统变量
变量名(N): JAVA_HOME
变量值(V): C:\Program Files\Java\jdk1.8.0_144
浏览目录(D)... 浏览文件(F)... 确定 取消

图 3-7 “新建系统变量”对话框

在图 3-6 所示的“系统变量”列表中双击 Path 变量对其进行修改，在原变量值的列表中新建一个“%JAVA_HOME%\bin”变量值，如图 3-8 所示。单击“确定”按钮，完成环境变量的设置。

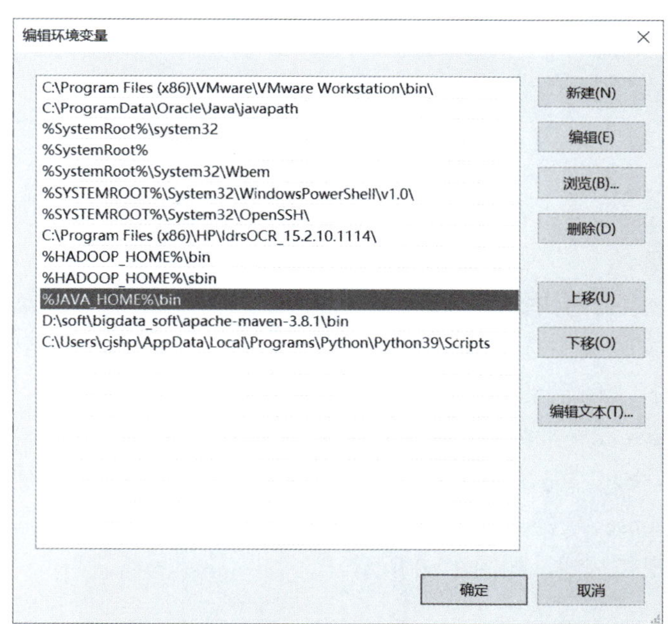

图 3-8 编辑环境变量

（3）JDK 测试。在 Windows 系统中执行“开始”→“运行”命令（或按 Win+R 组合键），在“运行”对话框中输入“cmd”并单击“确定”按钮启动控制台。在控制台中输入“javac”命令，按 Enter 键，将输出如图 3-9 所示的 JDK 编译器信息，其中包括修改命令的语法和参数选项等信息，说明 JDK 环境搭建成功。

（4）下载和安装 Eclipse。JDK 安装成功后，需要选择一款 Java 的集成开发工具提高开发效率，目前应用较多的集成开发工具有 Eclipse 和 IDEA 等。本书使用 Eclipse-oxygen 64 位版本作为开发工具，可以登录 Eclipse 官网 https://www.eclipse.org/ 下载最新的版本。

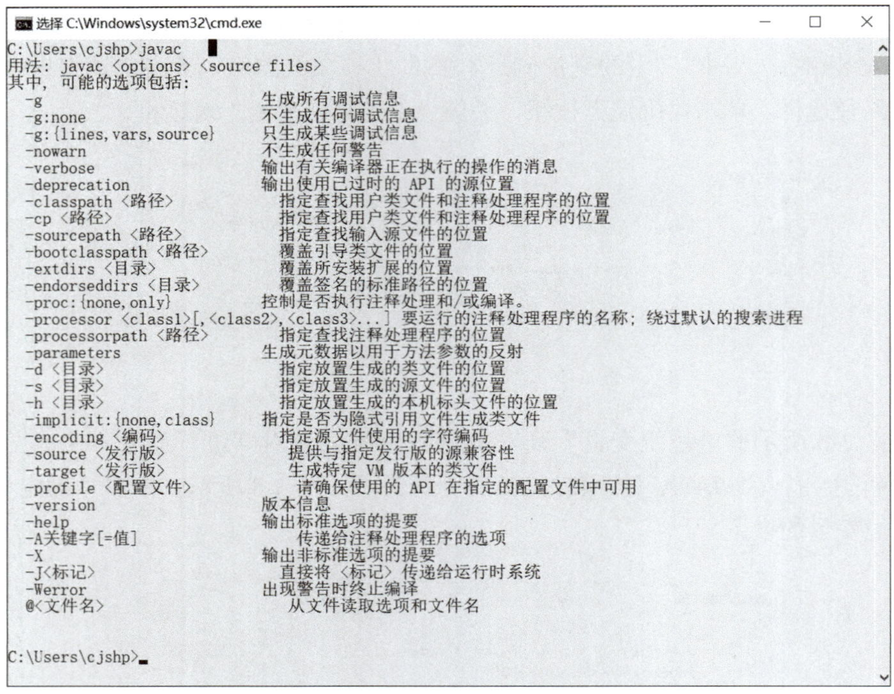

图 3-9　JDK 编译器信息

1）下载 Eclipse。单击官网界面的右上角 Download 按钮，下载最新的 64 或 32 位的软件到本地硬盘。

2）安装并创建桌面快捷图标。下载 Eclipse 压缩包后，无需安装直接解压即可使用。在解压后的文件夹中选中 eclipse.exe 文件，右击并选择“发送到”选项，在弹出的快捷菜单里选择“创建桌面快捷方式”选项，创建快捷方式图标。接下来就可以使用 Eclipse 编写 Java 程序来访问 HDFS。

3）更改工作空间。先在 D 盘新建一个名为 eclipwork 文件夹，双击 Eclipse 快捷方式图标，打开 Eclipse，进入“选择工作空间”界面，单击“浏览”按钮，选择刚才新建的文件夹作为工作空间，如图 3-10 所示。

图 3-10　选择工作空间

4）创建 Maven 工程。打开 Eclipse 后，执行“文件”→“新建”→“项目”命令，选择 Maven Project，单击“下一步”按钮，出现如图 3-11 所示的界面。

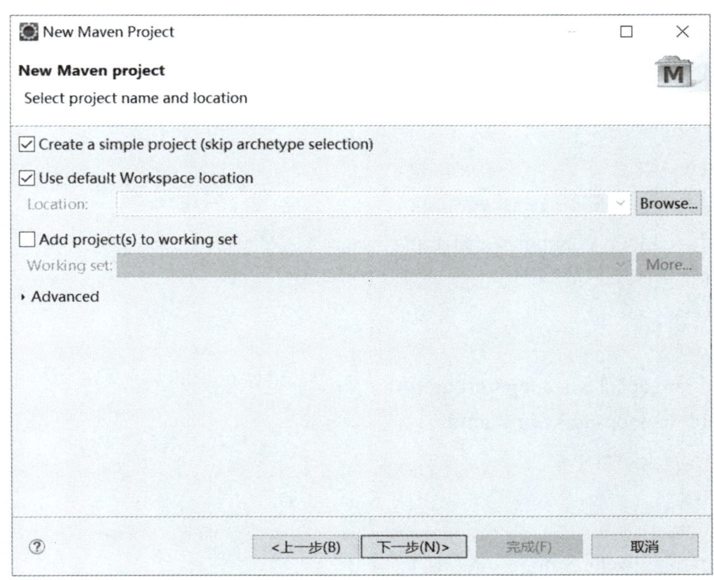

图 3-11　创建 Maven 工程

在图 3-11 中，勾选 Create a simple project（skip archetype selection）和 User default Workspace location 复选框，表示使用本地默认的工作空间，单击“下一步”按钮，出现如图 3-12 所示的界面。

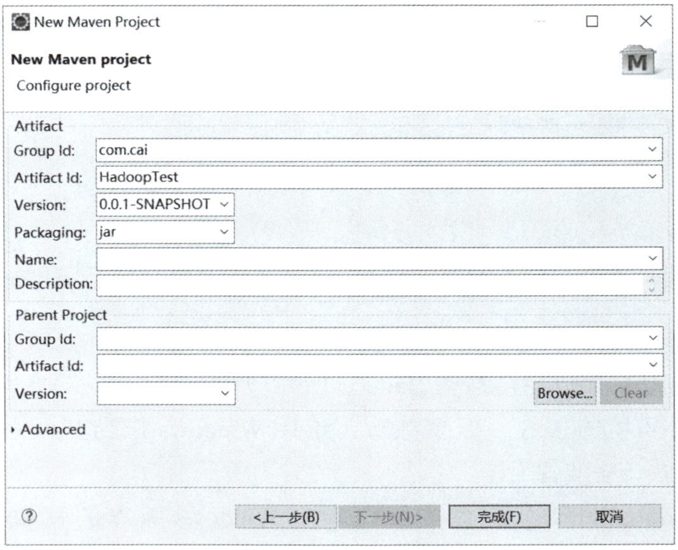

图 3-12　Maven 工程配置

在图 3-12 中，Group Id 称为项目组织唯一标识符，实际对应 Java 包结构，这里输入“com.cai”。Artifact Id 是项目唯一标识符，实际对应项目名称，就是项目根目录的

名称，这里输入“HadoopTest”。Packaging 为打包方式，这里采用默认 jar 包方式即可。此时 Maven 工程已经被创建成功，会发现在 Maven 项目中，有一个 pom.xml 的配置文件，这个配置文件就是对项目进行管理的核心配置文件。

使用 Java API 操作 HDFS 需要用到 hadoop-common、hadoop-hdfs 和 hadoop-client3 种依赖，后期需要的单元测试要引入 junit 测试包。具体的 pom.xml 配置文件内容如下：

```
<dependencies>
  <dependency>
    <groupId>org.apache.hadoop</groupId>
    <artifactId>hadoop-common</artifactId>
    <version>2.9.1</version>
  </dependency>
  <dependency>
    <groupId>org.apache.hadoop</groupId>
    <artifactId>hadoop-hdfs</artifactId>
    <version>2.9.1</version>
  </dependency>
  <dependency>
    <groupId>org.apache.hadoop</groupId>
    <artifactId>hadoop-client</artifactId>
    <version>2.9.1</version>
  </dependency>
  <dependency>
    <groupId>junit</groupId>
    <artifactId>junit</artifactId>
    <version>4.12</version>
  </dependency>
    <dependency>
    <groupId>jdk.tools</groupId>
    <artifactId>jdk.tools</artifactId>
    <version>1.8</version>
    <scope>system</scope>
    <systemPath>C:\Program Files\Java\jdk1.8.0_144\lib\tools.jar</systemPath>
  </dependency>
</dependencies>
```

完成以上配置文件以后，这些 Hadoop 所对应的 jar 包会自动联网下载，由此完成了 HDFS 开发环境的搭建。但要注意，选用 Windows 作为开发系统时，需要在 Windows 环境中做一些准备工作。

（1）在 Windows 的某个路径中解压一份 Windows 版本的 Hadoop 安装包。在 Windows 系统变量中新建 HADOOP_HOME，并将解压出的 hadoop 目录配置到 HADOOP_HOME。本书将 Hadoop 解压后的安装包放到 D:\soft\bigdata_soft\hadoop-2.9.2 目录，如图 3-13 所示。

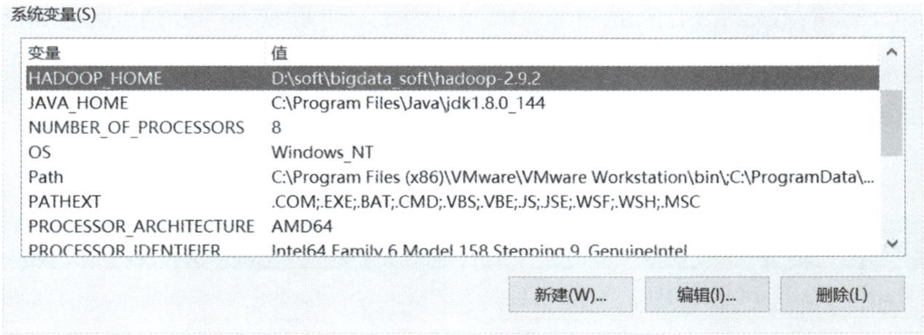

系统变量(S)

变量	值
HADOOP_HOME	D:\soft\bigdata_soft\hadoop-2.9.2
JAVA_HOME	C:\Program Files\Java\jdk1.8.0_144
NUMBER_OF_PROCESSORS	8
OS	Windows_NT
Path	C:\Program Files (x86)\VMware\VMware Workstation\bin\;C:\ProgramData\...
PATHEXT	.COM;.EXE;.BAT;.CMD;.VBS;.VBE;.JS;.JSE;.WSF;.WSH;.MSC
PROCESSOR_ARCHITECTURE	AMD64
PROCESSOR_IDENTIFIER	Intel64 Family 6 Model 158 Stepping 9, GenuineIntel

新建(W)... 编辑(I)... 删除(L)

图 3-13 配置 HADOOP_HOME

（2）为 Windows 系统变量 Path 值添加“%HADOOP_HOME%\bin”和“%HADOOP_HOME%\sbin”两个环境变量值，如图 3-8 所示。

3.4.2 HDFS 的 Java API 介绍

HDFS 不仅提供了 HDFS Shell 方式来访问 HDFS 上的数据，还提供了 Java API 方式操作 HDFS 的数据。HDFS 编程的主要 Java API 如下。

（1）org.apache.hadoop.fs.FileSystem。FileSystem 类的对象是一个文件系统对象，可以用该对象的一些方法来对文件进行操作，可以被分布式文件系统继承。所有可能使用 Hadoop 文件系统的代码都要使用到这个类。Hadoop 为 FileSystem 这个抽象类提供了多种具体的实现，如 LocalFileSystem、DistributedFileSystem、HftpFileSystem、HsftpFileSystem、HarFileSystem、KosmosFileSystem、FtpFileSystem 等。

FileSystem 是一个通用的文件系统 API，使用它的第一步是获取它的一个实例。获取 FileSystem 实例的常用静态方法如下：

```
public static FileSystem get(Configuration conf)throws IOException
public static FileSystem get(URI uri,Configuration conf)throws IOException
public static FileSystem get(URI uri,Configuration conf,String user)throws IOException
```

构造 FileSystem 的一般基本步骤如下：

```
Configuration conf= new Configuration();
conf.set("fs.defaultFS"."hdfs://master.hadoop.com:8020");
FileSystem fs=FileSystem.get(conf);
```

（2）org.apache.hadoop.fs.FileStatus。FileStatus 是一个接口，用于向客户端展示系统中文件和目录的元数据，具体包括文件大小、块大小、副本信息、所有者、修改时间等，可通过 FileSystem.listStatus() 方法获得具体的实例对象。

（3）org.apache.hadoop.fs.FSDataInputStream。文件输入流，用于读取 Hadoop 文件。

（4）org.apache.hadoop.fs.FSDataOutputStream。文件输出流，用于写入 Hadoop 文件。

（5）org.apache.hadoop.conf.Configuration。访问配置项。所有的配置项的值，如果在 core-site.xml 中有对应的配置，则以 core-site.xml 为准。

（6）org.apache.hadoop.fs.Path。用于表示 Hadoop 文件系统中的一个文件或者一个目录的路径。

（7）org.apache.hadoop.fs.PahFilter。一个接口，通过实现 PahFilter.accept(Path path) 方法来判定是否接收路径 path 表示的文件或目录。

FileSystem 类常用方法如表 3-2 所示。

表 3-2　FileSystem 类常用方法

方法名称	方法描述	对应的 Shell 命令操作
copyFromLocalFile(Path src Path dst)	复制本地文件到 HDFS	moveFromLocal、copyFromLocal、put
copyToLocalFile(Path src Path dst)	HDFS 复制文件到本地	copyToLocal、moveToLocal、get
mkdirs(Path f)	HDFS 上创建目录	mkdir -p
delete(Path f)	删除 HDFS 上文件	rm
rename(Path src Path dst)	重命名文件或目录	mv

3.4.3　使用 Java API 操作 HDFS

Java API 操作 HDFS

（1）初始化客户端对象。在 Eclipse 中创建的 HadoopTest 项目 src 中新建 com.cai.hdfsdemo 包，并在该包下创建 HDFS_CURD.java 文件。编写 Java 测试类，构建 Configuration 和 FileSystem 对象，初始化一个访问 HDFS 的客户端，代码如下：

```
package com.cai.hdfsdemo;

import java.io.FileNotFoundException;
import java.io.IOException;

import org.apache.hadoop.conf.Configuration;
import org.apache.hadoop.fs.BlockLocation;
import org.apache.hadoop.fs.FileStatus;
import org.apache.hadoop.fs.FileSystem;
import org.apache.hadoop.fs.LocatedFileStatus;
import org.apache.hadoop.fs.Path;
import org.apache.hadoop.fs.RemoteIterator;
import org.junit.Before;
import org.junit.Test;

public class HDFS_CRUD {
    FileSystem fs = null;
    @Before
    public void init() throws Exception {
        // 构造一个配置参数对象，设置一个参数：要访问的 HDFS 的 URI
        Configuration conf = new Configuration();
        // 这里指定使用的是 HDFS 文件系统
        conf.set("fs.defaultFS", "hdfs://192.168.31.129:9000");
        // 通过如下方式进行客户端身份的设置
        System.setProperty("HADOOP_USER_NAME", "root");
```

```
        // 通过 FileSystem 的静态方法获取文件系统客户端对象
        fs = FileSystem.get(conf);
    }
}
```

（2）从本地上传文件到 HDFS。初始化客户端对象后，接下来实现上传文件到 HDFS 的功能。由于采用 Java 测试类实现 Java API 对 HDFS 的操作，因此可以在 HDFS_CURD.java 文件中添加 testAddFileToHdfs() 方法来演示本地文件上传到 HDFS 的示例，具体代码如下：

```
@Test
public void testAddFileToHdfs() throws IOException {
    // 要上传的文件所在本地路径
    Path src = new Path("D:/test1.txt");
    // 要上传到 HDFS 的目标路径
    Path dst = new Path("/testFile");
    // 上传文件方法
    fs.copyFromLocalFile(src, dst);
    // 关闭资源
    fs.close();
}
```

（3）从 HDFS 下载文件到本地。在 HDFS_CURD.java 文件中使用 testDownloadFileToLocal() 方法来实现从 HDFS 中下载文件到本地系统的功能，具体代码如下：

```
@Test
public void testDownloadFileToLocal() throws IllegalArgumentException, IOException {
    // 下载文件
    fs.copyToLocalFile(new Path("/testFile"), new Path("D:/abc"));
    fs.close();
}
```

（4）目录操作（创建、删除和重命名）。在 HDFS_CURD.java 文件中使用 testMkdir() 方法来实现目录的创建、删除和重命名等功能，具体代码如下：

```
@Test
public void testMkdirAndDeleteAndRename() throws Exception {
    // 创建目录
    fs.mkdirs(new Path("/a/b/c"));
    fs.mkdirs(new Path("/a2/b2/c2"));
    // 重命名文件或文件夹
    fs.rename(new Path("/a"), new Path("/a3"));
    // 删除文件夹，如果是非空文件夹，参数 2 必须赋值为 true
    fs.delete(new Path("/a2"), true);
}
```

（5）查看文件内容。在 HDFS_CURD.java 文件中使用 testCat() 方法来实现查看指定目录中所有文件详细信息的功能，具体代码如下：

```
@Test
public void testCat() throws IOException {
    RemoteIterator<LocatedFileStatus> iter = fs.listFiles(new Path("/"), true);
```

```
// 只查询文件的信息 , 不返回文件夹的信息
   while (iter.hasNext()) {
      LocatedFileStatus status = iter.next();
      System.out.println(" 文件全路径： " + status.getPath());
      System.out.println(" 块大小： " + status.getBlockSize());
      System.out.println(" 文件长度： " + status.getLen());
      System.out.println(" 副本数量： " + status.getReplication());
      System.out.println(" 块信息： " + Arrays.toString
(status.getBlockLocations()));
      System.out.println("--------------------------------");
   }

// 查询 HDFS 指定目录下的文件和文件夹信息
for (FileStatus status : listStatus) {
      System.out.println(" 文件全路径： " + status.getPath());
      System.out.println(status.isDirectory() ? " 这是文件夹 " : " 这是文件 ");
      System.out.println(" 块大小： " + status.getBlockSize());
      System.out.println(" 文件长度： " + status.getLen());
      System.out.println(" 副本数量： " + status.getReplication());
      System.out.println("--------------------------------");
   }
fs.close();
}
```

小　　结

在本章中，详细介绍了 Hadoop 中的分布式文件系统 HDFS。首先，对 HDFS 进行简单介绍，分析了它的基本概念和特点，对 Hadoop 分布式文件系统有了基本的认识；其次，对 HDFS 的体系结构和原理进行讲解，理解 HDFS 内部运行的原理；最后，通过 Shell 接口和 Java API 接口分别对 HDFS 的操作进行讲解，通过实际案例，对本章的知识进行实践应用。

习　　题

一、选择题

1．在 HDFS 中负责保存文件数据的节点被称为（　　）。

A．NameNode　　B．DataNode

C．Secondary NameNode　　D．NodeManager

2．从 HDFS 下载文件，正确的 Shell 命令是（　　）。

A．hdfs dfs -get　　B．hdfs dfs -appendToFile

C．hdfs dfs-put　　D．hdfs dfs -copyFromLocal

3．HDFS 的是基于流数据模式访问和处理超大文件的需求而开发的，具有高容错性、高可靠性、高可扩展性、高吞吐率等特征，适合的读写任务是（　　）。

A．一次写入，少次读写　　B．多次写入，少次读写

C．一次写入，多次读写　　D．多次写入，多次读写

4．HDFS 中 Block 默认保存（　　）份。

A．1　　B．2　　C．3　　D．4

5．NameNode 的 Web 界面默认占用的端口是（　　）。

A．50070　　B．8088　　C．50090　　D．9000

二、填空题

1．HDFS 是通过 __________ 和 __________ 来实现数据的高可靠性和高可用性。

2．HDFS 能够保证数据存储的可靠性。常见的出错情况包括数据节点出错、__________ 出错和 __________ 出错。

3．HDFS 有一种特殊状态，在这种状态下，HDFS 只接受读数据请求，不能对文件进行写、删除等操作，这种状态叫 __________。

4．NameNode 维护着两个重要文件，其中存储文件系统元数据信息的是命名空间 __________ 文件，保存 HDFS 客户端执行的所有操作记录是 __________ 文件。

三、简答题

1．HDFS 文件系统有什么特点？

2．列举几个常用的 HDFS 命令。

第 4 章 MapReduce 分布式计算框架

MapReduce 作为 Hadoop 系统中的一个重要组件，是一个处理超大数据集的算法模型。基于该模型能够容易地编写分布式应用程序，并以一种可靠的、具有容错能力的方式在大量普通配置的计算机上实现并行化处理海量数据集。本章将从 MapReduce 编程模型、工作流程、YARN 设计思想等方面进行讲解，最后通过两个常见的案例来了解 MapReduce 的编程过程。

通过本章的学习，应达到以下目标：

- 掌握 MapReduce 的概念和主要思想
- 了解 MapReduce 架构和流程
- 理解 Map 和 Reduce 的概念
- 了解 YARN 的设计思路和体系结构
- 理解 MapReduce 编程思想

4.1 认识 MapReduce

MapReduce 是 Hadoop 系统中最重要的计算引擎，它不仅直接支持交互式应用、基于程序的应用，还是 Hive 等组件的基础。MapReduce V2（也就是 YARN）则进一步提升了该计算引擎的性能和通用性。

4.1.1 MapReduce 概述

MapReduce 分布式编程模型作为 Google 引以为傲的三大云计算相关的核心技术（GFS、BigTable 和 MapReduce）之一，被设计用于并行运算处理海量数据集。MapReduce 的最初灵感来源于函数式编程语言中经常用到的映射（Map）和规约（Reduce）函数，它将复杂的并行算法处理过程抽象为一组概念简单的接口，用来实现大规模海量信息处理的并行化和分布化，从而使得没有多少并行编程经验的开发人员也能轻松地进行并行程序开发。

目前，MapReduce 共有两个版本：MapReduce（又称 MapReduce V1）和 YARN（又称 MapReduce V2），YARN 对应 Hadoop 版本为 Hadoop 2.x。两者区别在于，Hadoop 2.x 中将资源管理功能独立出来，作为一种通用的分布式应用管理框架 YARN，但其中的 MapReduce 仍然是一个纯分布计算框架。并且 MapReduce V2 可以很好地兼容

MapReduce V1 的应用程序。

概括来说，MapReduce 基本特点如下：

（1）适用于大规模并行计算。

（2）适用于大型数据集。

（3）具有高容错性和高可靠性。

（4）能进行合理的资源调度。

4.1.2 MapReduce 的设计思想

MapReduce 的核心思想是“分而治之”，所谓“分而治之”就是把一个复杂的问题，按照一定的“分解”方法分为等价但规模较小的若干部分。然后逐个解决，分别找出各部分的结果并组成整个问题的结果，这种思想来源于日常生活与工作的经验，同样也完全适合技术领域。

为了更好地理解“分而治之”思想，先来看一个工作中的例子。例如某大型公司在全国设立了很多分公司，假设现在要统计公司一年的营收情况并制作年报，有两种统计方式。第一种方式是全国分公司将自己的账单数据发送至总部，由总部统一计算公司当年的营收报表；第二种方式是采用分而治之的思想，先要求分公司各自统计营收情况，再将统计结果发给总部进行统一汇总计算。这两种方式比较，显然第二种方式的策略更好，工作效率更高。

MapReduce 作为一种分布式计算模型，它主要用于解决海量数据的计算问题。使用 MapReduce 分析海量数据时，每个 MapReduce 程序被初始化为一个工作任务，每个工作任务可以分为 Map 和 Reduce 两个阶段。

Map 阶段：负责将任务分解，即把复杂的任务分解成若干个“简单的任务”来并行处理，但前提是这些任务没有必然的依赖关系，可以单独执行任务。

Reduce 阶段：负责将任务合并，即把 Map 阶段的结果进行全局汇总。

以上描述 MapReduce 的核心思想可以通过图 4-1 体现。

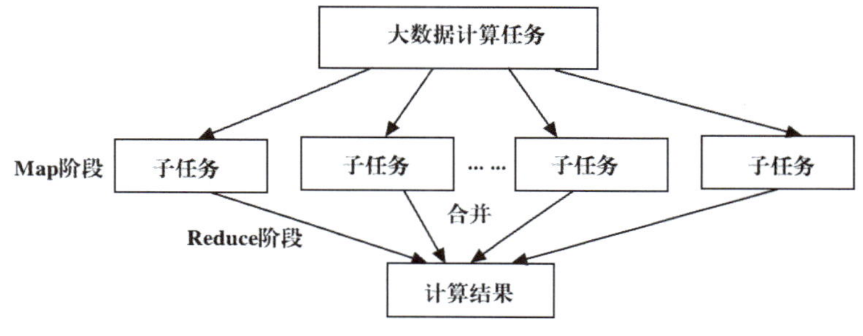

图 4-1 MapReduce 工作原理

4.1.3 MapReduce 编程模型

MapReduce 分而治之地将一个大的作业分解成若干个小的任务，提交给集群的多

台计算机处理，这样大大提高了完成作业的效率。在 Hadoop 中，MapReduce 框架负责处理并行编程中分布式存储、工作调度、负载均衡、容错及网络通信等复杂工作，把处理过程高度抽象为两个函数：Map 和 Reduce。

在 Hadoop 中，用于执行 MapReduce 作业的机器角色有两个：JobTracker 和 TaskTracker。JobTracker 用于调度作业，TaskTracker 用于跟踪任务的执行情况。一个 Hadoop 集群只有一个 JobTracker。值得一提的是，用 MapReduce 来处理的数据集必须具备这样的特点：数据集可以分解成许多小的数据集，而且每一个小数据集都可以完全独立地并行处理。

最简单的 MapReduce 应用程序至少包含 3 个部分：一个 Map 函数、一个 Reduce 函数和一个 Main 函数。在运行一个 MapReduce 程序的时候，整个处理过程被分为两个阶段：Map 阶段和 Reduce 阶段，每个阶段都是用键值对（key-value）作为输入（Input）和输出（Output）。Main 函数则将作业控制和文件输入 / 输出结合起来，它也是 MapReduce 程序的入口。

用户自定义的 Map 函数接收一个输入的 <key,value> 形式的键值对，然后产生一个中间 <key,value> 键值对的集合，接着 MapReduce 把这个中间结果中的所有具有相同 key 的 value 值集合在一起，最后传递给 Reduce 函数。

用户自定义的 Reduce 函数接收一个中间 key 值和相关的一个 value 值的集合之后，立即合并这些 value 值，从而形成一个较小的 value 值的集合。一般情况下，Reduce 函数每次调用只产生 0 或 1 个输出值 value。经过一个迭代器把中间 value 值提供给 Reduce 函数，这样就可以处理无法全部放入内存中的大量 value 值的集合。

在 MapReduce 程序中计算的数据可以来自多个数据源，如本地文件、HDFS、数据库等。最常用的是 HDFS，因为可以利用 HDFS 的高吞吐性能读取大规模的数据进行计算；同时，在计算完成后，也可以将数据存储到 HDFS 中。MapReduce 读取 HDFS 数据或者存储数据到 HDFS 中的过程比较简单。

4.1.4 MapReduce 应用实例——词频统计

词频统计

在集群服务器的本地目录 /export/serv/hadoop-2.9.1/share/hadoop/mapreduce/ 中有 Hadoop 官方提供的示例包 hadoop-mapreduce-examples-2.9.1.jar，这个包中封装了一些基准测试程序，如表 4-1 所示。运行基准测试程序中的 wordcount 模块，既可以判断 Hadoop 集群是否已经正确安装，还可以使用号称 Hadoop 版“hello world”程序的 wordcount 词频统计功能。

表 4-1　Hadoop 官方示例包中的基准测试程序

模块名称	内容
multifilewc	统计多个文件中单词的数量
pi	应用 quasi-Monte Carlo 算法估算圆周率 π 的值
randomtextwriter	在每个数据节点随机生成 1 个 10GB 的文本文件

续表

模块名称	内容
wordcount	输入文件中的单词进行频数统计
wordmean	计算输入文件中单词的平均长度
wordmedian	计算输入文件中单词长度的中位数
wordstandarddeviation	计算输入文件中单词长度的标准差

在集群主节点 hadoop1 的 /export/data/ 目录下，使用"vi test1.txt"和"vi test2.txt"命令新建两个文本文件，并编写文件内容。

文件 test1.txt 内容如下：

```
hello anhui
hello hefei
hello cxh
```

文件 test2.txt 内容如下：

```
hadoop cxh
mapreduce hefei
hello cxy
```

在 HDFS 上创建 /wordcount/input 目录，并上传 test1.txt 和 test2.txt 文件，具体命令如下：

```
#hadoop fs -mkdir -p /wordcount/input
#hadoop fs -put /export/data/test1.txt /wordcount/input
#hadoop fs -put /export/data/test2.txt /wordcount/input
```

以上操作完成后，结果如图 4-2 所示。

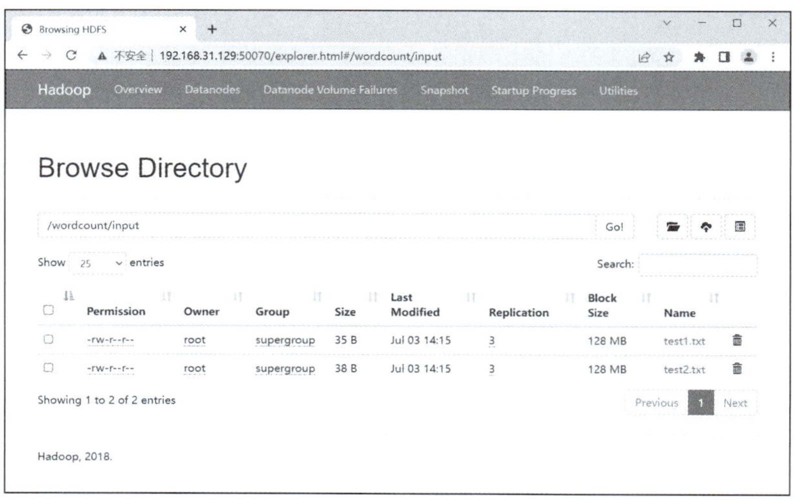

图 4-2　上传测试文件

进入官方示例 jar 所在的目录（/export/serv/hadoop2.9.1/share/hadoop/mapreduce/），使用 hadoop jar 命令提交 MapReduce 任务给集群运行。hadoop jar 命令的基本格式如下：

```
#hadoop jar <jar> [mainclass] args
```

对 HDFS 上的 test1.txt 和 test2.txt 文件进行单词统计，执行如下命令：

```
#hadoop jar hadoop-mapreduce-examples-2.9.1.jar wordcount \
/wordcount/input /wordcount/output
```

上述命令中 hadoop jar hadoop-mapreduce-examples-2.9.1.jar 表示执行一个 hadoop 的 jar 包程序；wordcount 表示执行 jar 包程序中的单词统计功能；/wordcount/input 表示进行单词统计的 HDFS 文件路径；/wordcount/output 表示进行单词统计后的输出 HDFS 结果路径。

执行完上述命令后，示例包中的 MapReduce 程序开始运行，此时可以通过 YARN 集群的 UI 查看运行状态。经过一定时间的执行，再次刷新查看 YARN 集群的 UI 界面，就会发现程序已经运行成功的状态信息以及其他相关参数，如图 4-3 所示。

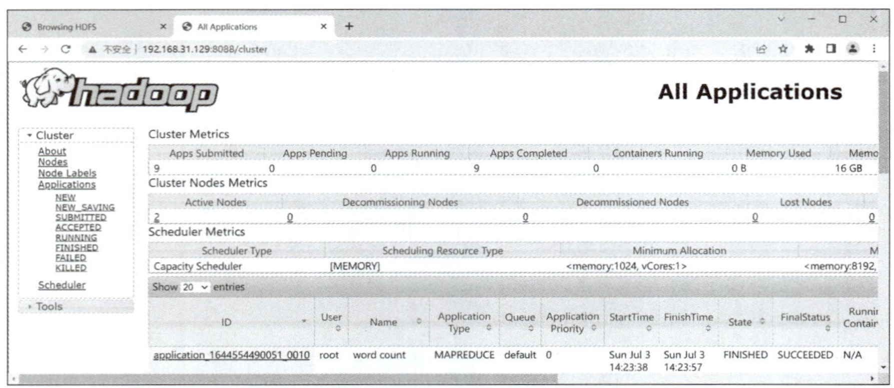

图 4-3　YARN UI

在单词统计的示例程序执行成功后，再次刷新并查看 HDFS 的 UI，如图 4-4 所示。可以看出 MapReduce 程序执行成功后，在 HDFS 上自动创建了指定的结果目录 /wordcount/output，并且输出了 _SUCCESS 和 part-r-00000 结果文件。其中 _SUCCESS 文件是此次任务成功执行的标识，而文件 part-r-00000 是单词统计的结果。

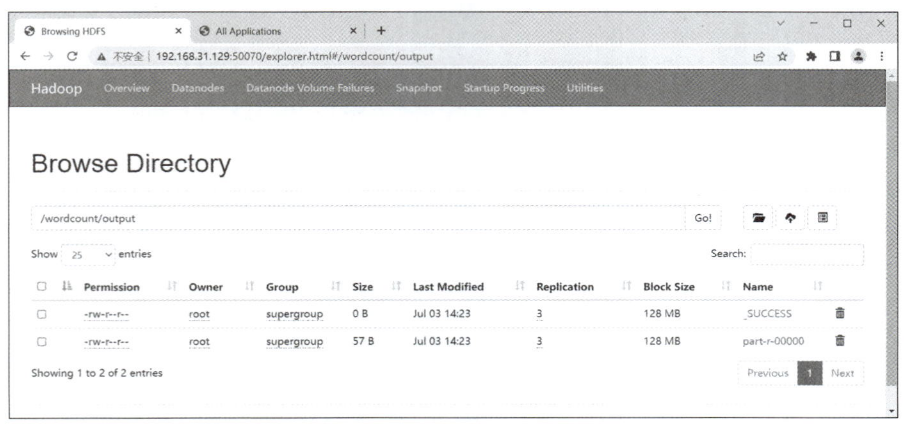

图 4-4　HDFS UI

接着可以下载图 4-4 中的 part-r-00000 结果文件到本地操作系统，使用文本工具（EditPlus、记事本等）打开该文件或直接使用如下命令查看文件内容：

```
#hadoop fs -cat /wordcount/output/part-r-00000
```

part-r-00000 文件内容如图 4-5 所示，可以看出，MapReduce 示例程序成功统计出了 /wordcount/input/ 文件夹下文本的单词数量，并输出了结果。

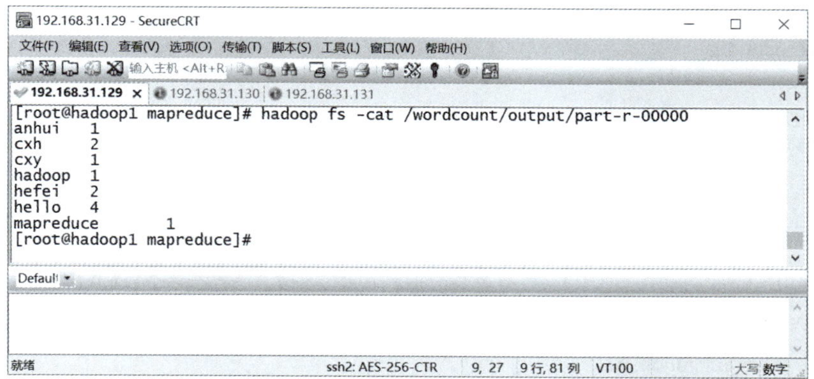

图 4-5　part-r-00000 结果文件

完成 Hadoop 自带的 MapReduce 编程模型的基准测试程序的使用后，接下来尝试自行编写 MapReduce 程序，实现词频统计功能。

MapReduce 程序的运行模式主要有如下两种。

（1）集群运行模式：把 MapReduce 程序打包成一个 jar 文件，提交至 YARN 集群上运行。由于 YARN 集群负责资源管理和任务调度，程序会被框架分发到集群中的节点上并发地执行，因此处理的数据和输出结果都在 HDFS 中。

（2）本地运行模式：在当前的开发环境模拟 MapReduce 执行环境，处理的数据及输出结果在本地操作系统。

下面首先演示集群运行模式的编写方法。由于集群运行模式需要生成 jar 包，因此应在之前的开发工具 Eclipse 环境中，新建 Maven 项目 HadoopTest 的 pom.xml 文件中的 </project> 之前添加如下内容：

```
<build>
  <plugins>
   <plugin>
    <groupId>org.apache.maven.plugins</groupId>
    <artifactId>maven-shade-plugin</artifactId>
    <version>3.1.0</version>
    <executions>
     <execution>
      <phase>package</phase>
      <goals>
       <goal>shade</goal>
      </goals>
      <configuration>
```

```
            <transformers>
            <transformer implementation="org.apache.maven.plugins.shade.resource.ManifestResourceTransformer">
              <!-- main() 所在的类，注意修改 -->
              <mainClass>com.cai.hadoop.mr.WordCountDriver</mainClass>
            </transformer>
            </transformers>
          </configuration>
        </execution>
      </executions>
    </plugin>
  </plugins>
</build>
```

在 Maven 项目 HadoopTest 下创建 com.cai.hadoop.mr 包，并在该包下先创建两个类 WordCountMapper.java 和 WordCountReducer.java 实现 Mapper 和 Reducer，另外需要一个 WordCountDriver.java 类用于编写提交程序和模式输出等具体实现的代码。

文件 WordCountMapper.java 的代码如下：

```
package com.cai.hadoop.mr;

import java.io.IOException;

import org.apache.hadoop.io.IntWritable;
import org.apache.hadoop.io.LongWritable;
import org.apache.hadoop.io.Text;
import org.apache.hadoop.mapreduce.Mapper;

public class WordCountMapper extends Mapper<LongWritable, Text, Text, IntWritable> {
  @Override
  protected void map(LongWritable key, Text value, Mapper<LongWritable, Text, Text, IntWritable>.Context context)
      throws IOException, InterruptedException {
    // 获得传入进来的一行内容，把数据类型转换为 String
    String line = value.toString();
    // 将这行内容按照分隔符切割
    String[] words = line.split(" ");
    // 遍历数组，每出现一个单词就标记一个数组 1，例如：< 单词 ,1>
    for (String word : words) {
  // 使用 MapReduce（MR）上下文 context，把 Map 阶段处理的数据发送给 Reduce 阶段作为输入数据
      context.write(new Text(word), new IntWritable(1));
  // 假设第一行 hadoop hadoop spark
  // 则发送出去的是 <hadoop,1><hadoop,1><spark,1>
    }
  }
}
```

文件 WordCountReducer.java 的代码如下：

```
package com.cai.hadoop.mr;

import java.io.IOException;
```

```
import org.apache.hadoop.io.IntWritable;
import org.apache.hadoop.io.Text;
import org.apache.hadoop.mapreduce.Reducer;

public class WordCountReducer extends Reducer<Text, IntWritable, Text, IntWritable> {
    @Override
    protected void reduce(Text key, Iterable<IntWritable> value,
        Reducer<Text, IntWritable, Text, IntWritable>.Context context) throws IOException, InterruptedException {
        // 定义一个计数器
        int count = 0;
        // 遍历一组迭代器，把每一个数量 1 累加起来就构成了单词的总次数
        for (IntWritable iw : value) {
            count += iw.get();
        }
        context.write(key, new IntWritable(count));
    }
}
```

文件 WordCountDriver.java 的代码如下：

```
package com.cai.hadoop.mr;

import org.apache.hadoop.conf.Configuration;
import org.apache.hadoop.fs.Path;
import org.apache.hadoop.io.IntWritable;
import org.apache.hadoop.io.Text;
import org.apache.hadoop.mapreduce.Job;
import org.apache.hadoop.mapreduce.lib.input.FileInputFormat;
import org.apache.hadoop.mapreduce.lib.output.FileOutputFormat;

public class WordCountDriver {
    public static void main(String[] args) throws Exception {
        // 通过 Job 来封装本次 MR 的相关信息
        Configuration conf = new Configuration();
        conf.set("mapreduce.framework.name", "local");
        Job wcjob = Job.getInstance(conf);

        // 指定 MR Job jar 包运行主类
        wcjob.setJarByClass(WordCountDriver.class);
        // 指定本次 MR 所有的 Mapper Reducer 类
        wcjob.setMapperClass(WordCountMapper.class);
        wcjob.setReducerClass(WordCountReducer.class);

        // 设置业务逻辑 Mapper 类的输出 key 和 value 的数据类型
        wcjob.setMapOutputKeyClass(Text.class);
        wcjob.setMapOutputValueClass(IntWritable.class);

        // 设置业务逻辑 Reducer 类的输出 key 和 value 的数据类型
```

```
        wcjob.setOutputKeyClass(Text.class);
        wcjob.setOutputValueClass(IntWritable.class);

        // 设置 Combiner 组件
//       wcjob.setCombinerClass(WordCountCombiner.class);

        // 指定要处理的数据所在的位置
//       FileInputFormat.setInputPaths(wcjob, "D:/mr/input");
        FileInputFormat.setInputPaths(wcjob, new Path(args[0]));
        // 指定处理完成之后的结果所保存的位置
//       FileOutputFormat.setOutputPath(wcjob, new Path("D:/mr/output"));
        FileOutputFormat.setOutputPath(wcjob, new Path(args[1]));
        // 提交程序并且监控打印程序执行情况
        boolean res = wcjob.waitForCompletion(true);
        System.exit(res ? 0 : 1);
    }
}
```

完成代码编写之后，查看工程所在目录 D:\eclipwork\HadoopTest，并将位置进行复制备用，如图 4-6 所示。

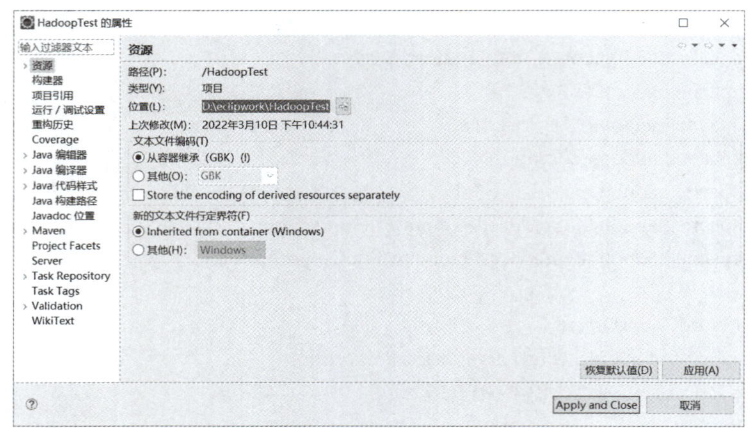

图 4-6　工程文件目录

按 Win+R 组合键打开“运行”对话框输入“cmd”，切换至项目具体的位置（D:\eclipwork\HadoopTest），然后执行 mvn 打包命令“mvn clean package”，如图 4-7 所示。

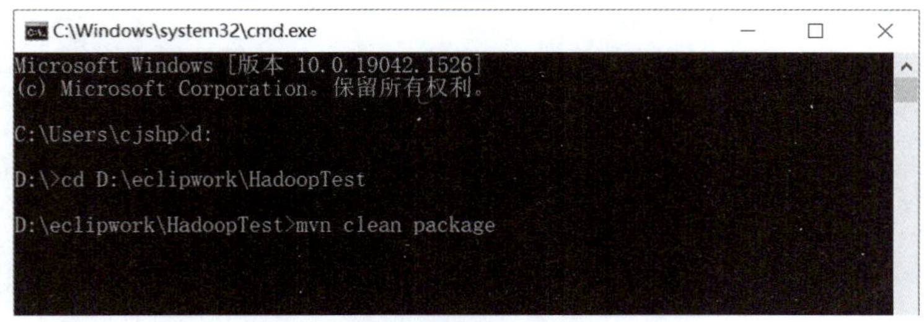

图 4-7　项目打包

注意：要保持网络畅通，因为项目打包时会下载一些文件。

稍后会在当前项目下生成一个 target 文件夹，并包含一个名为 HadoopTest-0.0.1-SNAPSHOT.jar 的文件，上传这个刚生成的 jar 文件到装有 Hadoop 的集群上。在 jar 对应的目录下，执行 MapReduce 命令，具体操作如下。

首先执行 jar 语句包命令：

```
#hadoop jar HadoopTest-0.0.1-SNAPSHOT.jar /wordcount/input/test1.txt  /output
```

命令执行完成以后，使用如下命令查看输出结果，发现程序同样具有统计 HDFS 下的 test1.txt 文件单词出现次数的功能。

```
#hadoop fs -cat /output/part-r-00000
```

而对于使用本地运行模式运行，其基本步骤与上述集群运行模式类似，但需要注意修改 WordCountDriver.java 文件中的输出模式（见 WordCountDriver.java 注释行代码）。当本地运行模式执行 wordcount 案例时，即使配置了如图 4-8 所示的 Windows 平台的 Hadoop 环境变量，控制台仍报“org.apache.hadoop.io.nativeio.NativeIO$Windows.access0（Ljava/lang/String;I）Z”的异常提示。

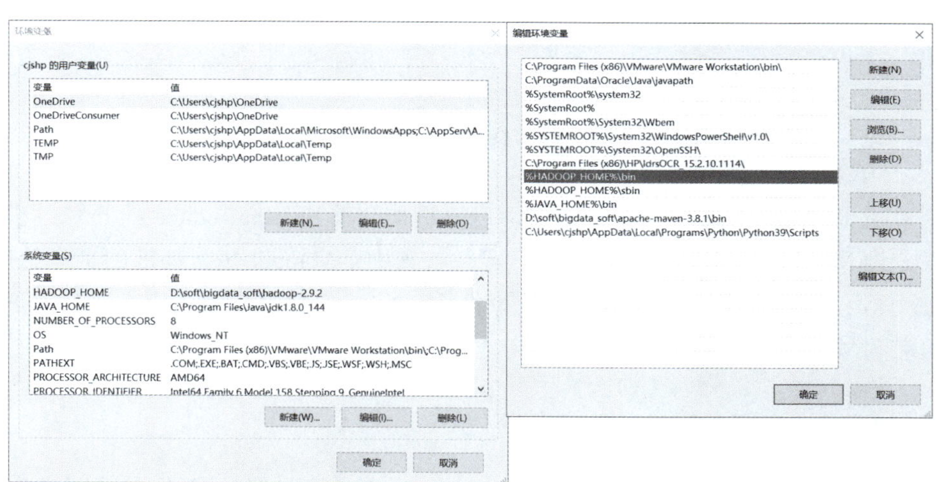

图 4-8　Windows 平台的 Hadoop 环境变量设置

解决的方法是在当前项目下新建 org.apache.hadoop.io.nativeio 包，将提前下载的 hadoop-2.9.1-src 下的文件复制过去。修改 NativeIO 类中的 access() 方法的返回值，直接设为 true，如图 4-9 所示。

```
   *
   * @param path input path
   * @param desiredAccess ACCESS_READ, ACCESS_WRITE or A
   * @return true if access is allowed
   * @throws IOException I/O exception on error
   */
  public static boolean access(String path, AccessRight
      throws IOException {
//    return access0(path, desiredAccess.accessRight());
      return true;
  }
```

图 4-9　修改 NativeIO 类中的 access() 方法

注： 文件路径是 \hadoop-2.9.1-src\hadoop-common-project\hadoop-common\src\main\java\org\apache\hadoop\io\nativeio\NativeIO.java。

这里假设在本地 D 盘下新建 D:/mr/input 和 D:/mr/output 文件夹，程序执行完成以后的结果如图 4-10 所示。

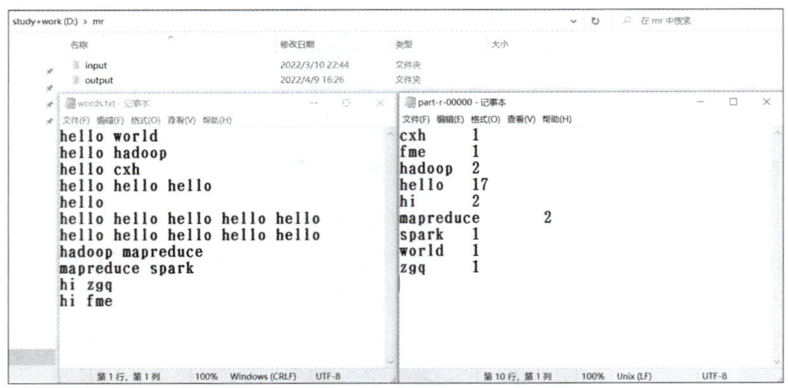

图 4-10　本地运行模式词频统计结果

4.2　MapReduce 工作流程

通过上节中 wordcount 实例的编写，可以进一步看出 MapReduce 的开发过程大体上可以分为 Mapper、Reducer 和 Job 三大模块。其中，Mapper 负责局部的小任务执行；Reducer 负责汇总 Mapper 输出结果并计算作业（Job）任务的最终结果；Job 负责整个作业的启动与运行。

4.2.1　MapReduce 工作过程

简单地说，MapReduce 分为 Map 与 Reduce 两个阶段，当 HDFS 存储的大数据经过 Job 启动后，这个大数据任务就被分成若干个小任务，每个小任务由一个 Map 来计算，Map 计算完的结果再由少数的 Reduce 任务取走，进行全局汇总计算。MapReduce 实际上是一个分布式再集中的过程。

在 MapReduce 中可以指定一个 Map（映射）函数，把一组 <key,value> 对映射成一组新的 <key,value> 对，然后指定并行的 Reduce 函数，用来保证所有 Map 的每一个键值对共享相同的 key（键）组。用户编写程序时，只需要掌握 Map 与 Reduce 的写法就能完成在分布式集群中的基本计算。

4.2.2　Map 工作过程

一个 Map 函数就是对由一些独立元素组成的概念上的列表（如单词计数中每行数据的列表）中的每一个元素进行指定的操作。实际上，每个元素都是被独立操作的，而原始列表没有被更改，因为这里创建了一个新的列表来保存新的答案。因此，Map 操作可以高度并行，集群越大，运行效率越高，这对数据量超大的大数据处理非常有用。

在编写 MapReduce 程序时，任何一个 Map 任务都会继承 Mapper 类，这个类位于 hadoop-mapreduce-client-core-2.9.1.jar 文件包的 org.apache.hadoop.mapreduce 中。Mapper 类里有 4 个范型：KEYIN、VALUEIN、KEYOUT 和 VALUEOUT。其中，KEYIN 和 VALUEIN 代表输入数据的 key/value 值；KEYOUT 和 VALUEOUT 代表程序执行后输出数据的 key/value 值。

Map 任务作业运行开始于 Mapper. class 组件中的 run() 方法，代码如下所示。

```
public void run(Context context) throws IOException, InterruptedException {
    setup(context);
    try {
      while (context.nextKeyValue()) {
        map(context.getCurrentKey(), context.getCurrentValue(), context);
      }
    } finally {
      cleanup(context);
    }
}
```

首先，run() 方法执行 Map 作业中的 setup() 方法，它只在作业任务开始时调用一次，用于处理 Map 作业需要的初始化工作。然后，通过 while() 方法遍历 context 里的 <key,value> 键值对，对每一组的 context.nextKeyValue() 获取的 <key,value> 键值对调用一次 map 方法，进行相应业务的处理。

通常需要重写 map() 方法满足业务需求，在 map() 方法中定义了 3 个参数，分别是 key、value 和 context。其中，key 作为输入关键字，value 作为输出关键字，形成了 MapReduce 工程中传值的变量对。多次循环后生成一批 <key,value> 键值对，最后将它们写入 context 中。循环完成后，调用 cleanup() 方法做最后处理。这个方法在任务最后执行一次，用于完成一些收尾工作。

Map 任务接收输入的数据，并采用 <key,value> 键值对的形式存储（k1,v1），然后通过自定义的算法，将符合的数据进行分类，根据相同 key 值生成若干条列表（list），此列表存储着具有相同 key 值的 value 组成键值对（list<k2,v2>）。map() 方法的第三个参数通过指定一个 Context 实例（可以认为是内部上下文环境）来存储 map() 方法产生的输出记录。一个 Map 任务的执行过程及数据的输入 / 输出形式如下：

```
Map:<k1,v1>list<k2,v2>
```

在编程时，用户只需要按照规则调用 Mapper 类，通常依据自己的业务需求对 setup()、map() 和 cleanup() 方法中的一个或多个进行重写即可。

4.2.3 Reduce 工作过程

Reduce 获取 Map 任务输出的（已经完成任务的）地址后，系统会启用复制程序，将需要的数据复制到本地存储空间。如果 Map 输出较小，会将数据复制到 Reduce 的内存区域，否则会复制到磁盘上。随着复制内容的增加，Reduce 作业会批量地启动合并任务，执行合并操作。启动 Reducer 类后将接收上下文的数据并进行 Reduce 作业操作。

在编写 MapReduce 程序时，任何一个 Reduce 任务都会继承 Reducer 类。Reducer 类有 4 个范型，分别是 KEYIN、VALUEIN、KEYOUT 和 VALUEOUT。其中，KEYIN 和 VALUEIN 是 Reduce 接收的来自 Map 的输出，故 Writable 类型要与 Mapper 类里的 KEYOUT 和 VALUEOUT 指定输出的 <key,value> 数据类型一一对应。但每个 Reducer 类接收的具体数据数量并不一定是 Mapper 传出的数量，一般一个分区对应一个 Reducer 类，当只有一个 Reducer 类时，可以接收所有分区的数据。这里的分区是由 Shuffle 过程决定的。

Reducer 的结构和 Mapper 的源码结构非常类似，也是由 run() 方法自动执行 Reducer 任务，执行顺序也是 setup() → while() → cleanup()，其中 setup() 与 cleanup() 方法分别在 Reduce 任务执行前后执行一次，进行执行和扫尾工作。相关代码如下：

```
public void run(Context context) throws IOException, InterruptedException {
  setup(context);
  try {
   while (context.nextKey()) {
    reduce(context.getCurrentKey(), context.getValues(), context);
    // If a back up store is used, reset it
    Iterator<VALUEIN> iter = context.getValues().iterator();
    if(iter instanceof ReduceContext.ValueIterator) {
     ((ReduceContext.ValueIterator<VALUEIN>)iter).resetBackupStore();
    }
   }
  } finally {
   cleanup(context);
  }
}
```

context.nextKey() 方法用来判断所在 Reducer 类中是否有下一组 key。如果有就把相同 key 对应的所有值放在一起传给 reduce() 方法进行处理。在默认情况下，每个 reduce() 方法处理的是 Reducer 类接收过的一组相同 key 对应的值，然后会依据一个 for 循环对该组里的每一个 value 进行处理并写进上下文中。

reduce() 方法将传递过来的 value 值根据 key 进行重排序，形成一个列表，列表是由结果中具有相同 key 的 value 值合并而成的。通过对列表的迭代，reduce() 方法获得每一个 key 对应的 value 值。

Reduce 任务接收的数据来自 Map 任务的输出，中间经过 Shuffle 分区、排序和分组（Shuffle 将在后续章节介绍），因此 Reduce 任务正式传给 reduce() 方法处理时，已经是根据相同的 key 将对应的 value 组成的一个队列。因此，一个 Reduce 任务执行过程及数据的输入 / 输出形式如下：

```
Reduce:<k2,list<v2>><k3,v3>
```

在编程时，用户只需要按照规则继承 Reducer 类，一般依据自己业务的需求对相应 Reducer 类提供的方法进行重写即可。

4.2.4 Job 工作过程

Map 和 Reduce 完成了集群中作业任务的映射、并发和规约的过程。为保证 Mapper 和 Reducer 的运行，MapReduce 提供一个 Job 类，用于允许用户配置作业、提交作业、控制作业和查询作业。Job 是一个公共类，位于包 org.apache.hadoop.mapreduce 中，它继承了 JobContext 接口的实现类 JobContextImp1，Job 公共类文件中借助 set 设置启动 MapReduce 任务时需要的一些细节，如输入 / 输出的数据类型、文件输入 / 输出的路径，任务处理过程中涉及的分区、分组和排序的类等信息，代码如下：

```
public static void main(String[] args)throws Exception{
Configuration conf=new Configuration();        // 获取环境变量
String[] otherArgs = new GenericOptionsParser(conf, args).getRemainingArgs();
Job job=Job.getInstance(conf);                 // 实例化任务
job.setJarByClass(WordCount.class);            // 设定运行 jar 类型
job.setMapperClass(WordMapper.class);          // 设定 Mapper 类
job.setReducerClass(WordReducer.class);        // 设定 Reducer 类
job.setOutputKeyClass(Text.class);             // 设置输出 key 格式
job.setOutputValueClass(IntWritable.class);    // 设置输出 value 格式
FileInputFormat.addInputPath(job,new Path(otherArgs[0]));     // 设置输入路径
FileOutputFormat.setputPath(job,new Path(otherArg[1]));       // 设置输出路径
System.exit(job.waitForCompletion(true)?0:1);
}
```

前面的 wordcount 实例便是首先获得集群的环境变量情况，然后建立 Job 实例，并把创建的环境变量的实例 conf 赋予 Job 的构造方法。在 Job 作业中，set 方法只有在作业被提交后才会起作用，之后会抛出一个 IllegalStateException 的异常。通常用户首先创建应用程序，通过 Job 描述作业的各个方面，然后提交作业并监视进度。

1. 作业 Job 提交过程

JobClient 是用户提交的作业和资源管理器（ResourceManager）交互的主要接口。JobClient 提供提交作业、追踪进程、访问子任务的日志作业、获得 MapReduce 集群状态信息等功能。作业提交过程如下：

（1）检查作业输入 / 输出样式的细节。

（2）为作业计算输入分片（InputSplit）值。

（3）如果需要的话，为作业的 DistributedCache 建立必需的统计信息。

（4）复制作业的 jar 包并配置文件到 FileSystem 的 MapReduce 系统目录下。

（5）提交作业到 ResourceManager 并监控它的状态。

2. 作业 Job 的输入

InputFormat 接口为 MapReduce 作业描述输入规范。MapReduce 框架根据作业的 InputFormat 做如下工作：

（1）检查作业输入的有效性。

（2）把输入文件切分成多个逻辑 InputSplit 实例，并把每一个实例分别发给一个 Mapper。

（3）提供 RecordReader 的实现，RecordReader 从逻辑 InputSplit 中获得输入记录，这些记录将由 Mapper 处理。

3. 作业 Job 的输出

OutputFormat 描述 MapReduce 作业的输出样式。MapReduce 框架根据作业的 OutputFormat 来做如下工作：

（1）检查作业的输出，例如检查输出路径是否已经存在等。

（2）提供一个 RecordWriter 的实现，用来输出作业结果。TextOutputFormat 是默认的 OutputFormat，输出文件被保存在 FileSystem 上。

4.2.5 Shuffle 工作过程

Shuffle 过程实际上是数据处理过程，即将 Map 输出结果进行分区、分组、排序和归并，然后作为输入记录传给 Reducer。首先了解一下 Shuffle 的内部运行原理。

Hadoop 的核心是 MapReduce，Shuffle 又是 MapReduce 的核心。Shuffle 工作于 Map 结束到 Reduce 开始之间的区间，如图 4-11 所示。

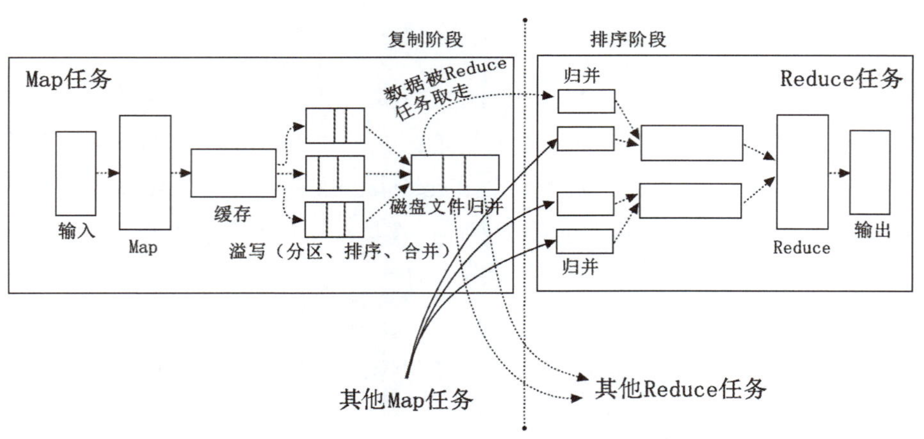

图 4-11　Shuffle 工作过程

图 4-11 中的分区（Partitions）、复制（Copy phase）、排序（Sort phase）所代表的就是 Shuffle 的不同阶段。Shuffle 又可以分为 Map 端的 Shuffle 和 Reduce 端的 Shuffle。

1. Map 端的 Shuffle

Map 端会处理输入数据并产生中间结果，这个中间结果会写到本地磁盘，而不是

HDFS。每个 Map 的输出会先写到内存缓冲区中，当写入的数据达到设定的阈值时，系统将会启动一个线程将缓冲区的数据写到磁盘，这个过程称为溢写（spill）。

在 spill 写入之前，会先进行二次排序。首先根据数据所属的分区进行排序，然后每个分区中的数据再按 key 排序。分区的目的是将记录划分到不同的 Reducer 中，以期望能够达到负载均衡，之后的 Reducer 就会根据分区读取自己对应的数据。

接着运行局部汇总（combiner），combiner 的本质也是一个 Reducer，其目的是对将要写入磁盘的文件先进行一次处理，这样，写入磁盘的数据量就会减少。最后将数据写到本地磁盘产生 spill 文件（spill 文件保存在 mapred.local.dir 指定的目录中，Map 任务结束后就会被删除）。

最后，每个 Map 任务可能产生多个 spill 文件，在每个 Map 任务完成前，会通过多路归并算法将这些 spill 文件归并成一个文件。至此 Map 端的 Shuffle 过程结束。

2. Reduce 端的 Shuffle

Reduce 端的 Shuffle 包括三个阶段，即复制（Copy）、归并排序（Sort Merge）和规约（Reduce）。

首先是 Copy 阶段，要将 Map 端产生的输出文件复制到 Reduce 端，但每个 Reducer 如何知道自己应该处理哪些数据呢？通过前面的学习我们知道，Map 端在分区时已经指定了每个 Reducer 要处理的数据，所以 Reducer 在复制数据时只需复制与自己对应的分区中的数据即可。每个 Reducer 会处理一个或多个分区，但需要先将自己对应的分区中的数据从每个 Map 的输出结果中复制过来。

接下来就是 Sort 阶段，也称 Merge 阶段，因为这个阶段的主要工作是执行归并排序。从 Map 端复制到 Reduce 端的数据都是有序的，所以很适合归并排序。最终在 Reduce 端生成一个较大的文件作为 Reduce 的输入。

最后是 Reduce 阶段，在这一阶段中将产生最终的输出结果并将其写入 HDFS。

Shuffle 过程的简单概括如图 4-12 所示。

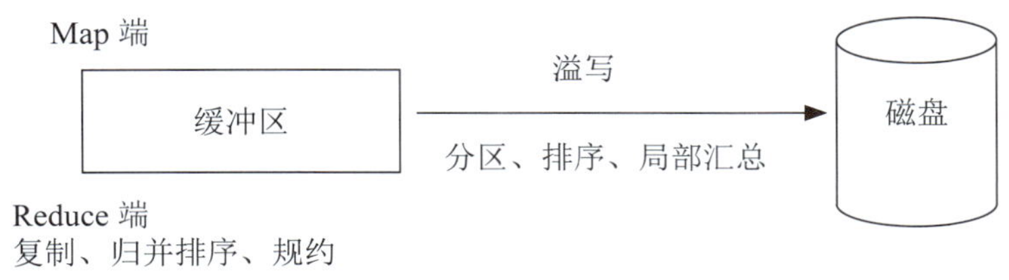

图 4-12 Shuffle 过程的简单概括

4.2.6 MapReduce 的输入 / 输出格式

使用 MapReduce 编程，只需定义好 Map 和 Reduce 函数输入和输出 <key,value> 键值对的类型即可，无需关注如何输入文件块及如何把键值对写入 HDFS 文件块中，这部分工作由 Hadoop 自带的输入 / 输出格式来处理。Hadoop 根据输入文件的格式 RecordReader 来解析文件中的 <key,value> 键值对，默认情况下，一行代表一个 <key,value> 键值对。

1. 输入格式

InputFormat 接口定义了输入文件如何被 Hadoop 分块。其定义如下：

```
public abstract class InputFormat<K, V> {
  public abstract List<InputSplit> getSplits(JobContext context) throws IOException, InterruptedException;

  public abstract RecordReader<K,V> createRecordReader(InputSplit split,
  TaskAttemptContext context) throws IOException, InterruptedException;
}
```

getSplit(JobContext context) 方法负责将一个大数据在逻辑上拆分成一个或多个输入分片（InputSplit）。每个 InputSplit 记录两个参数，第一个为该分片数据的位置，第二个为该分片数据的大小。InputSplit 并没有真正存储数据，只是提供了一个如何将数据分片的方法。

createRecordReader(InputSplit split,TaskAttemptContext context) 方法根据 InputSplit 定义的方法，返回一个能够读取分片记录的 RecordReader。

设置 MapReduce 的输入格式可以在驱动类中使用 Job 对象的 setInputFormat() 方法完成。当输入格式是 TextInputFormat 时，驱动类可以不设置输入格式。常用的 InputFormat 实现类如表 4-2 所示。

表 4-2 常用的 InputFormat 实现类

实现类	概述	key	Value
TextInputFormat	Hadoop 默认的输入格式	行的字节偏移量（LongWritable）	行的内容（text）
FileInputFormat	在 Hadoop 中，所有文件作为数据源的 InputFormat 实现的基类	用户自定义作业的输入路径	
KeyValueInputFormat	把行解析为 <key, value> 对，每一行均为一条记录	第一个分隔符（默认是“\t”）前面的所有字符（text）	第一个分隔符后剩下的内容（text）

2. 输出格式

针对上面介绍的输入格式，Hadoop 有对应的输出格式。输出格式用来确定如何将 <key,value> 键值对写入 HDFS 文件块中。默认情况下，只有一个 Reduce，即只输出一个文件，文件名为 part-r-00000，输出文件的个数与 Reduce 的个数一致。

OutputFormat 与 InputFormat 相同，均是一个接口，主要用于描述输出数据的格式。它将用户提供的 <key,value> 键值对写入特定格式的文件中。OutputFormat 是 MapReduce 输出格式的基类，所有 MapReduce 输出都继承 OutputFormat 抽象类，常用的 OutputFormat 实现类如表 4-3 所示。

表 4-3　常用的 OutputFormat 实现类

实现类	概述
TextOutputFormat	Hadoop 默认的输出格式，将每条记录写成文本行，每个 <key,value> 键值对由制表符进行分隔
SequenceFileOutputFormat	输出二进制文件，若输出需要作为后续 MapReduce 任务的输入，则这是一种较好的输出格式

4.2.7　MapReduce 的优化

MapReduce 的优化主要是通过 Combiner 和 Partitioner 两个类来实现。

1. Combiner 类

Combiner 类的作用就是在 Map 端对输出先做一次合并，以减少传输到 Reduce 端的数据量。Combiner 在 Hadoop 中并没有自己的基类，而是继承 Reducer，它们对外的功能都是一样的，只是使用的位置和使用的上下文不同。Combiner 操作发生在 Map 端，在某些情况下，Combiner 并不会影响原有的逻辑，只是对执行的效率有影响。如图 4-13 所示，Combiner 类的作用就是对 Map 阶段输出的重复数据先做一次合并计算，然后把新的 <key,value> 作为 Reduce 阶段的输入。

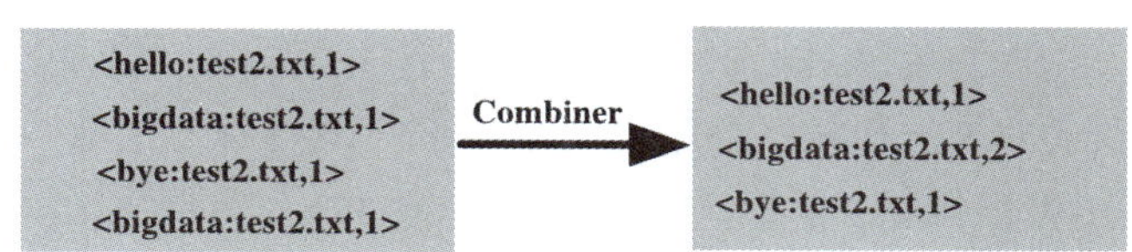

图 4-13　Combiner 类优化 MapReduce

Combiner 类是 MapReduce 程序中的一种重要的组件，如果想自定义 Combiner，需要继承 Reducer 类，并且重写 reduce() 方法。例如在词频统计案例文件中可以针对 WordCountDriver.java 指定本次 MR 的 Reducer 类引用为 WordCountCombiner.class（图 4-14），并重写一个 Combiner 类，具体代码如下：

```
        // 指定MR Job jar包运行主类
        wcjob.setJarByClass(WordCountDriver.class);
        // 指定本次MR所有的Mapper Reducer类
        wcjob.setMapperClass(WordCountMapper.class);
//      wcjob.setReducerClass(WordCountReducer.class);
        wcjob.setReducerClass(WordCountCombiner.class);
```

图 4-14　WordCountDriver.java 的 Reducer 类

```
package com.cai.hadoop.mr;

import java.io.IOException;

import org.apache.hadoop.io.IntWritable;
import org.apache.hadoop.io.Text;
```

```
import org.apache.hadoop.mapreduce.Reducer;

public class WordCountCombiner extends Reducer<Text, IntWritable, Text, IntWritable> {
    @Override
    protected void reduce(Text key, Iterable<IntWritable> values,
     Reducer<Text, IntWritable, Text, IntWritable>.Context context) throws IOException, InterruptedException {
        // 1. 局部汇总
        int count = 0;
        for (IntWritable v : values) {
            count += v.get();
        }
        context.write(key, new IntWritable(count));
    }
}
```

2. Partitioner 类

Partitioner 类的功能是在 Map 端对 key 进行分区。Map 端最终处理的 <key,value> 键值对需要发送到 Reduce 端进行合并，合并时相同分区的 <key,value> 键值对会被分配到同一个 Reduce 上，这个分配过程就是由 Partitioner 类决定的。Partitioner 类只提供了一个方法：

```
getPartition(Text key,Text value,int numPartitions)
```

<Text key,Text value> 两个参数为 Map 的 key 和 value，numPartitions 为 Reduce 的个数，默认为 1。

MapReduce 默认的 Partitioner 是 HashPartitioner。其计算方法如下：

（1）Partitioner 先计算 key 的散列值（通常是 MD5）。

（2）通过 Reduce 个数执行取模运算：Key.hashCode%numReduce。

4.3 YARN 的设计思想与工作流程

4.3.1 YARN 设计思想

MapReduce 既是一个计算框架，也是一个资源管理调度框架。MapReduce 存在单点故障可扩展性差（Job Tracker 任务过重，内存开销大，节点数上限为 4000 个）、容易出现内存溢出（分配资源只考虑 MapReduce 任务数，不考虑 CPU、内存等资源）、资源划分不合理（强制划分为 slot）和版本耦合等问题。

Hadoop 2.0 以后，MapReduce 中的资源管理调度功能被单独分离出来，形成了一个纯粹的资源管理调度框架 YARN。被剥离了资源管理调度功能的 MapReduce 1.0 就变成了 MapReduce 2.0，它是运行在 YARN 之上的一个纯粹的计算框架，不再负责资源调度管理服务，而是由 YARN 为其提供资源管理调度服务。

4.3.2 YARN 体系结构

YARN 采用主从（Master/Slave）架构，其本质上只包含资源管理器（ResourceManager，RM）和节点管理器（NodeManager，NM）两个部分，细分为 ResourceManager、NodeManger、应用程序主机（ApplicationMaster，AM）、容器（Container）四个组件。YARN 体系结构如图 4-15 所示。

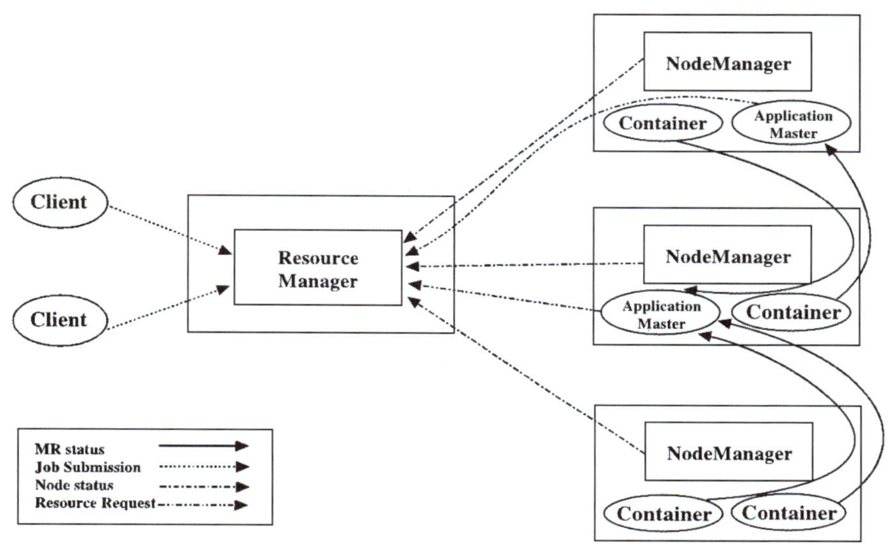

图 4-15 YARN 体系结构

集群的资源管理器运行在主节点，负责所有应用程序之间资源调度、分配和监控。节点管理器运行在从节点上，监视其资源（如 CPU、内存、磁盘、网络等）使用情况并将结果报告给资源管理器。应用程序主机（ApplicationMaster，AM）协调来自资源管理器的资源，并与节点管理器一起执行和监视任务，应用程序主机只有在有任务正在执行时存在。对于所有的应用程序，资源管理器拥有绝对的控制权和对资源的分配权。而每个应用程序主机会和资源管理器协商资源，同时和节点管理器通信来执行和监控任务（Task）。

各组件的功能如下：

（1）资源管理器（ResourceManager，RM）。ResourceManager 接收用户提交的作业，按照作业的上下文信息以及从 NodeManager 收集来的容器状态信息，启动调度过程，为用户作业启动一个 ApplicationMaster。RM 主要包括两个组件，即调度器（ResourceScheduler）和应用管理器（ApplicationsManager）。

（2）节点管理器（NodeManager，NM）。NodeManager 是驻留在一个 YARN 集群中的每个节点上的代理，主要负责容器生命周期管理，监控每个容器的资源（如 CPU、内存等）使用情况，跟踪节点健康状况，以“心跳”的方式与 ResourceManager 保持通信，向 ResourceManager 汇报作业的资源使用情况和每个容器的运行状态，接收来自 ApplicationMaster 的启动 / 停止容器的各种请求。

注意：NodeManager 主要负责管理抽象的容器，只处理与容器相关的事情，而不具体负责每个任务（Map 任务或 Reduce 任务）自身状态的管理。

（3）应用程序主机（ApplicationMaster，AM）。ApplicationMaster 负责系统中所有应用程序的管理工作，主要包括应用程序提交、与调度器协商资源以启动 ApplicationMaster、监控 ApplicationMaster 运行状态并在失败时重新启动等。简单来说，AM 为应用程序申请资源，并分配内部任务。

ApplicationMaster 的主要功能：

1）当用户作业提交时，ApplicationMaster 与 ResourceManager 协商获取资源，ResourceManager 会以容器的形式为 ApplicationMaster 分配资源。

2）把获得的资源进一步分配给内部的各个任务（Map 任务或 Reduce 任务），实现资源的“二次分配”。

3）与 NodeManager 保持交互通信，进行应用程序的启动、运行、监控和停止操作，监控申请到的资源的使用情况，对所有任务的执行进度和状态进行监控，并在任务发生失败时执行失败恢复（即重新申请资源重启任务）。

4）定时向 ResourceManager 发送“心跳”消息，报告资源的使用情况和应用的进度信息。

5）当作业完成时，ApplicationMaster 向 ResourceManager 注销容器，执行周期完成。

（4）容器（Container）。Container 是集群中的资源抽象。作为动态资源分配单位，每个容器中都封装了某个节点上的一定数量的 CPU、内存、磁盘、网络等资源，从而限定每个应用程序可以使用的资源量。

4.3.3 YARN 工作流程

YARN 工作流程如图 4-16 所示，具体流程如下。

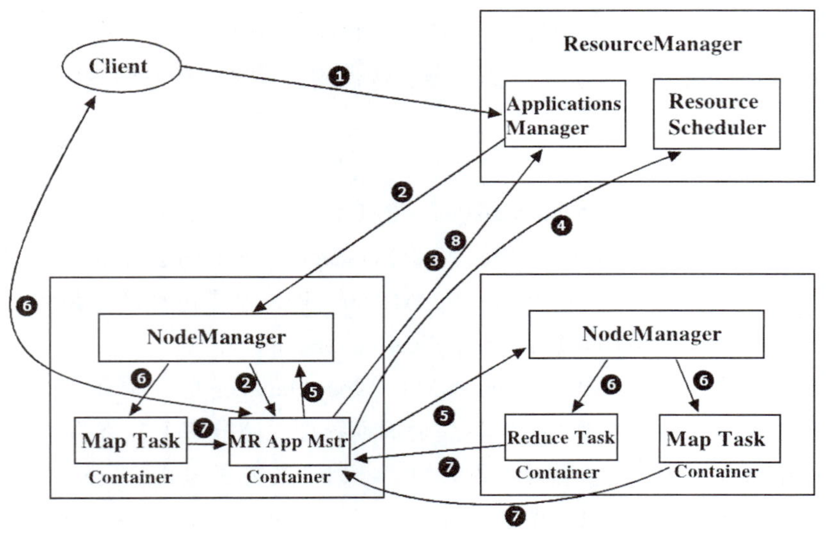

图 4-16　YARN 工作流程

（1）用户编写客户端应用程序，向 YARN 提交应用程序，提交的内容包括 ApplicationMaster 程序、启动 ApplicationMaster 的命令、用户程序等。

（2）YARN 中的 ResourceManager 负责接收和处理来自客户端的请求，为应用程序分配一个容器，该容器用于运行 ApplicationMaster。

（3）启动中的 ApplicationMaster 向 ResourceManager 注册自己，启动成功后定时向 RM 发送“心跳”信息。

（4）ApplicationMaster 采用轮询的方式向 ResourceManager 发送请求，申请相应数量的 Container。

（5）ResourceManager 以容器的形式向提出申请的 ApplicationMaster 分配资源。申请成功的 Container 由 ApplicationMaster 进行初始化，Container 的启动信息初始化后，AM 与对应的 NodeManager 通信，要求 NM 启动 Container。AM 与 NM 保持“心跳”信息通信，从而对 NM 上运行的任务进行监控和管理。

（6）在容器中启动任务（运行环境、脚本）。Container 运行期间，ApplicationMaster 对 Container 进行监控。Container 通过远程过程调用（简称 RPC）协议向对应的 AM 汇报自己进度和状态等信息。

（7）各个任务向 ApplicationMaster 汇报自己的状态和进度。应用运行期间客户端直接与 AM 通信获取应用的状态、进度更新等信息。

（8）应用程序运行完成后，ApplicationMaster 向 ResourceManager 的应用程序管理器注销自己，并允许属于它的 Container 被收回。

4.4 MapReduce 经典案例

数据去重

4.4.1 数据去重

数据去重指去除重复数据的操作，利用并行化思想来对数据进行有意义的筛选。在大数据开发中，如统计大数据集上的多种数据指标等复杂的任务都会涉及数据去重。现假设有数据文件 file1.txt 和 file2.txt，内容分别如下。

文件 file1.txt：

```
2022-7-11  上海
2022-7-12  南京
2022-7-13  合肥
2022-7-14  北京
2022-7-15  上海
2022-7-16  西安
2022-7-17  上海
2022-7-14  北京
```

文件 file2.txt：

```
2022-7-11  合肥
```

```
2022-7-12　北京
2022-7-13　成都
2022-7-14　西安
2022-7-15　上海
2022-7-16　合肥
2022-7-17　广州
2022-7-15　成都
```

file1.txt 中包含重复数据，并且 file1.txt 与 file2.txt 中有重复数据，现要求使用 Hadoop 大数据相关技术对这两个文件进行去重操作，并最终将结果汇总到一个文件中。

根据上面的案例需求，下面对该数据去重案例进行分析：

（1）编写 MapReduce 程序，在 Map 阶段采用 Hadoop 默认的作业输入方式（TextInput Format）之后，将 key 设置为需要去重的数据，输出的 value 都可以设置为空。

（2）在 Reduce 阶段，不需要考虑每一个 key 有多少个 value，可以直接将输入的 key 复制为输出的 key，输出的 value 同样可以设置为空，这样就会使用 MapReduce 默认机制对 key（也就是文件中的每行内容）自动去重。

4.4.2　案例实现——数据去重

在完成对数据去重的相关介绍以及案例实现的具体分析后，接下来就根据前面说明的案例分析步骤来实现数据去重，具体实现步骤如下。

1. Map 阶段实现

使用 Eclipse 开发工具打开之前创建的 Maven 项目 HadoopTest，另外新创建 com.cai.mr.dedup 包，在该路径下编写自定义 Mapper 类 DedupMapper，文件 DedupMapper.java 的具体代码如下：

```java
package com.cai.mr.dedup;

import java.io.IOException;

import org.apache.hadoop.io.LongWritable;
import org.apache.hadoop.io.NullWritable;
import org.apache.hadoop.io.Text;
import org.apache.hadoop.mapreduce.Mapper;

public class DedupMapper extends Mapper<LongWritable, Text, Text, NullWritable> {

    private static Text field = new Text();
    @Override
    protected void map(LongWritable key, Text value, Context context) throws IOException, InterruptedException {
        field = value;
        context.write(field, NullWritable.get());
    }
}
```

上述代码的作用是将 TextInputFormat 默认组件解析的 <0,2022-7-11 上海 > 键值对

修改为 <2022-7-11 上海 ,null>，以读取数据集文件。

2. Reduce 阶段实现

根据 Map 阶段的输出结果形式，同样在 com.cai.mr.dedup 包下，编写自定义 Reduce 类 DedupReducer，文件 DedupReducer.java 的具体代码如下：

```
package com.cai.mr.dedup;

import java.io.IOException;

import org.apache.hadoop.io.NullWritable;
import org.apache.hadoop.io.Text;
import org.apache.hadoop.mapreduce.Reducer;

public class DedupReducer extends Reducer<Text, NullWritable, Text, NullWritable> {
  @Override
  protected void reduce(Text key, Iterable<NullWritable> values, Context context)
        throws IOException, InterruptedException {
    context.write(key, NullWritable.get());
  }
}
```

上述代码的作用是接收 Map 阶段传递来的数据。根据 Shuffle 工作原理，键值 key 相同的数据就会被合并，因此输出数据中就不会出现重复数据了。

3. 程序主类实现

编写 MapReduce 程序运行主类 DedupRun，文件 DedupRun.java 的具体代码如下：

```
package com.cai.mr.dedup;

import java.io.IOException;

import org.apache.hadoop.conf.Configuration;
import org.apache.hadoop.fs.Path;
import org.apache.hadoop.io.NullWritable;
import org.apache.hadoop.io.Text;
import org.apache.hadoop.mapreduce.Job;
import org.apache.hadoop.mapreduce.lib.input.FileInputFormat;
import org.apache.hadoop.mapreduce.lib.output.FileOutputFormat;

public class DedupRunner {
  public static void main(String[] args) throws IOException, ClassNotFoundException, InterruptedException {
    Configuration conf = new Configuration();
    Job job = Job.getInstance(conf);

    job.setJarByClass(DedupRunner.class);

    job.setMapperClass(DedupMapper.class);
    job.setReducerClass(DedupReducer.class);
```

```
        job.setOutputKeyClass(Text.class);
        job.setOutputValueClass(NullWritable.class);

        FileInputFormat.setInputPaths(job, new Path("D:\\Dedup\\input"));
        // 指定处理完成之后的结果所保存的位置
        FileOutputFormat.setOutputPath(job, new Path("D:\\Dedup\\output"));

        job.waitForCompletion(true);
    }
}
```

上述代码的作用是设置 MapReduce 工作任务的相关参数。由于本案例的数据量较小，为方便、快速地进行案例演示，本案例采用了本地运行模式，对指定的本地目录 D:\Dedup\input 下的源文件（需要提前准备）实现倒排索引，并将结果输入本地目录 D:\Dedup\output 下，设置完毕后运行程序即可。

4. 效果测试

执行 MapReduce 程序的程序入口 DedupRun 类，正常执行完成后，会在指定的目录 D:\Dedup\output 下生成结果文件，如图 4-17 所示。

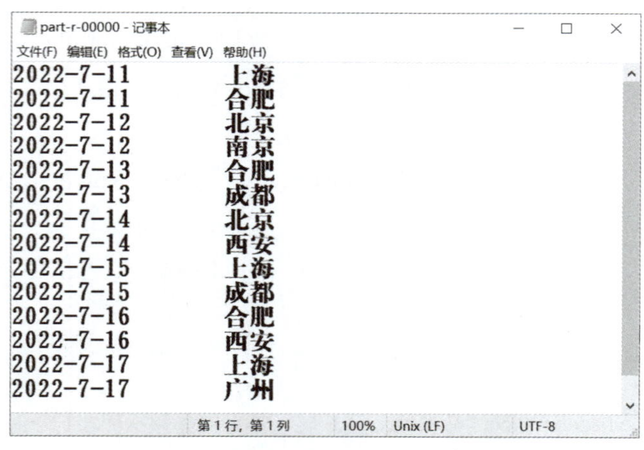

图 4-17　数据去重结果

4.4.3　倒排索引

倒排索引

倒排索引（Inverted Index）是文档检索系统中最常用的数据结构，被广泛应用于全文搜索引擎。倒排索引主要用来存储某个单词（或词组）在一组文档中的存储位置的映射，提供了可以根据内容来查找文档的方式，而不是根据文档来确定内容，因此称为倒排索引。带有倒排索引的文件称为倒排索引文件，简称倒排文件（Inverted File）。例如，从图 4-18 中可以看出，单词 1 出现在文件 1、文件 5、文件 6 等文件中；单词 2 出现在文件 4、文件 7、文件 3、文件 2 等文件中；而单词 3 出现在文件 3、文件 8 等文件中。

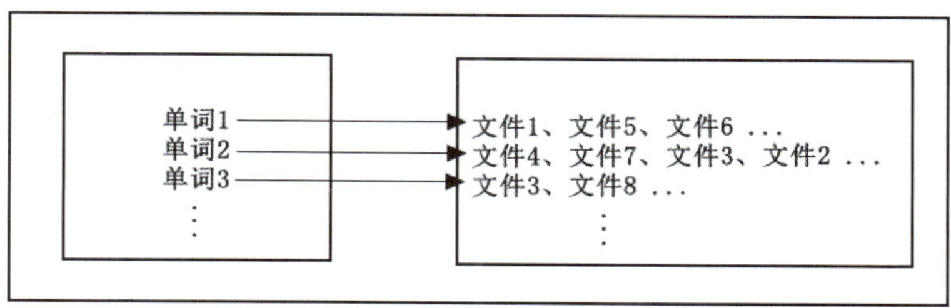

图 4-18 倒排索引文件

在实际应用中，倒排索引一般以词频作为权重，即记录单词或词组在文件中出现的次数，方便用户在搜索相关文件时把权重高的单词或词组推荐给客户。例如现有 3 个源文件 filel.txt、file2.txt 和 file3.txt，需要对这 3 个源文件内容实现倒排索引，并将最后的倒排索引文件输出。整个过程要求实现如图 4-19 所示的转换。

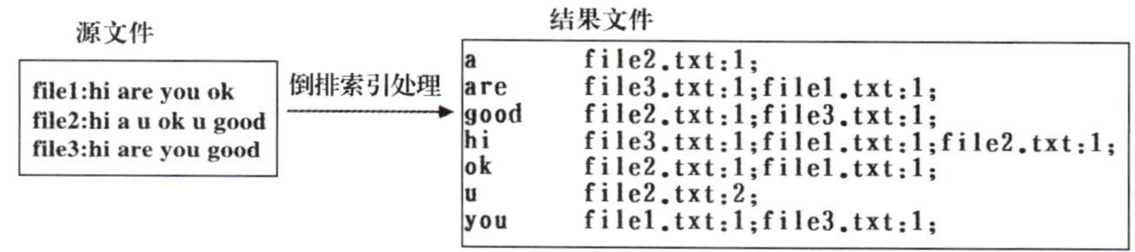

图 4-19 倒排索引处理

接下来，根据上面案例的需求，对该倒排索引案例进行分析，具体如下。

（1）首先使用默认的 TextInputFormat 类对每个输入文件进行处理，得到文本中每行的偏移量及其内容。Map 过程首先分析输入的 <key,value> 键值对，经过处理可以得到倒排索引中需要的 3 个信息：单词、文件名称和词频，如图 4-20 所示。在不使用 Hadoop 自定义数据类型的情况下，需要根据情况将单词与文件名称拼接为一个 key（如"a:file2.txt"），将词频作为一个 value。

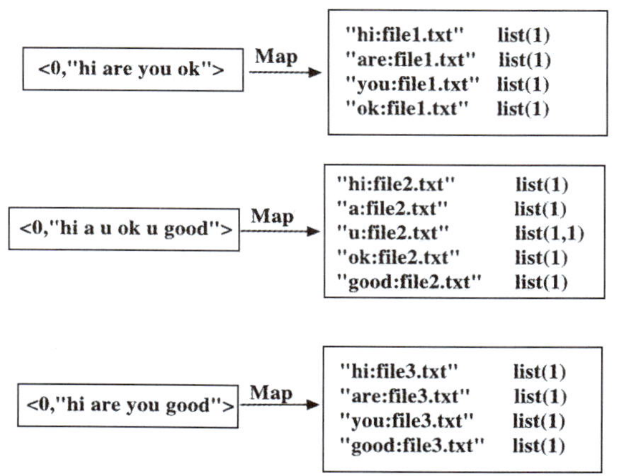

图 4-20 数据处理——Map 阶段

（2）经过 Map 阶段数据转换后，同一个文件中相同的单词会出现多个的情况，而单纯依靠后续 Reduce 阶段无法同时完成词频统计并生成文件列表，所以必须增加一个 Combine 阶段，先完成每一个文件的词频统计。如图 4-21 所示，在 Combine 阶段，根据前面的分析先完成每一个文件的词频统计，然后重新拆装输入的 <key,value> 键值对，将单词作为 key，文件名称和词频组成一个 value（如“file.txt1 ：1”）。如果直接将词频统计后的输出数据（如“hi:file1.txt”）作为下一阶段 Reduce 过程的输入，那么在 Shuffle 过程将面临一个问题：所有具有相同单词的记录应该交由同一个 Reducer 处理，但当前的 key 值无法保证这一点，所以对 key 值和 value 值进行重新拆装。这样做的好处是可以利用 MapReduce 框架默认的 HashPartitioner 类完成 Shuffle 过程，将相同单词的所有记录发送给同一个 Reducer 进行处理。

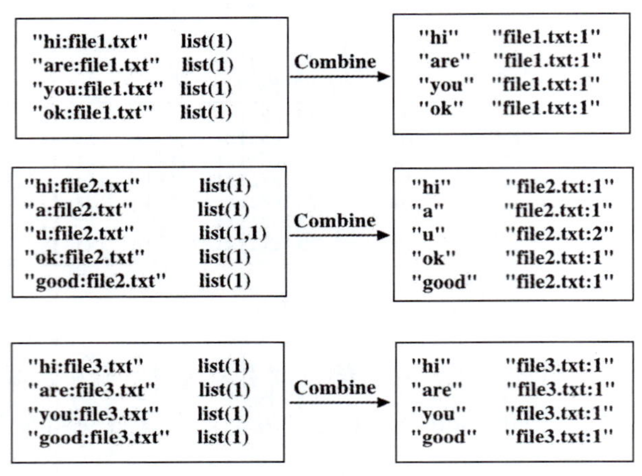

图 4-21　数据处理——Combine 阶段

（3）经过上述两个阶段的处理后，Reduce 阶段只需对所有文件中相同 key 值的 value 值进行统计，并组合成倒排索引文件所需的格式即可，如图 4-22 所示。创建倒排索引的最终目的是通过单词找到对应的文件，明确思路是 MapReduce 程序编写的重点。

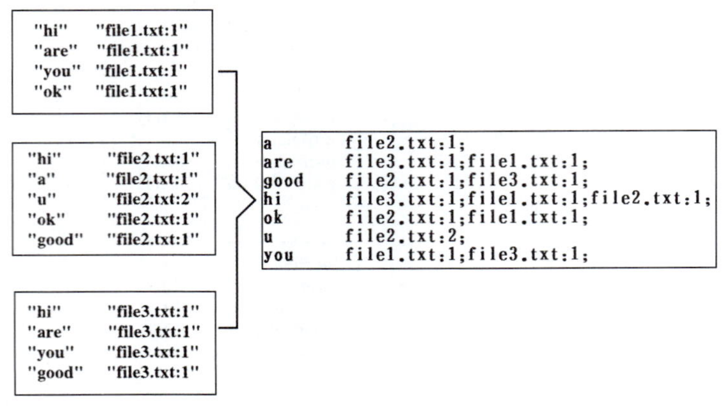

图 4-22　数据处理——Reduce 阶段

4.4.4 案例实现——倒排索引

在完成对倒排索引的相关介绍以及案例实现的具体分析后，接下来就根据前面说明的案例分析步骤来实现倒排索引，具体实现步骤如下。

1. Map 阶段实现

使用 Eclipse 开发工具打开之前创建的 Maven 项目 HadoopTest，并且新创建 com.cai.mr.invertedIndex 包，在该路径下编写自定义 Mapper 类 InvertedindexMapper，文件 InvertedIndexMapper.java 的具体代码如下：

```
package com.cai.mr.invertedIndex;

import java.io.IOException;

import org.apache.commons.lang.StringUtils;
import org.apache.hadoop.io.LongWritable;
import org.apache.hadoop.io.Text;
import org.apache.hadoop.mapreduce.Mapper;
import org.apache.hadoop.mapreduce.lib.input.FileSplit;

public class InvertedIndexMapper extends Mapper<LongWritable, Text, Text, Text> {

    private static Text keyInfo = new Text();                 // 存储单词和文件名称
    private static final Text valueInfo = new Text("1");      // 存储词频，初始化为 1

    @Override
    protected void map(LongWritable key, Text value, Context context) throws IOException, InterruptedException {
        String line=value.toString();
        String[] fields=StringUtils.split(line, " ");                  // 得到字段数组
        FileSplit fileSplit = (FileSplit) context.getInputSplit();    // 得到这行数据所在的文件切片
        String fileName=fileSplit.getPath().getName();               // 根据文件切片得到文件名
        for (String field : fields) {
            // key 值由单词和文件名称组成，如“MapReduce:file1”
            keyInfo.set(field + ":" + fileName);
            context.write(keyInfo, valueInfo);
        }
    }
}
```

上述代码的作用是将文本中的单词按照空格进行切割，并以冒号拼接，“单词 : 文件名称”作为 key，单词次数作为 value，都以文本方式输出至 Combine 阶段。

2. Combine 阶段实现

根据 Map 阶段的输出结果形式，在 cn.itcast.mr.InvertedIndex 包下，自定义实现 Combine 阶段的类 InvertedIndexCombiner，对每个文件的单词进行词频统计，文件 InvertedIndexCombiner 的具体代码如下所示。

```
package com.cai.mr.invertedIndex;

import java.io.IOException;

import org.apache.hadoop.io.Text;
import org.apache.hadoop.mapreduce.Reducer;

public class InvertedIndexCombiner extends Reducer<Text, Text, Text, Text> {

    private static Text info = new Text();

    // 输入： <MapReduce:file3 {1,1,...}>
    // 输出：<MapReduce file3:2>
    @Override
    protected void reduce(Text key, Iterable<Text> values, Context context) throws IOException,
InterruptedException {
        int sum = 0;// 统计词频
        for (Text value : values) {
            sum += Integer.parseInt(value.toString());
        }
        int splitIndex = key.toString().indexOf(":");
        // 重新设置 value 值由文件名称和词频组成
        info.set(key.toString().substring(splitIndex + 1) + ":" + sum);
        // 重新设置 key 值为单词
        key.set(key.toString().substring(0, splitIndex));
        context.write(key, info);
    }
}
```

上述代码的作用是对 Map 阶段的单词次数进行聚合处理，并重新设置 key 值为单词，value 值由文件名称和词频组成。

3. Reduce 阶段实现

根据 Combine 阶段的输出结果形式，同样在 cn.itcast.mr.InvertedIndex 包下，编写自定义 Reduce 类 InvertedIndexReducer，文件 InvertedIndexReducer.java 的具体代码如下：

```
package com.cai.mr.invertedIndex;

import java.io.IOException;

import org.apache.hadoop.io.Text;
import org.apache.hadoop.mapreduce.Reducer;

public class InvertedIndexReducer extends Reducer<Text, Text, Text, Text> {

    private static Text result = new Text();
    // 输入：<MapReduce file3:2>
    // 输出：<MapReduce file1:1;file2:1;file3:2;>
    @Override
```

```
    protected void reduce(Text key, Iterable<Text> values, Context context)
            throws IOException, InterruptedException {
        // 生成文件列表
        String fileList = new String();
        for (Text value : values) {
            fileList += value.toString() + ";";
        }

        result.set(fileList);
        context.write(key, result);
    }
}
```

上述代码的作用是接收 Combine 阶段输出的数据，并按照倒排索引文件的格式，将单词作为 key，多个文档名称和词频连接作为 value，输出到目标目录。

4. 程序主类实现

最后编写 MapReduce 程序运行主类 InvertedIndexRunner，文件 InvertedIndexRunner.java 的具体代码如下：

```
package com.cai.mr.invertedIndex;

import java.io.IOException;

import org.apache.hadoop.conf.Configuration;
import org.apache.hadoop.fs.Path;
import org.apache.hadoop.io.Text;
import org.apache.hadoop.mapreduce.Job;
import org.apache.hadoop.mapreduce.lib.input.FileInputFormat;
import org.apache.hadoop.mapreduce.lib.output.FileOutputFormat;

public class InvertedIndexRunner {
    public static void main(String[] args) throws IOException,
            ClassNotFoundException, InterruptedException {
        Configuration conf = new Configuration();
        Job job = Job.getInstance(conf);

        job.setJarByClass(InvertedIndexRunner.class);

        job.setMapperClass(InvertedIndexMapper.class);
        job.setCombinerClass(InvertedIndexCombiner.class);
        job.setReducerClass(InvertedIndexReducer.class);

        job.setOutputKeyClass(Text.class);
        job.setOutputValueClass(Text.class);

        FileInputFormat.setInputPaths(job, new Path("D:\\InvertedIndex\\input"));
        // 指定处理完成之后的结果所保存的位置
        FileOutputFormat.setOutputPath(job, new Path("D:\\InvertedIndex\\output"));
```

```
        // 向 YARN 集群提交这个 job
        boolean res = job.waitForCompletion(true);
        System.exit(res ? 0 : 1);
    }
}
```

上述代码的作用是设置 MapReduce 工作任务的相关参数，由于本案例的数据量较小，为了方便采用了本地运行模式，对指定的本地目录 D:\Invertedndex\input 下的源文件（需要提前准备）实现倒排索引，并将结果输入本地目录 D:\InvertedIndex\output，设置完毕后运行程序即可。

5. 效果测试

为了保证 MapReduce 程序能正常执行，需要先在本地目录 D:\InvertedIndex\input 创建 file1.txt、file2.txt 和 file3.txt，内容按照图 4-19 的源文件编写。执行 MapReduce 程序的程序入口 InvertedIndexRunner 类，正常执行完成后，会在指定的目录 D:\InvertedIndex\output 下生成结果文件。

小　结

本章主要讲解了 MapReduce 的相关知识。首先介绍什么是 MapReduce 以及 MapReduce 的工作原理，随后对 MapReduce 编程中涉及的相关组件进行了详细说明，最后通过两个常见的 MapReduce 经典案例，使读者更好地掌握其编程框架以及编程思想。

习　题

一、选择题

1．下列说法错误的是（　　）。

A．Map 函数将输入的元素转换成 <key,value> 形式的键值对

B．Hadoop 框架是用 Java 实现的，因此 MapReduce 应用程序一定要用 Java 来写

C．不同的 Map 任务之间不能互相通信

D．MapReduce 框架采用了 Master/Slave 架构，包括一个 Master 和若干个 Slave

2．在使用 MapReduce 程序 wordcount 进行词频统计时，对于文本行“hello hadoop hello world”，经过 wordcount 程序的 Map 函数处理后直接输出的中间结果应该是（　　）形式。

A．<"hello",1>、<"hello",1>、<"hadoop",1> 和 <"world",1>

B．<"hello",1,1>、<"hadoop",1> 和 <"world",1>

C．<"hello",<1,1>>、<"hadoop",1> 和 <"world",1>

D．<"hello",2>、<"hadoop",1> 和 <"world",1>

3．关于 Hadoop MapReduce 的叙述错误的是（　　）。

A．MapReduce 采用“分而治之”的思想

B．MapReduce 的输入和输出都采用键值对的形式

C．MapReduce 将计算过程划分为 Map 任务和 Reduce 任务

D．MapReduce 的设计理念是“数据向计算靠拢”

4．Hadoop MapReduce 计算的流程是（　　）。

A．Map 任务→ Shuffle → Reduce 任务

B．Map 任务→ Reduce 任务→ Shuffle

C．Reduce 任务→ Map 任务→ Shuffle

D．Shuffle → Map 任务→ Reduce 任务

5．编写 MapReduce 程序时，下列叙述错误的是（　　）。

A．Reduce 函数所在的类必须继承自 Reducer 类

B．Map 函数的输出就是 Reduce 函数的输入

C．Reduce 函数的输出默认是有序的

D．启动 MapReduce 进行分布式并行计算的方法是 start()

二、填空题

1．MapReduce 工作流程分为 __________、__________、__________、__________ 和 __________。

2．MapReduce 包含四个组成部分，分别为 __________、__________、__________ 和 __________。

三、简答题

1．简述 MapReduce 中 Combiner 和 Partitioner 类的使用。

2．MapReduce 模型采用 Master(JobTracker)/Slave(TaskTracker) 结构，试描述 JobTracker 和 TaskTracker 的功能。

第5章 ZooKeeper分布式协调服务

Apache ZooKeeper是基于分布式计算的核心概念而设计的分布式系统服务，主要目的是给开发人员提供一套容易理解和开发的接口，从而简化分布式系统构建服务。本章将从ZooKeeper简介、ZooKeeper数据模型、ZooKeeper工作机制、ZooKeeper集群的部署、ZooKeeper操作等方面进行详细讲解。

通过本章的学习，应达到以下目标：

- 理解ZooKeeper的主要概念和特征
- 理解ZooKeeper的工作原理和数据模型
- 掌握ZooKeeper安装部署的方法
- 熟练掌握ZooKeeper的一些常用Shell操作命令

5.1 ZooKeeper概述

在分布式系统构建的集群中，每一台机器都有自己的角色定位。其中最典型的是Master/Slave模式，在这种模式中，所有写操作的机器都可以称为Master机器；所有通过异步复制方式获取最新数据并提供读服务的机器都可以称为Slave机器。

ZooKeeper引入了全新的领导者（Leader）、跟随者（Follower）和观察者（Observer）三种角色概念，即ZooKeeper会通过选举方式选定一台被称为Leader的机器，这台服务器将为客户端提供读写服务。

除Leader外，Follower和Observer都能够提供读服务，唯一不同的是，Observer不参与Leader选举过程和写操作的"过半写功能"策略。所以在不影响写性能的情况下，Observer可以提升集群的读性能。

5.1.1 ZooKeeper作用

在HDFS、Hadoop高可用集群搭建、HBase、Storm、Flume和Spark中都存在"单点故障"问题。为解决这一问题，Hadoop 2.x中使用了Hadoop HA，Hadoop HA中设置了多个主节点，其中一个主节点是Active，其他备用主节点在Active主节点宕机时可自动切换接替Active主节点的工作。实现这个切换的核心角色就是ZooKeeper。ZooKeeper可以帮助集群选举出一个Master作为集群的总管，并保证在任何时刻总有唯一的Master在运行，这就避免了Master的"单点失效"问题。

ZooKeeper 是一个分布式、开放源码的应用程序协调服务，是 Google 的分布式锁服务 Chubby 的一个开源的实现，是 Hadoop 与 HBase 的重要组件。ZooKeeper 主要用来解决分布式集群中应用系统的一致性问题。它能提供基于类似于文件系统的目录节点树方式的数据存储，但 ZooKeeper 并不是用来专门存储数据的，它的主要作用是监控存储数据的状态变化。通过监控这些数据状态的变化，可以实现基于数据的集群管理，如统一命名服务、状态同步服务、集群管理、分布式应用配置项的管理等。

ZooKeeper 包含一个简单的原语集，提供 Java 和 C 的接口。ZooKeeper 的目标是封装好复杂易出错的关键服务，将简单易用的接口和性能高效、功能稳定的系统提供给用户。

5.1.2 ZooKeeper 特点

ZooKeeper 具有全局数据一致性、可靠性、实时性、等待无关性、原子性以及顺序性，可以说 ZooKeeper 的其他特性都是为满足其全局数据一致性而存在的。ZooKeeper 特点具体如下：

（1）全局数据一致性：ZooKeeper 为客户端展示同一视图，这是 ZooKeeper 最重要的功能。

（2）可靠性：ZooKeeper 中，如果消息被一台服务器接收，那么它将被所有服务器接收。

（3）实时性：ZooKeeper 不能保证两个客户端能同时得到刚更新的数据，如果需要最新数据，应该在读数据之前调用 sync() 接口。

（4）等待无关性：ZooKeeper 中，慢的或者失效的 Client 不干预快速的 Client 请求。

（5）原子性：ZooKeeper 中，更新只能成功或者失败，没有中间状态。

（6）顺序性：顺序性包括全局有序和偏序两种。全局有序是指，如果在一台服务器上，消息 a 在消息 b 前发布，则在所有服务器上消息 a 都将在消息 b 前被发布；偏序是指如果消息 b 在消息 a 后被同一个发送者发布，则 a 必将排在 b 前面。

5.1.3 ZooKeeper 体系结构

ZooKeeper 对外提供一个类似于文件系统的层次化的数据存储服务，为了保证整个 ZooKeeper 集群的容错性和高性能，每一个 ZooKeeper 集群都是由多台服务器节点（Server）组成，这些节点通过复制保证各个服务器节点之间的数据一致。只要这些服务器节点过半数可用，那么整个 ZooKeeper 集群就可用。

ZooKeeper 集群架构是一个主 / 从集群，如图 5-1 所示，它一般是由一个 Leader（领导者）和多个 Follower（跟随者）组成。此外，针对访问量比较大的 ZooKeeper 集群，还可新增 Observer（观察者）。ZooKeeper 集群中的三种角色各司其职，共同完成分布式协调服务。

下面对 ZooKeeper 集群中的三种角色进行简单介绍。

（1）Leader。Leader 是 ZooKeeper 集群工作的核心，也是事务性请求（写操作）的唯一调度和处理者，它保证集群事务处理的顺序性，同时负责进行投票的发起和决议，以及更新系统状态。

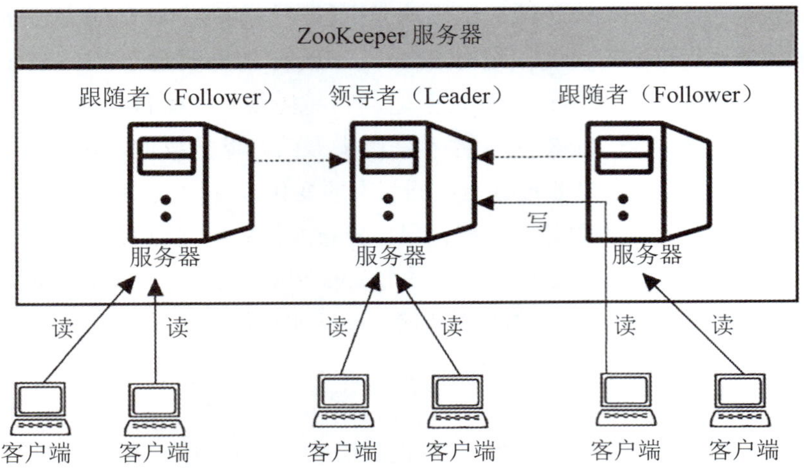

图 5-1　ZooKeeper 集群架构

（2）Follower。Follower 负责处理客户端的非事务（读操作）请求，如果接收到客户端发来的事务性请求，则会转发给 Leader，让 Leader 进行处理，同时 Follower 还负责在 Leader 选举过程中参与投票。

（3）Observer。Observer 负责观察 ZooKeeper 集群的最新状态的变化，并且对这些状态进行同步处理。Observer 对于非事务性请求可以独立处理；对于事务性请求，则会转发给 Leader 服务器进行处理。它不会参与任何形式的投票，只提供非事务性的服务，通常用于在不影响集群事务处理能力的前提下，提升集群的非事务性服务的处理能力。但需要注意的是，Observer 在提高集群读能力的同时，也降低了集群选主（Leader）的复杂程度。

5.1.4　ZooKeeper 数据模型

ZooKeeper 的结构与标准的文件系统类似，但这个文件系统中没有文件和目录，而是统一使用节点（node）的概念，称为 Znode。Znode 作为保存数据的容器（限制在 1MB 以内），也构成一个层次化的命名空间。每个节点在 ZooKeeper 中称为 Znode，并且具有一个唯一的路径标识，如 /SERVER2 节点的标识为 /APP3/SERVER2。ZooKeeper 的结构模型如图 5-2 所示。

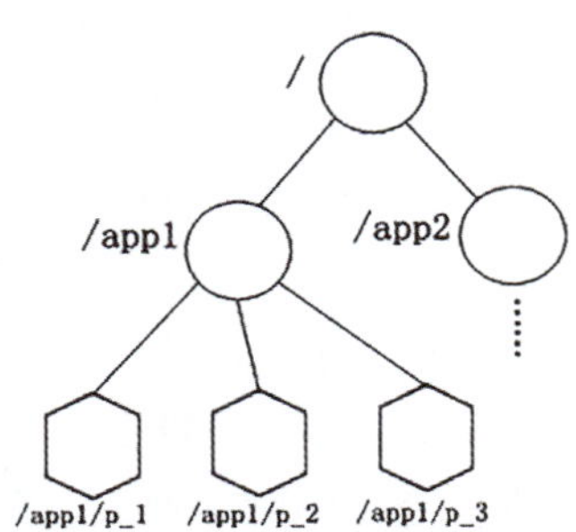

图 5-2　ZooKeeper 的结构模型

Znode 可以有子 Znode，并且 Znode 里可以存储数据，但是临时结点（Ephemeral）类型的节点不能有子节点。Znode 可以是临时节点，一旦创建这个 Znode 的客户端与服务器失去联系，这个 Znode 也将自动删除。ZooKeeper 的客户端和服务器的通信采用长连接方式，每个客户端和服务器通过"心跳"来保持连接，这个连接状态称为 session，如果 Znode 是临时节点，这个 session 失效后，Znode 也被删除。

Znode 的目录名可以自动编号，如 app1、app2、app3 等，如图 5-2 所示。每个 Znode 都是可以被监控的，一旦这个目录节点中存储的数据、子节点目录发生变化，就可以通知设置监控的客户端。这个功能是 ZooKeeper 对于应用最重要的特性，通过这个特性可以实现的功能包括配置的集中管理、集群管理和分布式锁等。

5.1.5 ZooKeeper 工作原理

ZooKeeper 的核心是原子广播，这个机制保证了各个服务器节点之间的同步。实现这个机制的协议为 ZooKeeper 原子广播（ZooKeeper Atomic Broadcast，ZAB）协议，ZAB 协议是为分布式协调服务 ZooKeeper 专门设计的一种支持崩溃恢复的原子广播协议。基于该协议，ZooKeeper 实现了一种主备模式的系统架构来保持集群中各个副本之间的数据一致性。ZAB 协议有两种基本的模式：恢复模式和广播模式。

当整个服务框架在启动过程中，或是当 Leader 服务器出现网络中断、崩溃退出与重启等异常情况时，ZAB 协议就会进入恢复模式并选举产生新的 Leader 服务器。在产生新的 Leader 服务器，同时集群中已经有过半的机器与该 Leader 服务器完成了状态同步之后，ZAB 协议就会退出恢复模式。

注意：状态同步是指数据同步，用来保证集群中存在过半的机器能够和 Leader 服务器的数据状态保持一致。状态同步保证了 Leader 和 Server 具有相同的系统状态。

当集群中已经有过半的 Follower 服务器完成了和 Leader 服务器的状态同步时，整个服务框架就可以进入消息广播模式。

当一台同样遵守 ZAB 协议的服务器启动并加入集群中时，如果此时集群中已经存在一个 Leader 服务器负责消息广播，那么新加入的服务器就会自觉地进入数据恢复模式（找到 Leader 所在的服务器，并与其进行数据同步），然后参与到消息广播流程中去。

ZooKeeper 中只允许唯一的 Leader 服务器进行事务请求的处理。Leader 服务器在接收到客户端的事务请求后，会生成对应的事务提案并发起一轮广播协议。如果集群中的其他机器接收到客户端的事务请求，那么这些非 Leader 服务器会首先将这个事务请求转发给 Leader 服务器。

为了保证事务的顺序一致性，ZooKeeper 采用了递增的事务 id 号（Zxid）标识事务。所有提议都在被提出的时候加上了 Zxid。Zxid 是一个 64 位数字，它的高 32 位是 epoch，用来标识 Leader 关系是否改变，每次一个 Leader 被选出来，都会有一个新的 epoch，标识当前属于哪个 Leader 的统治时期；Zxid 的低 32 位用于递增计数。

Zookeeper 安装与运行

5.2 ZooKeeper 安装与运行

ZooKeeper 有三种安装方式，分别是单机模式、伪分布模式和完全分布模式。本节以 ZooKeeper 完全分布式模式为例讲解 ZooKeeper 的安装。

ZooKeeper 安装（集群搭建）通常是由 $2n+1$ 台服务器组成，这是为了保证 Leader 选举（基于 Paxos 算法实现）能够通过半数以上服务器选举支持，因此 ZooKeeper 集群的数量一般为奇数。

5.2.1 ZooKeeper 安装包的下载安装

由于 ZooKeeper 集群的运行需要 Java 环境支持，所以需要提前安装 JDK。这里选择 ZooKeeper 的版本是 3.6.3，具体下载安装步骤如下：

（1）下载 ZooKeeper 安装包。进入 https://dlcdn.apache.org/zookeeper/zookeeper/ 网站，找到对应的 apache-zookeeper-3.6.3-bin.tar.gz 文件并下载。

（2）上传 ZooKeeper 安装包。将下载完毕的 ZooKeeper 安装包上传至 Linux 系统的 /export/soft/ 目录。

（3）解压 ZooKeeper 安装包。

进入安装包目录，具体命令如下：

```
#cd /export/soft/
```

解压安装包 apache-zookeeper-3.6.3-bin.tar.gz 至 /export/serv/ 目录，具体命令如下：

```
#tar -zxvf apache-zookeeper-3.6.3-bin.tar.gz -C /export/serv
```

考虑到安装包解压后名称太长，进入 serv 目录进行重命名，命令如下：

```
#mv apache-zookeeper-3.6.3-bin/ zookeeper-3.6.3
```

注意，安装包解压完毕并不意味着 ZooKeeper 集群的部署已经结束，还需要对其进行配置和启动。

5.2.2 ZooKeeper 相关配置

在上一节中，已经把 ZooKeeper 的安装包成功解压至 /export/serv/ 目录。下面开始配置 ZooKeeper 集群。

（1）修改 ZooKeeper 的配置文件。首先，进入 ZooKeeper 解压目录下的 conf 目录（/export/serv/apache-zookeeper-3.6.3-bin/conf），复制配置文件 zoo_sample.cfg 并重命名为 zoo.cfg，具体命令如下：

```
#cp zoo_sample.cfg zoo.cfg
```

其次，修改配置文件 zoo.cfg，包括设置 dataDir 目录（原目录为注释状态），配置服务器编号与主机名的映射关系，设置与主机连接的“心跳”端口（通信端口）和选举端口等，具体配置内容如下：

```
# 设置数据文件目录与数据持久化路径
dataDir=/export/data/zookeeper/zkdata
# 配置 Zookeeper 集群的服务器编号及对应主机名、通信端口号和选举端口号
server.1=hadoop1:2888:3888
server.2=hadoop2:2888:3888
server.3=hadoop3:2888:3888
```

说明：文件中的其他参数保持不变，server.1=hadoop1:2888:3888 中，参数 1 表示服务器的编号；hadoop1 表示这个服务器的 IP 地址；2888 表示 Leader 选举端口号，3888 表示通信端口号。

参数 server 需要和之前在 /export/serv/hadoop-2.9.1/etc/hadoop 目录中的 slaves 文件名称保持一致，注意三台机器都要分别改为 hadoop1 ～ hadoop3。

（2）创建 myid 文件。根据配置文件 zoo.cfg 中设置的 dataDir 目录，创建 zkdata 文件夹，具体命令如下：

```
#mkdir -p /export/data/zookeeper/zkdata
```

在 zkdata 文件夹下创建 myid 文件，该文件的内容就是服务器编号（hadoop1 服务器对应编号 1，hadoop2 服务器对应编号 2，hadoop3 服务器对应编号 3），具体命令如下：

```
#cd /export/data/zookeeper/zkdata
#echo 1 > myid
```

（3）配置环境变量。使用命令“vi /etc/profile”对 profile 文件进行修改，添加 ZooKeeper 的环境变量，具体命令如下：

```
export ZK_HOME=/export/serv/zookeeper-3.6.3
export PATH=$PATH:$JAVA_HOME/bin:$HADOOP_HOME/bin:$HADOOP_HOME/sbin:$ZK_HOME/bin
```

（4）分发 ZooKeeper 相关文件至其他服务器。

首先，将 ZooKeeper 安装目录分发至 hadoop2 和 hadoop3 服务器，具体命令如下：

```
#scp-r /export/serv/zookeeper-3.6.3/ hadoop2:/export/serv/
#scp-r /export/serv/zookeeper-3.6.3/ hadoop3:/export/serv/
```

其次，将 myid 文件分发至 hadoop2 和 hadoop3 服务器，具体命令如下：

```
#scp-r /export/data/zookeeper/ hadoop2:/export/data/
#scp-r /export/data/zookeeper/ hadoop3:/export/data/
```

修改 myid 的文件内容，依次对相应的服务器号进行设置，分别为 2 和 3。

最后，将 profile 文件也分发至 hadoop2 和 hadoop3 服务器。具体命令如下：

```
#scp /etc/profile hadoop2:/etc/profile
#scp /etc/profile hadoop3:/etc/profile
```

（5）环境变量生效。分别在 hadoop1、hadoop2 和 hadoop3 服务器上刷新 profile 配置文件，使环境变量生效。具体命令如下：

```
#source /etc/profile
```

5.2.3 ZooKeeper 服务的启动和关闭

至此，已经把 ZooKeeper 集群部署完毕，接下来进行启动和关闭 ZooKeeper 服务，若 ZooKeeper 启动和关闭成功，则表示 ZooKeeper 集群部署成功。

（1）启动 ZooKeeper 服务。首先，依次在 hadoop1、hadoop2 和 hadoop3 服务器上启动 ZooKeeper 服务（注意命令的大小写），命令如下：

```
#zkServer.sh start
```

其次，执行相关命令查看该节点 ZooKeeper 的角色，具体命令如下：

```
#zkServer.sh status
```

执行完 zkServer.sh status 命令后，返回信息效果如图 5-3 所示。

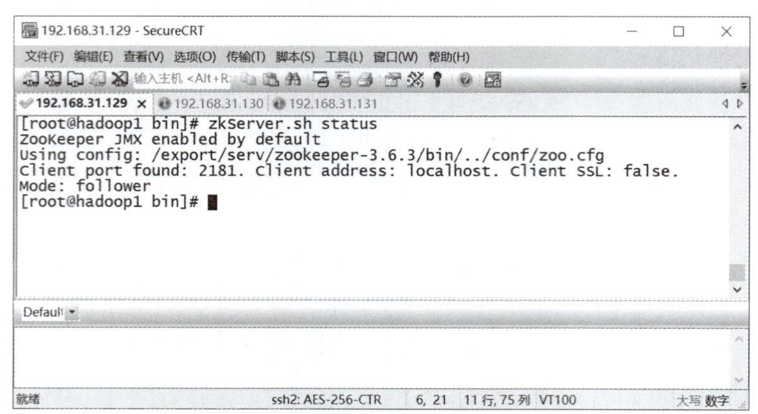

图 5-3　查看 ZooKeeper 状态

从图 5-3 可知 ZooKeeper 启动后角色状态信息，hadoop1 服务器是 ZooKeeper 集群中的 Follower 角色。当然也可以通过在节点上运行 jps，通过查看运行的进程判断 ZooKeeper 集群是否启动成功。在 hadoop1 节点的终端执行 jps 命令，出现 QuorumPeerMain 进程，如图 5-4 所示。至此，ZooKeeper 的 Leader+Follower 模式集群部署成功。

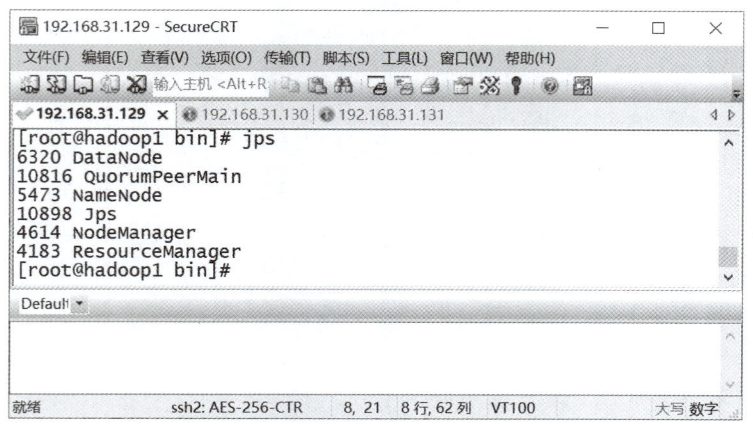

图 5-4　jps 测试 ZooKeeper 集群

注意：上述查看状态命令运行后，若出现“Error contacting service. It is probably not running.”提示，可以考虑使用“systemctl status firewalld.service”命令，检查各节点的防火墙状态，记得确保各节点的防火墙服务处于关闭状态。

（2）关闭 ZooKeeper 服务。若想关闭 ZooKeeper 服务，依次在 hadoop1、hadoop2 和 hadoop3 机器上执行相关命令即可，具体命令如下：

```
#zkServer.sh stop
```

5.3 ZooKeeper 的 Shell 操作

ZooKeeper 的 Shell 操作

ZooKeeper 命令行类似于 Linux 的 Shell 环境。使用这个工具可以简单地对 ZooKeeper 进行访问、数据创建、数据修改等操作。使用“zkCli.sh -server localhost:port”命令连接到 ZooKeeper 服务，具体命令如下：

```
#zkCli.sh -server localhost:2181
```

连接成功后，系统会显示 ZooKeeper 的环境和配置信息，如图 5-5 所示。

```
/java/packages/lib/amd64:/usr/lib64:/lib64:/lib:/usr/lib
2022-07-11 23:43:53,166 [myid:] - INFO  [main:Environment@98] - Client environment:java.io.tmpdir=/tmp
2022-07-11 23:43:53,166 [myid:] - INFO  [main:Environment@98] - Client environment:java.compiler=<NA>
2022-07-11 23:43:53,166 [myid:] - INFO  [main:Environment@98] - Client environment:os.name=Linux
2022-07-11 23:43:53,167 [myid:] - INFO  [main:Environment@98] - Client environment:os.arch=amd64
2022-07-11 23:43:53,167 [myid:] - INFO  [main:Environment@98] - Client environment:os.version=3.10.0-1160
.6.1.el7.x86_64
2022-07-11 23:43:53,167 [myid:] - INFO  [main:Environment@98] - Client environment:user.name=root
2022-07-11 23:43:53,167 [myid:] - INFO  [main:Environment@98] - Client environment:user.home=/root
2022-07-11 23:43:53,167 [myid:] - INFO  [main:Environment@98] - Client environment:user.dir=/export/serv/
jdk/bin
2022-07-11 23:43:53,167 [myid:] - INFO  [main:Environment@98] - Client environment:os.memory.free=52MB
2022-07-11 23:43:53,168 [myid:] - INFO  [main:Environment@98] - Client environment:os.memory.max=247MB
2022-07-11 23:43:53,168 [myid:] - INFO  [main:Environment@98] - Client environment:os.memory.total=58MB
2022-07-11 23:43:53,183 [myid:] - INFO  [main:ZooKeeper@1006] - Initiating client connection, connectStri
ng=localhost:2181 sessionTimeout=30000 watcher=org.apache.zookeeper.ZooKeeperMain$MyWatcher@182decdb
2022-07-11 23:43:53,190 [myid:] - INFO  [main:X509Util@77] - Setting -D jdk.tls.rejectClientInitiatedRene
gotiation=true to disable client-initiated TLS renegotiation
2022-07-11 23:43:53,208 [myid:] - INFO  [main:ClientCnxnSocket@239] - jute.maxbuffer value is 1048575 Byt
es
2022-07-11 23:43:53,224 [myid:] - INFO  [main:ClientCnxn@1736] - zookeeper.request.timeout value is 0. fe
ature enabled=false
2022-07-11 23:43:53,231 [myid:localhost:2181] - INFO  [main-SendThread(localhost:2181):ClientCnxn$SendThr
ead@1181] - Opening socket connection to server localhost/0:0:0:0:0:0:0:1:2181.
2022-07-11 23:43:53,231 [myid:localhost:2181] - INFO  [main-SendThread(localhost:2181):ClientCnxn$SendThr
ead@1183] - SASL config status: Will not attempt to authenticate using SASL (unknown error)
Welcome to ZooKeeper!
JLine support is enabled
2022-07-11 23:43:53,346 [myid:localhost:2181] - INFO  [main-SendThread(localhost:2181):ClientCnxn$SendThr
ead@1013] - Socket connection established, initiating session, client: /0:0:0:0:0:0:0:1:57228, server: lo
calhost/0:0:0:0:0:0:0:1:2181
2022-07-11 23:43:53,392 [myid:localhost:2181] - INFO  [main-SendThread(localhost:2181):ClientCnxn$SendThr
ead@1448] - Session establishment complete on server localhost/0:0:0:0:0:0:0:1:2181, session id = 0x10001
6c94d50000, negotiated timeout = 30000

WATCHER::

WatchedEvent state:SyncConnected type:None path:null
[zk: localhost:2181(CONNECTED) 0]
```

图 5-5 ZooKeeper 连接成功后环境和配置信息

执行完上面命令后进入交互终端，输入 help 命令可以查看当前交互客户端支持的命令，如图 5-6 所示。

ZooKeeper 为用户提供了客户端操作命令来管理 ZooKeeper 上的数据，接下来对常用命令进行介绍。

（1）查看目录下的节点。命令格式如下：

```
ls path
```

其中 path 为节点。例如使用“ls /”命令可查看 ZooKeeper 根节点下所有节点，如图 5-7 所示。

```
192.168.31.129 - SecureCRT
[zk: localhost:2181(CONNECTED) 0] help
ZooKeeper -server host:port -client-configuration properties-file cmd args
	addWatch [-m mode] path # optional mode is one of [PERSISTENT, PERSISTENT_RECURSIVE] - default is
 PERSISTENT_RECURSIVE
	addauth scheme auth
	close
	config [-c] [-w] [-s]
	connect host:port
	create [-s] [-e] [-c] [-t ttl] path [data] [acl]
	delete [-v version] path
	deleteall path [-b batch size]
	delquota [-n|-b] path
	get [-s] [-w] path
	getAcl [-s] path
	getAllChildrenNumber path
	getEphemerals path
	history
	listquota path
	ls [-s] [-w] [-R] path
	printwatches on|off
	quit
	reconfig [-s] [-v version] [[-file path] | [-members serverID=host:port1:port2;port3[,...]*]] | [
-add serverId=host:port1:port2;port3[,...]]* [-remove serverId[,...]*]
	redo cmdno
	removewatches path [-c|-d|-a] [-l]
	set [-s] [-v version] path data
	setAcl [-s] [-v version] [-R] path acl
	setquota -n|-b val path
	stat [-w] path
	sync path
	version
Command not found: Command not found help
[zk: localhost:2181(CONNECTED) 1]
```

图 5-6 help 命令

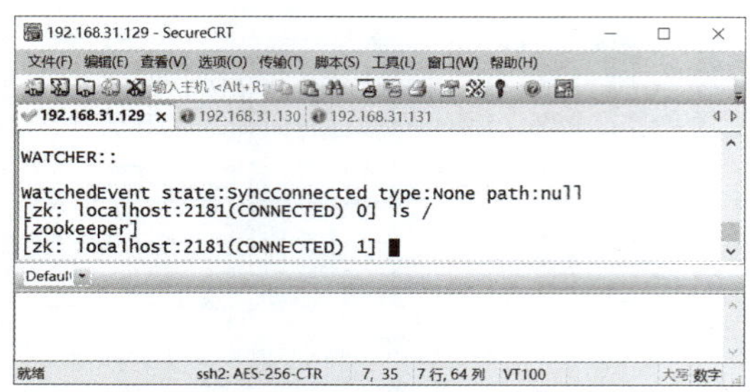

图 5-7 ls 命令

（2）创建节点并设置值。命令格式如下：

```
create [-s][-e] path data acl
```

其中 -s 和 -e 分别表示节点的特性，-s 为顺序节点，-e 为临时节点，默认情况下可以不添加 -s 或 -e 参数，表示创建的为永久节点。用提示符分别创建永久节点、顺序节点、临时节点的命令如下，其中一种节点的创建结果如图 5-8 所示。

```
create /znode content1
create -s /testnode
create -e /tempnode test1
```

注意：可以看到创建顺序节点 testnode 后面添加了一串数字，若多次运行创建顺序节点命令，对应数字也将不同以示区别节点。创建的临时节点 tempnode 会在退出客户端会话后被删除。

（3）查看节点内容。命令格式如下：

```
get [-s] [-w] path
```

此命令可以获取节点数据及其他信息，其中 [-s] 为查看节点数据以及节点状态信息，[-w] 为添加一个监视器（watch），节点数据变更时会通知客户端（通知是一次性的）。查看节点内容的运行结果如图 5-9 所示。

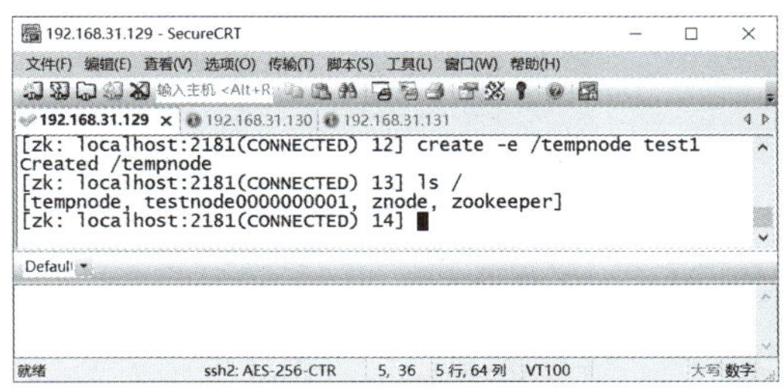

图 5-8 创建节点

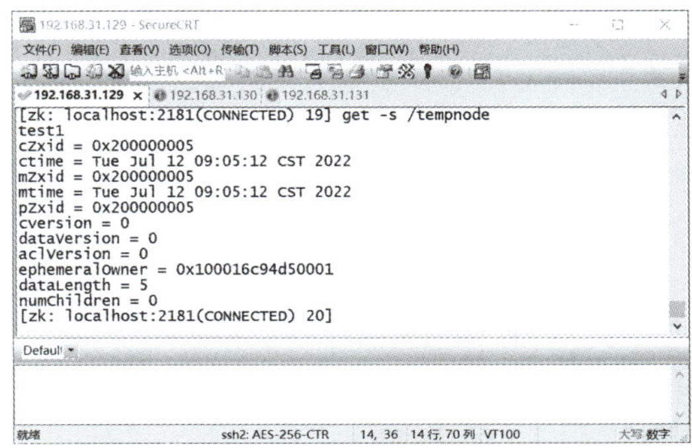

图 5-9 查看节点内容

（4）修改节点的内容。命令格式如下：

```
set [-s] [-v version] path data
```

此命令以修改节点数据及其他信息，节点内容等参数均发生改变。其中 [-s] 表示更新节点数据并显示节点状态信息；[-v version] 为指定数据版本号，如果指定的数据版本号和数据当前版本号不一致，则更新失败。修改节点内容的运行结果如图 5-10 所示。

```
[zk: localhost:2181(CONNECTED) 22] get -s /tempnode
test1
cZxid = 0x200000005
ctime = Tue Jul 12 09:05:12 CST 2022
mZxid = 0x200000005
mtime = Tue Jul 12 09:05:12 CST 2022
pZxid = 0x200000005
cversion = 0
dataVersion = 0
aclVersion = 0
ephemeralOwner = 0x100016c94d50001
dataLength = 5
numChildren = 0
[zk: localhost:2181(CONNECTED) 23] set -s /tempnode 123
cZxid = 0x200000005
ctime = Tue Jul 12 09:05:12 CST 2022
mZxid = 0x200000006
mtime = Tue Jul 12 09:23:48 CST 2022
pZxid = 0x200000005
cversion = 0
dataVersion = 1
aclVersion = 0
ephemeralOwner = 0x100016c94d50001
dataLength = 3
numChildren = 0
[zk: localhost:2181(CONNECTED) 24] get -s /tempnode
123
cZxid = 0x200000005
ctime = Tue Jul 12 09:05:12 CST 2022
mZxid = 0x200000006
mtime = Tue Jul 12 09:23:48 CST 2022
pZxid = 0x200000005
cversion = 0
dataVersion = 1
aclVersion = 0
ephemeralOwner = 0x100016c94d50001
dataLength = 3
numChildren = 0
[zk: localhost:2181(CONNECTED) 25]
```

图 5-10 修改节点内容

（5）删除节点。命令格式如下：

```
delete /节点名称
```

此命令可以删除节点，如图 5-11 所示。

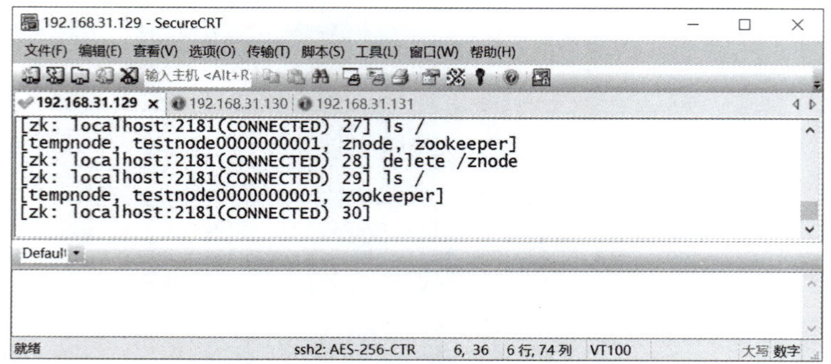

图 5-11　删除节点

（6）查看当前节点概况。命令格式如下：

```
stat /          # 查看当前节点概况（不显示子节点）
ls -s /         # 查看当前节点概况（包含子节点列表）
```

命令执行示例如图 5-12 所示。

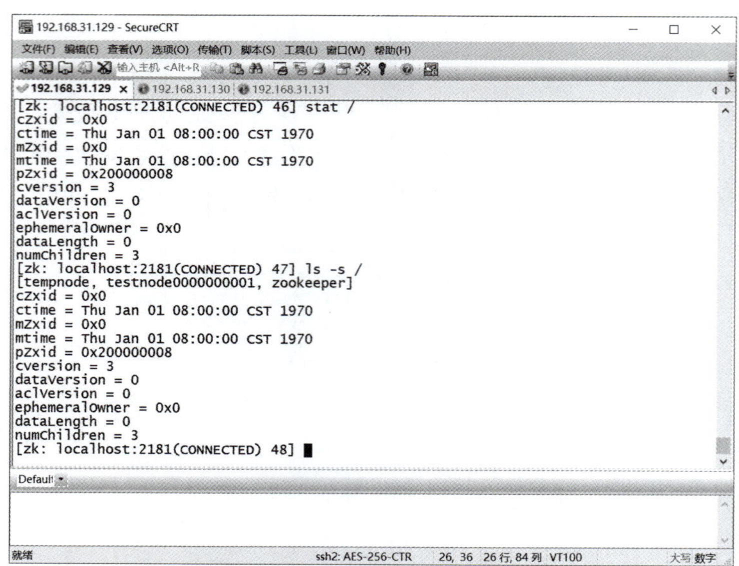

图 5-12　查看当前节点概况

小　结

本章主要讲解 ZooKeeper 分布式协调服务，包括 ZooKeeper 基本概念和特性，ZooKeeper 的内部数据模型和机制，最后通过 Shell 对 ZooKeeper 的操作进行讲解。

习　题

一、选择题

1．ZooKeeper 典型应用场景包括（　　）。

A．分布计算　B．日志收集　C．分布式锁　D．机器学习

2．ZooKeeper 集群角色不包括（　　）。

A．Leader　B．Follower　C．Observer　D．Master

3．Zookeeper 启动时会最多监听（　　）个端口。

A．1　B．2　C．3　D．4

4．（　　）操作可以设置一个监听器 Watcher。

A．getData　B．getChildren　C．exists　D．setData

5．下列关于 ZooKeeper 的描述正确的是（　　）。

A．无论客户端连接的是哪个 ZooKeeper 服务器，其看到的服务端数据模型都是一致的

B．从同一个客户端发起的事务请求，最终将会严格按照其发起顺序被应用到 ZooKeeper 中

C．在由 5 个节点组成的 ZooKeeper 集群中，如果同时有 3 台机器宕机，服务不受影响

D．如果客户端连接到 ZooKeeper 集群中的那台机器突然宕机，客户端会自动切换连接到集群其他机器

二、填空题

1．ZooKeeper 为了保证高吞吐和低延迟，在内存中维护了 ________ 目录结构，这种特性使得 ZooKeeper 不能用于存放大量的数据，每个节点的存放数据上限为 ________。

2．ZooKeeper 的核心是 ________ 机制，这个机制保证了各个 ________ 之间的同步。实现这个机制的协议叫作 ________ 协议。该协议有两种模式，它们分别是 ________ 模式和 ________ 模式。

三、简答题

1．简述 ZooKeeper 中的角色分配及对应作用。

2．简述 ZooKeeper 的选举机制。

第6章 HBase分布式数据库

HBase是一种构建在HDFS之上的分布式、面向列的存储系统。在需要实时读写、随机访问超大规模数据集时，可以使用HBase。Apache HBase是Google BigTable的开源实现，也是Apache Hadoop中的一个子项目，它是基于HDFS面向列的分布式数据库。HBase作为基本存储单元（依赖于Hadoop），可以实时地随机访问超大规模结构化数据集。本章将对HBase体系中常见应用部分的内容进行阐述，主要包括HBase开发环境配置、体系架构、Shell基本操作等任务。

通过本章的学习，应达到以下目标：

- 了解HBase与Hadoop生态系统中其他部分的关系
- 理解HBase与传统的关系型数据库的区别
- 了解HBase体系架构
- 正确安装并配置HBase
- 熟练掌握常用HBase Shell的操作

6.1 认识NoSQL

Hbase作为一种非关系型数据库（NoSQL）典型代表，属于列式非关系型数据库。那么什么是NoSQL（Not only SQL）？NoSQL作为一个通用术语，字面含义为“不仅仅是SQL”。NoSQL是一种不同于关系型数据库的数据库管理系统设计方式，是对非关系型数据库的统称，它所采用的数据模型并非传统关系型数据库的关系模型，而是类似键值、列族、文档等非关系模型，NoSQL数据库没有固定的表结构，通常也不存在连接操作，也没有严格遵守数据库原则约束。因此，与关系型数据库相比，NoSQL具有灵活的可扩展性，可以支持海量数据存储。此外，NoSQL数据库支持MapReduce风格的编程，可以较好地应用于大数据时代的各种数据管理。NoSQL数据库的出现，一方面弥补了关系型数据库在当前商业应用中存在的各种缺陷，另一方面也动摇了关系型数据库的传统垄断地位。

6.1.1 NoSQL的特点

当应用场合需要简单的数据模型、灵活性的IT系统、较高的数据库性能和较低的数据库一致性时，NoSQL数据库是一个很好的选择。通常NoSQL数据库具有以下三个特点。

1. 灵活的可扩展性

传统的关系型数据库由于自身设计机理的原因，通常很难实现“横向扩展”，在面对数据库负载大规模增加时，往往需要通过升级硬件来实现“纵向扩展”。但是，当前的计算机硬件制造工艺已经达到一个限度，性能提升的速度开始趋缓，已经远远赶不上数据库系统负载的增加速度，而且配置高端的高性能服务器价格不菲，因此寄希望于通过“纵向扩展”满足实际业务需求，已经变得越来越不现实。相反，“横向扩展”仅需要非常普通廉价的标准化刀片式服务器，不仅具有较高的性价比，也提供了理论上近乎无限的扩展空间。NoSQL 数据库在设计之初就是为了满足“横向扩展”的需求，因此天生具备良好的水平扩展能力。

2. 灵活的数据模型

关系模型是关系型数据库的基石，它以完备的关系代数理论为基础，具有规范的定义，遵守各种严格的约束条件。这种做法虽然保证了业务系统对数据一致性的需求，但是过于死板的数据模型也意味着无法满足各种新兴的业务需求。相反，NoSQL 数据库摆脱了关系型数据库的各种束缚条件，摒弃了流行多年的关系数据模型，转而采用键值、列族等非关系模型，允许在一个数据元素里存储不同类型的数据。

3. 与云计算紧密融合

云计算具有很好的水平扩展能力，可以根据资源使用情况进行自由伸缩，各种资源可以动态加入或退出，NoSQL 数据库可以凭借自身良好的“横向扩展”能力，充分自由利用云计算基础设施，很好地融入到云计算环境中，构建基于 NoSQL 的云数据库服务。

6.1.2 NoSQL 的常见类型

NoSQL 数据库虽然数量众多，但是归结起来，典型的 NoSQL 数据库通常包括键值数据库、列族数据库、文档数据库和图数据库四种类型，如图 6-1 所示。

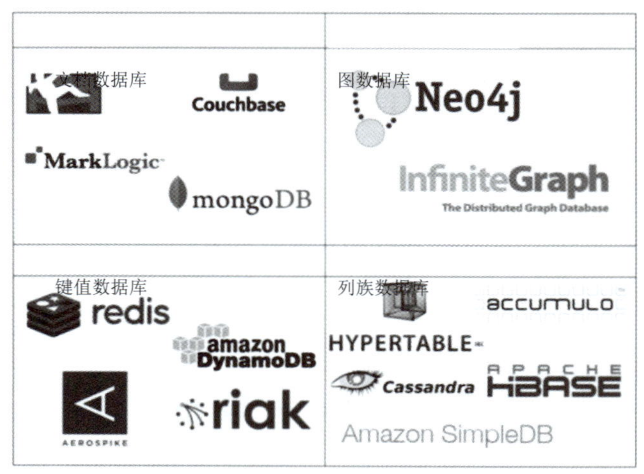

图 6-1 NoSQL 数据库四种常见类型

1. 键值数据库

键值数据库会使用一个哈希表，这个表中有一个特定的 key 和一个用来指向特定 value 的指针。key 可以用来定位 value，即存储和检索具体的 value。数据库不能直接对 value 进行索引和查询，只能通过 key 进行查询。value 可以用来存储任意类型的数据。键值数据库可以进一步划分为内存键值数据库和持久化键值数据库。前者把数据保存在内存中，后者把数据保存在磁盘中。

相关产品有 Redis、SimpleDB、Chordless 等。键值数据库的优点是扩展性好，灵活性好，大量写操作时性能高；缺点是无法存储结构化信息，条件查询效率较低。

2. 列族数据库

列族数据库一般采用列族数据模型，数据库由多个行构成，每行数据包含多个列族，不同的行可以有不同的列族，属于同一列族的数据会被存放在一起，每行数据通过行键进行定位。

相关产品有 BigTable、HBase、Cassandra 等。列族数据库的优点是查找速度快，可扩展性强，容易进行分布式扩展，复杂性低；缺点是功能较少，大多不支持强事务一致性。

3. 文档数据库

文档数据库中，文档是数据库的最小单位。虽然每一种文档数据库的部署都有所不同，但是大都假定文档以某种标准化格式封装并对数据进行加密，同时用多种格式进行解码。文档数据库通过键来定位一个文档，可以看成是键值数据库的衍生品，但是前者要比后者的查询效率高。文档数据库既可以根据键（key）来构建索引，也可以基于文档内容来构建索引（这是文档数据库不同于键值数据库的地方）。

相关产品有 CouchDB、MongoDB 等。文档数据库的优点是性能好，灵活性高，复杂性低，数据结构灵活；缺点是缺乏统一的查询语法。

4. 图数据库

图数据库以图为基础，这里的图是一个数学概念，用来表示一个对象集合，包括顶点以及连接顶点的边。图数据库使用图作为数据模型来存储数据，可以高效地存储不同顶点之间的关系。图数据库专门用于处理具有高度相互关联关系的数据，可以高效地处理实体之间的关系，比较适合于社交网络、模式识别、依赖分析、推荐系统以及路径寻找等问题。

相关产品有 Neo4J、OrientDB、InfoGrid 等。图数据库的优点是灵活性高，支持复杂的图算法，可用于构建复杂的关系图谱；缺点是复杂性高，只能支持一定的数据规模。

6.2 HBase 概述

HBase 是一个分布式数据库，不同于传统的 Oracle、SQL Server 等关系型数据库，

HBase 不支持标准 SQL，不是以行存储的关系型结构存储数据，而是以键值对的方式按列存储数据。HBase 是 NoSQL 数据库的重要代表，在 NoSQL 领域，HBase 本身并不是最出色的，但得益于与 Hadoop 的整合，使其在大数据领域获得了广阔的发展空间。

6.2.1 HBase 的特点与其他组件关系

HBase 是大型分布式数据库，它解决了大数据文件小条目的存取。HBase 支持线性和模块化缩放的功能，如 HBase 集群可通过商用服务器上的 RegionServer 进行扩展。例如，如果一个集群从 20 个节点扩展到 40 个 RegionServer 节点，则它在存储和处理能力将翻一番，而普通的关系型数据库管理系统只能按点一个个扩展。HBase 作为一个典型的非关系型数据库，仅支持单行事务，通过不断增加集群中的节点数据量来增加计算能力，其具有以下特点：

（1）表数据量大。HBase 中线性和模块化的可扩展性，使一个表可以达到数十亿行、数百万列。

（2）严格一致的读取和写入规则。HBase 不是“最终一致”的数据存储，因而它非常适合高速计数聚合的任务。

（3）自动可配置表模式。HBase 中每行都有一个可排序的主键和任意多的列，列可以根据需要动态增加。同一张表中不同的行可以有截然不同的列，没有值的单元不占用内存空间，故 HBase 支持稀疏存储。

（4）自动表切分。HBase 以分区（Region）为单位分布式存储于服务器集群中，当表数据递增至 Region 大小时，Region 会通过中间键自动拆分成两个 Region，并自动分配至集群中。

（5）面向列存储。HBase 按列切割文件，列（族）独立检索。HBase 中的数据都是字符串，没有类型，每个单元中的数据可以有多个版本，默认情况下版本号自动分配，是单元格插入时的时间戳。

（6）HBase 与 HDFS 集成。HBase 支持 HDFS 作为其分布式文件系统。

（7）HBase 与 MapReduce 集成。HBase 支持 MapReduce 对其进行读取并以最大规模并行处理。

（8）容错性强。HBase 对 Master、RegionServer 和 ZooKeeper 的容错都有很好的解决方案。

（9）高度集成 API。HBase 支持易于使用的 Java API 进行编程访问，同时也支持非 Java 前端的 Thrift 和 REST API。

可见，HBase 虽然在分布式存储的大数据的小条目存取方面表现得非常优秀，但并不适应所有场景。在拥有数亿或数十亿行的数据时，这些数据存放在一个或两个节点上，其他集群都处于闲置状态，这种情况更适合采用关系型数据库管理系统；如果数据结构过于复杂，需要一些统计、聚类、连接等高级查询或存在二级索引等业务，HBase 也未必是一个好的选择。

6.2.2 HBase 的数据模型

HBase 是一个稀疏、多维度、排序的映射表，映射表的索引是行键、列族、列限定符和时间戳，其中的每个值都是一个未经解释的字符串，没有数据类型。用户在表中存储数据，每一行都有一个可排序的行键和任意多的列。表在水平方向由一个或者多个列族组成，一个列族中可以包含任意多个列，同一个列族里面的数据存储在一起。列族支持动态扩展，可以很轻松地添加一个列族或列，无需预先定义列的数量以及类型，所有列均以字符串形式存储，用户需要自行进行数据类型转换。由于同一张表里面的每一行数据都可以有截然不同的列，因此对于整个映射表的每行数据而言，有些列的值为空，所以说 HBase 是稀疏的。

在 HBase 中执行更新操作时，并不会删除旧的数据版本，而是生成一个新的版本，旧的版本仍然保留，HBase 可以对允许保留版本的数量进行设置。客户端可以选择获取距离某个时间最近的版本，或者一次获取所有版本。如果在查询的时候不提供时间戳，那么会返回距离现在最近那个版本的数据，因为在存储的时候，数据会按照时间戳排序。

1. 逻辑模型

在 HBase 的逻辑模型中，一个表可以视为一个稀疏、多维的映射关系。表 6-1 就是 HBase 存储数据的逻辑模型，它是一个存储网页的 HBase 表的片段。行键是一个反向统一资源定位系统（简称 URL）。之所以这样存放，是因为 HBase 是按照行键的字典序来排序存储数据的，采用反向 URL 的方式，可以让来自同一个网站的数据内容都保存在相邻的位置，在按照行键的值进行水平分区时，就可以尽量把来自同一个网站的数据划分到同一个分区（Region）中。contents 列族用来存储网页内容；anchor 列族包含了任何引用这个页面的锚链接文本。

表 6-1　HBase 逻辑模型

行键	时间戳	contents 列族	anchor 列族
"com.ahhf.www"	t5		anchor:cnnsi.com="ahhf"
	t4		anchor:my.look.ca="ahhf.com"
"com.ahhf.www"	t3	contents:html="<html>..."	
	t2	contents:html="<html>..."	
	t1	contents:html="<html>..."	

例如，由于 ahhf 的主页被 Sports llustrated 和 my-look 主页同时引用，因此这里的行包含了名称为“anchor:cnnsi.com”和“anchor:my.look.ca”的列。可以采用“四维坐标”来定位单元格中的数据，在这个实例表中，四维坐标 ["com.ahhf.www","anchor","anchor:cnnsi.com",t5] 对应的单元格存储的数据是“ahhf”；四维坐标 ["com.ahhf.www","anchor","anchor:my.look.ca",t4] 对应的单元格存储的数据是“ahhf.com”；四维坐标 ["com.ahhf.www","contents","html",t3] 对应的单元格存储的数据是网页内容。

可以看出，在一个HBase表的概念视图中，每个行都包含相同的列族，尽管行不需要在每个列族里存储数据。比如在表6-1前2行数据中，contents列族的内容就为空，后3行数据中，anchor列族的内容为空。从这个角度来说，HBase表是一个稀疏的映射关系，即里面存在很多空的单元格。

2. 物理模型

从概念视图层面，HBase中的每个表是由许多行组成的，但是在物理存储层面，它采用了基于列的存储方式，而不是像传统关系型数据库那样采用基于行的存储方式，这也是HBase和传统关系型数据库的重要区别。表6-1的概念视图在物理存储的时候，会存成表6-2所示的两个小片段，也就是说，HBase表会按照contents和anchor这两个列族分别存放，属于同一个列族的数据保存在一起，同时和每个列族一起存放的还包括行键和时间戳。

表6-2 HBase物理模型

contents列族		
行键	时间戳	contents列族
"com.ahhf.www"	t3	contents:html="<html>..."
	t2	contents:html="<html>..."
	t1	contents:html="<html>..."
anchor列族		
行键	时间戳	anchor列族
"com.ahhf.www"	t5	anchor:cnnsi.com="ahhf"
	t4	anchor:my.look.ca="ahhf.com"

在表6-1的概念视图中，可以看到有些列是空的，即这些列中不存在值。在物理视图中，这些空的列不会被存储成null，因为其根本就不会被存储，当请求这些空白的单元格时将返回null值。

6.2.3 HBase的体系结构

HBase的系统架构如图6-2所示，包括客户端、ZooKeeper服务器、Master主服务器、Region服务器。需要说明的是，HBase一般采用HDFS作为底层数据存储，因此图中加入了HDFS和Hadoop。

1. 客户端

客户端包含访问HBase的接口，同时在缓存中维护着已经访问过的Region位置信息，用来加快后续数据访问过程。HBase客户端使用HBase的RPC机制与Master和Region服务器进行通信。其中，对于管理类操作，客户端与Master进行RPC，而对于数据读写类操作，客户端则会与Region服务器进行RPC。

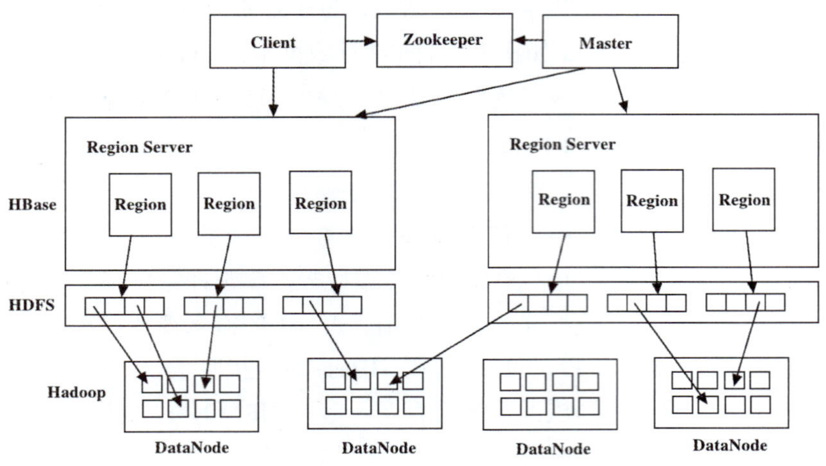

图 6-2　HBase 的系统架构

2. ZooKeeper 服务器

ZooKeeper 服务器并非一台单一的机器，而是由多台机器构成的集群，从而提供稳定可靠的协同服务。ZooKeeper 能很容易地实现集群管理的功能，如果有多台服务器组成一个服务器集群。那么必须有一个“总管”知道当前集群中每台机器的服务状态。一旦某台机器不能提供服务，集群中其他机器必须知道，以便做出调整重新分配服务策略。同样，当增加集群的服务能力时，就会增加一台或多台服务器，同样也必须让“总管”知道。

在 HBase 服务器集群中，包含了一个 Master 和多个 Region 服务器，Master 就是这个 HBase 集群的“总管”，它必须知道 Region 服务器的状态。ZooKeeper 就可以轻松做到这一点，每个 Region 服务器都需要到 ZooKeeper 中进行注册，ZooKeeper 会实时监控每个 Region 服务器的状态并通知给 Master，这样 Master 就可以通过 ZooKeeper 随时感知到各个 Region 服务器的工作状态。

ZooKeeper 不仅能够帮助维护当前的集群中机器的服务状态，而且能够帮助选出一个“总管”，让这个“总管”来管理集群。HBase 中可以启动多个 Master，ZooKeeper 可以帮助选举出一个 Master 作为集群的“总管”，并保证在任何时刻总有唯一一个 Master 在运行，避免 Master 的“单点失效”问题。

3. Master 主服务器

Master 主要负责表和 Region 的管理工作，管理用户对表的增加、删除、修改、查询等操作，实现不同 Region 服务器之间的负载均衡。在 Region 分裂或合并后，Master 负责重新调整 Region 的分布，对发生故障失效的 Region 服务器上的 Region 进行迁移。

客户端访问 HBase 上数据的过程并不需要 Master 的参与，客户端可以访问 ZooKeeper 获取 ROOT 表的地址，并最终到达相应的 Region 服务器进行数据读写，Master 仅仅维护着表和 Region 的元数据信息，因此负载很低。

任何时刻一个 Region 只能分配给一个 Region 服务器。Master 维护了当前可用的

Region 服务器列表，获知当前哪些 Region 分配给了哪些 Region 服务器，哪些 Region 还未被分配。当存在未被分配的 Region，并且有一个 Region 服务器上有可用空间时，Master 就给这个 Region 服务器发送一个请求，把该 Region 分配给它，Region 服务器接受请求并完成数据加载后，就开始负责管理该 Region 对象，并对外提供服务。

4. Region 服务器

Region 服务器是 HBase 中最核心的模块，负责维护分配给自己的 Region，并响应用户的读写请求。HBase 一般采用 HDFS 作为底层存储文件系统，因此 Region 服务器需要向 HDFS 文件系统中读写数据。采用 HDFS 作为底层存储，可以为 HBase 提供可靠稳定的数据存储，HBase 自身并不具备数据复制和维护数据副本的功能，而 HDFS 可以为 HBase 提供这些支持。当然 HBase 也可以不采用 HDFS，而是使用其他任何支持 Hadoop 接口的文件系统作为底层存储。

6.3 HBase 集群安装

HBase 集群安装

本书使用的 HBase 版本 hbase-1.4.13 可在 Apache 官网下载，下载地址为 http://archive.apache.org/dist/hbase/。

1. 解压安装包

将下载好的 HBase 文件上传到 Hadoop 集群中的 hadoop1 节点的 /export/soft/ 目录，并使用如下命令解压：

```
#tar -zxvf hbase-1.4.13-bin.tar.gz -C /export/serv/
```

2. 配置 hbase-env.sh 文件

进入 Hbase 安装包下的 conf 目录，修改 hbase-env.sh 文件，配置内容如下：

```
export HBASE_CLASSPATH=/export/serv/hadoop-2.9.1/etc/hadoop/
export HBASE_PID_DIR=/var/hadoop/pids
export JAVA_HOME=/export/serv/jdk/
export HBASE_MANAGES_ZK=false
```

其中 HBASE_CLASSPATH 是 Hadoop 的配置文件路径，配置 HBASE_PID_DIR 时先采用如下命令创建目录：

```
#mkdir -p /var/hadoop/pids
```

一个分布式运行的 HBase 依赖一个 ZooKeeper 集群，所有的节点和客户端都必须能够访问 ZooKeeper。默认情况下 HBase 会管理一个 ZooKeeper 集群，即 HBase 默认自带一个 ZooKeeper 集群，这个集群会随着 HBase 的启动而启动。在实际项目中通常自己管理一个 ZooKeeper 集群更便于优化配置提高集群工作效率，但需要配置 HBase。接下来修改 conf/hbase-env.sh 里面的 HBASE_MANAGES_ZK，这个值默认是 true，作用是让 HBase 启动的同时也启动 ZooKeeper。在安装的过程中，由于采用独立运行 ZooKeeper 集群的方式，故将其属性值改为 false。

3. 修改 regionservers 文件

regionservers 文件负责配置 HBase 集群中作为 RegionServer 服务器的节点，本案例中所有从节点均可当作 RegionServer 服务器，故其配置内容如下：

```
hadoop2
hadoop3
```

4. 修改 hbase-site.xml 文件

对 hbase-site.xml 文件内容的修改如下：

```
<configuration>
    <property>
        <name>hbase.rootdir</name>
  <value>hdfs://hadoop1:9000/hbase</value>
    </property>
    <property>
        <name>hbase.cluster.distributed</name>
        <value>true</value>
    </property>
    <property>
        <name>hbase.zookeeper.quorum</name>
        <value>hadoop1:2181,hadoop2:2181,hadoop3:2181</value>
    </property>
<property>
<name>hbase.master.info.port</name>
<value>60010</value>
</property>
</configuration>
```

注意：hbase.zookeeper.quorum 用来设置 HBase 集群中哪些节点安装了 ZooKeeper，其只能设置为主机名而不是 IP 地址。HBase 1.0 以后的版本需要手动配置 Web 访问端口号为 60010。

5. 分发到 hadoop2 和 hadoop3 节点

完成 Hadoop 集群主节点 hadoop1 的配置后，还需要将有关目录分发给子节点 hadoop2 和 hadoop3，命令如下：

```
#scp -r /export/serv/hbase-1.4.13/ hadoop2:/export/serv/
#scp -r /export/serv/hbase-1.4.13/ hadoop3:/export/serv/
```

6. 修改环境变量配置文件

使用命令“vi /etc/profile”在文件末尾添加如下内容：

```
export HBASE_HOME=/export/serv/hbase-1.4.13
export PATH=$PATH:$HBASE_HOME/bin
```

保存后在集群上分别执行命令“source /etc/profile”，使配置的环境变量生效。

7. 测试

在主节点 hadoop1 上运行 start-hbase.sh，启动 HBase 集群，通过“jps”命令查看主节点，发现存在 HMaster 进程，如图 6-3 所示，或采用 UI 来查看运行状况，如图 6-4 所示。

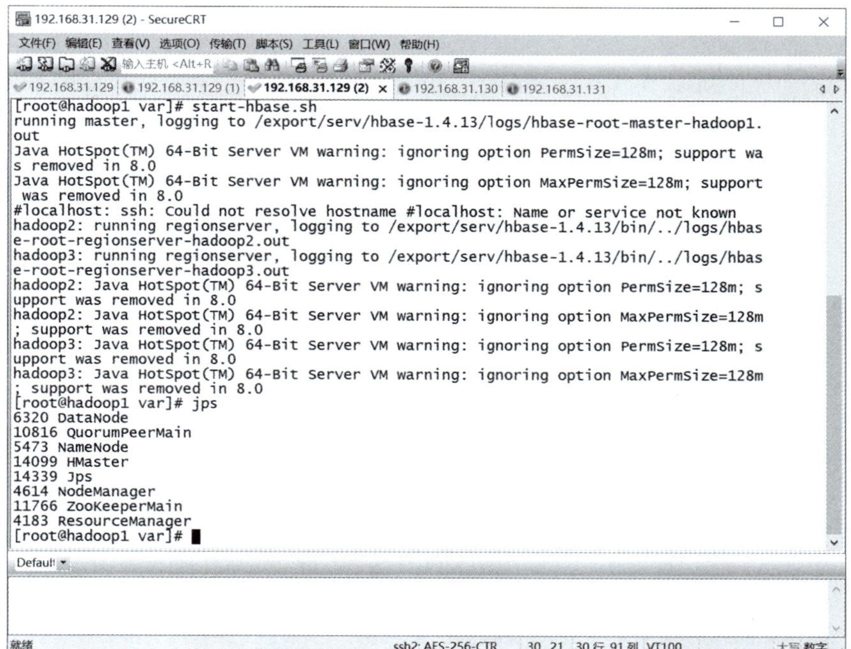

图 6-3 通过 jps 查看 HMaster 进程

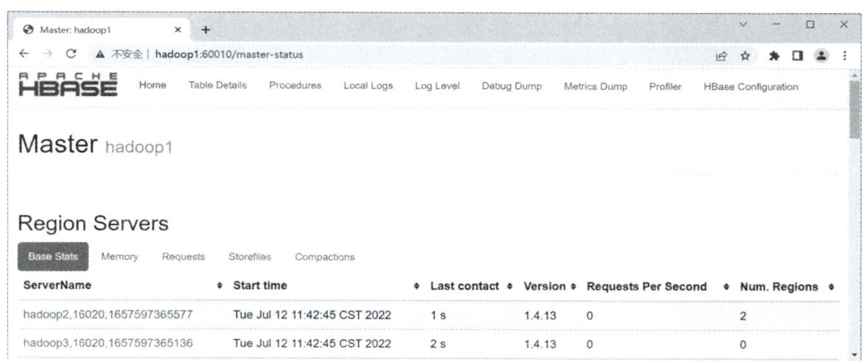

图 6-4 UI 查看运行状况

此外，在 hadoop1 主节点上使用命令“hbase-daemon.sh stop hadoop1”，等待一会儿会发现 hadoop2 成为 Master。当 HBase 的 Master 节点故障后，ZooKeeper 会从备份中自动推选一个作为 Master。

6.4 HBase 的 Shell 操作

HBase 的 Shell 操作

在实际应用中，需要经常通过 Shell 命令操作 HBase 数据库。HBase Shell 是 HBase 的命令行工具，通过 HBase Shell，用户不仅可以方便地创建、删除及修改表，还可以向表中添加数据、列出表中的相关信息等。

6.4.1 HBase Shell 启动

在任意一个 HBase 节点上运行命令“hbase shell”，即可进入 HBase 的 Shell 命令行模式（简称 HBase Shell 模式），如图 6-5 所示。

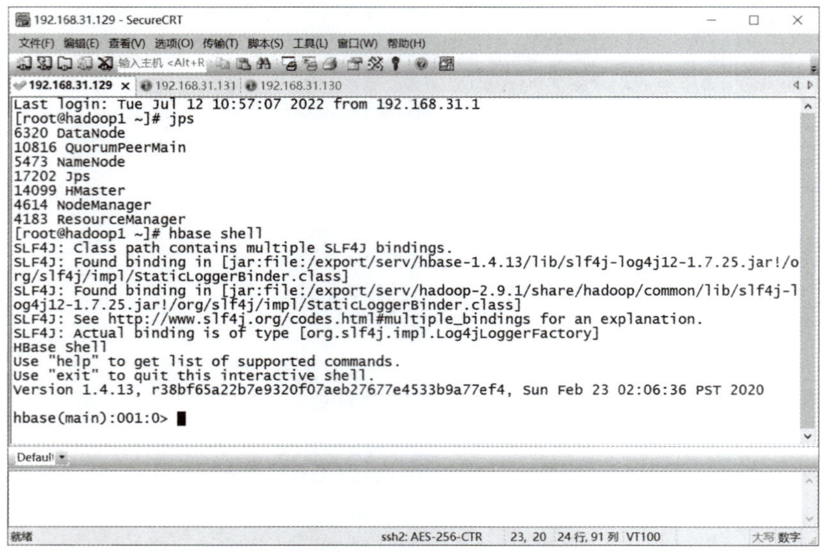

```
Last login: Tue Jul 12 10:57:07 2022 from 192.168.31.1
[root@hadoop1 ~]# jps
6320 DataNode
10816 QuorumPeerMain
5473 NameNode
17202 Jps
14099 HMaster
4614 NodeManager
4183 ResourceManager
[root@hadoop1 ~]# hbase shell
SLF4J: Class path contains multiple SLF4J bindings.
SLF4J: Found binding in [jar:file:/export/serv/hbase-1.4.13/lib/slf4j-log4j12-1.7.25.jar!/o
rg/slf4j/impl/StaticLoggerBinder.class]
SLF4J: Found binding in [jar:file:/export/serv/hadoop-2.9.1/share/hadoop/common/lib/slf4j-l
og4j12-1.7.25.jar!/org/slf4j/impl/StaticLoggerBinder.class]
SLF4J: See http://www.slf4j.org/codes.html#multiple_bindings for an explanation.
SLF4J: Actual binding is of type [org.slf4j.impl.Log4jLoggerFactory]
HBase Shell
Use "help" to get list of supported commands.
Use "exit" to quit this interactive shell.
Version 1.4.13, r38bf65a22b7e9320f07aeb27677e4533b9a77ef4, Sun Feb 23 02:06:36 PST 2020

hbase(main):001:0>
```

图 6-5 HBase Shell 模式

注意：HBase Shell 无法使用退格键删除文字，需要进行键盘映射。在 SecureCRT 中执行“选项”→“会话选项”→“终端”→“仿真”命令，在右侧的“终端”下拉列表中选择“linux”。另外执行“仿真”→“映射键”命令，勾选“Backspace 发送 delete(B)”和“Delete 发送 backspace(S)”复选框，如图 6-6 所示。

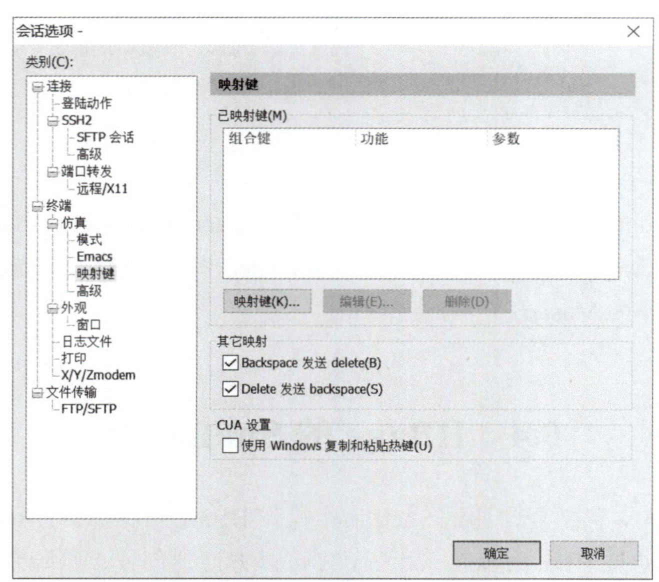

图 6-6 HBase Shell 键盘映射

6.4.2　HBase Shell 基本操作

HBase Shell 中每个命令的具体用法都可以直接输入查看，例如输入“create”就可以查看它的用法，如图 6-7 所示。

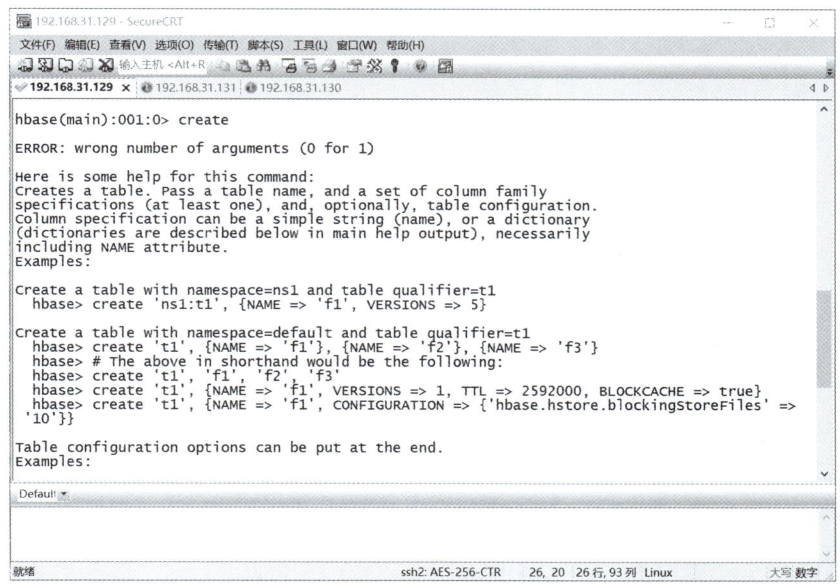

图 6-7　HBase Shell 的 create 用法

1. 创建表

HBase 用“create”命令创建表，格式如下：

```
create <table>,{NAME=><family>,VERSIONS=><VERSIONS>}
```

创建 student 表，包括 name、sex、age、dept、course 等属性，命令如下：

```
hbase(main):003:0>create 'student','name','sex','age','dept','course'
```

HBase 的表中会有一个系统默认的属性作为行键，无须自行创建，默认为“put”命令中表名后第一个数据。可以用“list”命令列举表，查看 Hbase 中有哪些表，格式为“list <table>”。如图 6-8 所示，可以看到目前 Hbase 中有 1 个表。

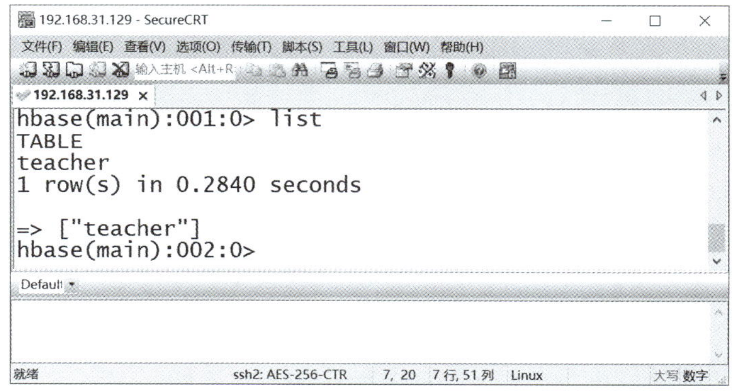

图 6-8　创建 student 表

2. 查看表的基本信息和修改表结构

创建完 student 表后，可使用“describe”命令查看表的基本信息，格式如下：

```
describe <table>
```

执行如下命令，结果如图 6-9 所示。

```
hbase(main):005:0>describe 'student'
```

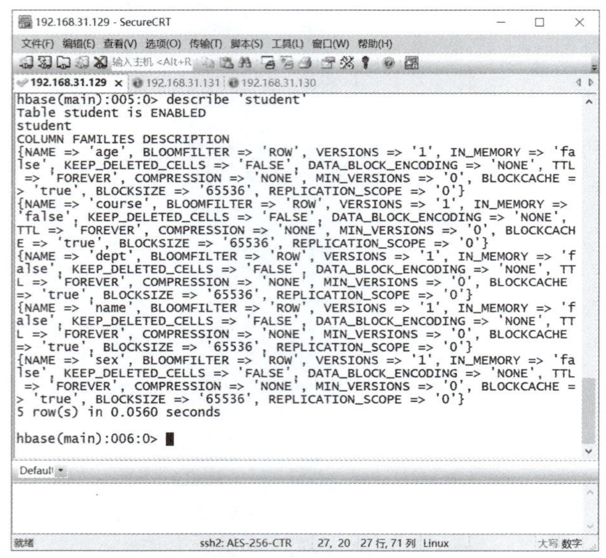

图 6-9　查看 student 表的基本信息

如果需要修改表的结构，可以用“alter”命令实现，但必须先用“disable”命令来禁用表，否则会报错。修改完后用“enable”命令使之生效。如向 student 表添加列族 score，同时指定版本数为 5，命令如下：

```
hbase(main):001:0>disable 'student'
hbase(main):002:0>alter 'student', NAME => 'score', VERSIONS => 5
hbase(main):001:0>enable 'student'
```

结果如图 6-10 所示，可以发现字段 score 已经被添加进去了（字段名称按字母顺序排列）。

3. 向表中插入数据

HBase 中使用“put”命令向表中添加数据，格式如下：

```
put <table>,<rowkey>,<family:column>,<value>,<timestamp>
```

例如，向 student 表添加学号为 2022001、名字为 cxy 的一行数据，其行键为 2022001，使用如下命令：

```
hbase(main):005:0> put 'student','2022001','name','cxy'
```

注意：一次只能为一个表的一行数据的一个列（即一个单元格）添加一个数据。直接用 shell 命令插入数据效率很低，因此在实际应用中，一般都是利用编程操作数据。

为 2022001 行下的 course 列族的 math 列添加一个数据，命令如下：

```
hbase(main):006:0> put 'student','2022001','course:english','100'
```

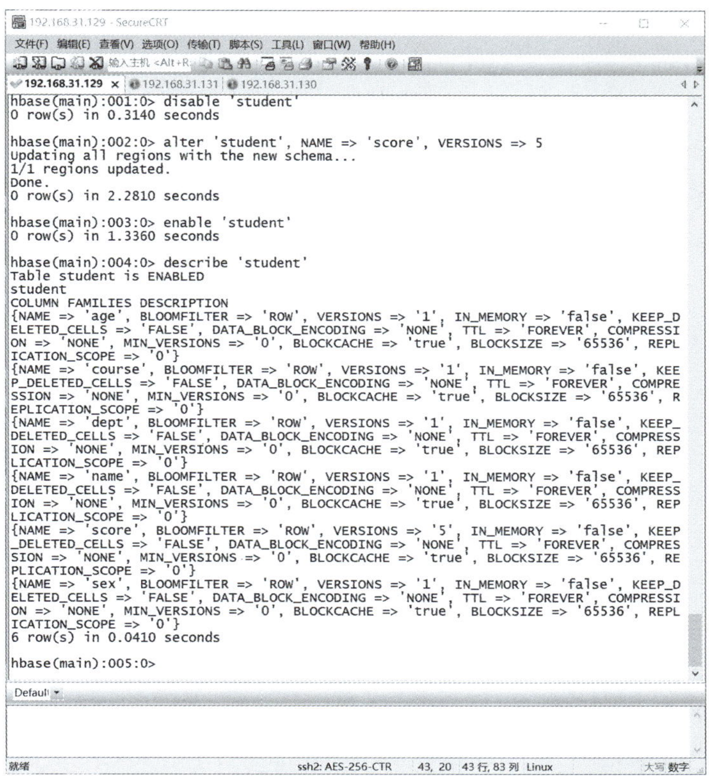

图 6-10 修改 student 表结构

4. 查看数据

HBase 中用“get”和“scan”命令查看数据。

“get”命令用于查看表的某行记录或某一个单元格数据，格式如下：

```
get <table>,<rowkey>,[<family:column>,…]
```

例如要返回 student 表 2022001 行的数据，命令如下：

```
hbase(main):007:0>get 'student','2022001'
```

结果如图 6-11 所示。

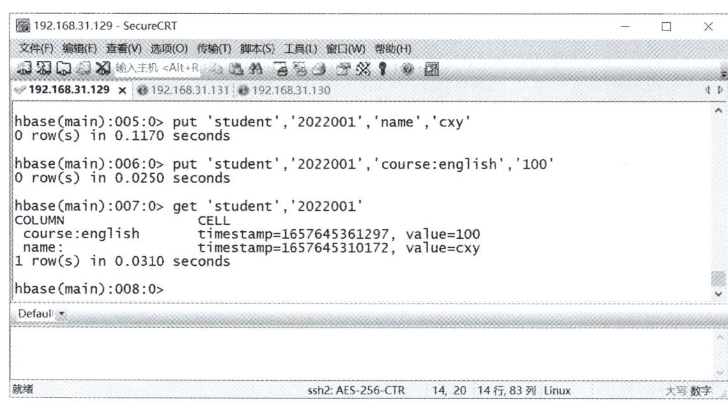

图 6-11 用“get”命令查看数据

“scan”命令用于查看某个表的全部数据，格式如下：

```
scan <table>,{COLUMNS=>[<family:column>,…],LIMIT=>num}
```

例如要返回 student 表的全部数据，采用如下命令：

```
hbase(main):001:0>scan 'student'
```

结果如图 6-12 所示。

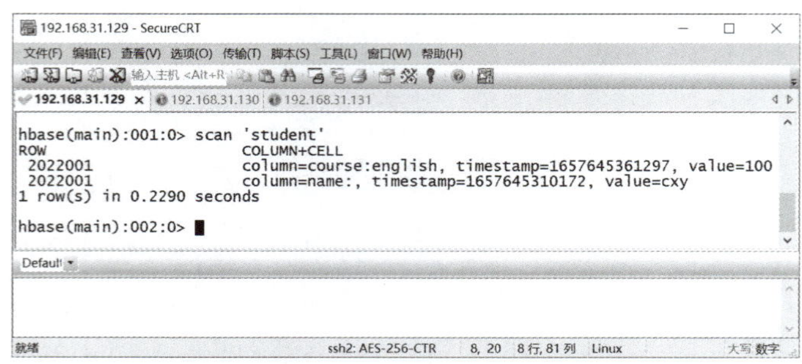

图 6-12　用“scan”命令查看数据

“scan”命令可以添加 LIMIT、INTERVAC 和 FILTER 等高级功能。例如扫描 student 表的前 3 条数据，命令语句为“scan 'student',{LIMIT=>3}”。如果数据量特别大，还可以考虑查询指定数据行。例如查询 student 表中的行数，每 10 条显示一次，缓存区为 50，命令语句为“count 'student',{INTERVAL=>10,CACHE=>50}”。其中，INTERVAL 用于设置多少行显示一次及对应的 rowkey，默认为 1000；CACHE 为缓存区的大小，默认是 10，调整该参数可提高查询速度。

5. 删除数据

HBase 中用“delete”和“deleteall”命令删除数据。

“delete”命令用于删除行中的某个数据，格式如下：

```
delete <table>,<rowkey>,<family:column>,<timestamp>
```

例如，删除 student 表中 2022001 行下的 name 列的所有数据，命令如下：

```
delete 'student','2022001','name'
```

结果如图 6-13 所示。

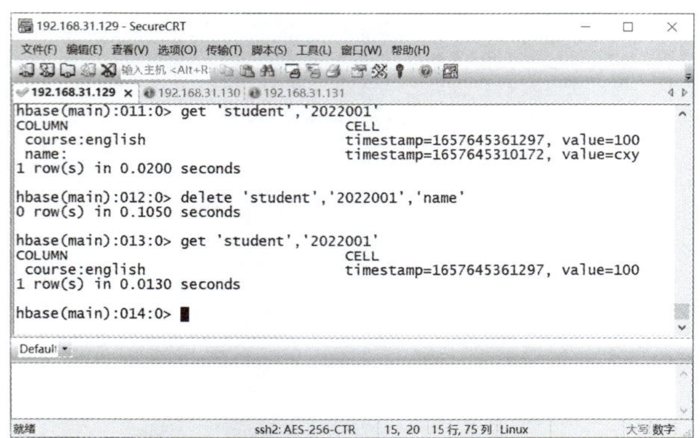

图 6-13　用“delete”命令删除数据

“deleteall”命令用于删除一行数据，格式如下：

```
deleteall <table>,<rowkey>,<family:column>,<timestamp>
```

例如，删除 student 表中 2022001 行的全部数据，命令如下：

```
deleteall 'student','2022001'
```

结果如图 6-14 所示。

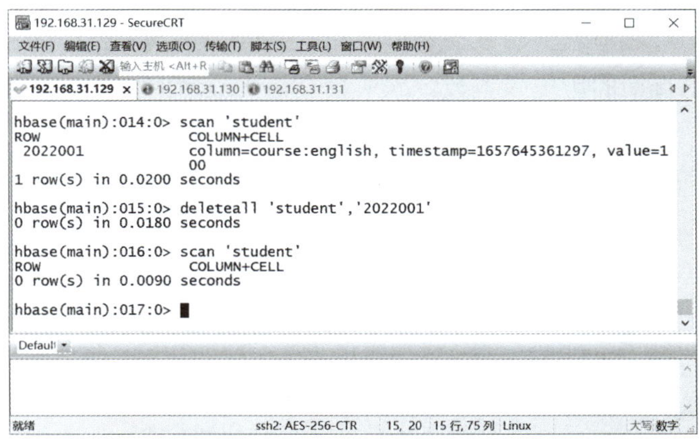

图 6-14　用“deleteall”命令删除数据

6. 删除表

删除表分两步：第一步先使用“disable”命令使该表不可用，第二步用“drop”命令删除表。例如，删除 student 表，命令如下：

```
disable 'student'
drop 'student'
```

结果如图 6-15 所示。

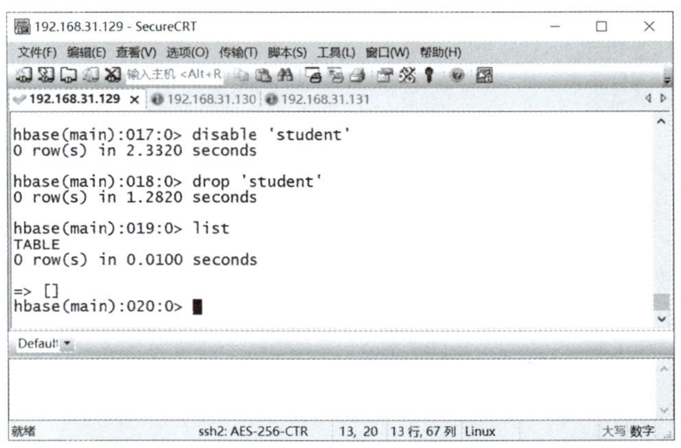

图 6-15　删除 student 表

7. 查询表的历史数据

创建 teacher 表，指定保存的版本数（假设指定为 5）。命令格式如下：

```
create 'teacher',{NAME=>'username',VERSIONS=>5}
```

插入数据后更新数据，使其产生历史版本数据，命令如下：

```
put 'teacher','22001','username','Helen1'
put 'teacher','22001','username','Helen2'
put 'teacher','22001','username','Helen3'
put 'teacher','22001','username','Helen4'
put 'teacher','22001','username','Helen5'
put 'teacher','22001','username','Helen6'
```

注意：这里插入数据和更新数据都用“put”命令。

查询时可指定查询的历史版本数。默认会查询出最新的数据（有效取值为 1 到 5），命令如下：

```
get 'teacher','22001',{COLUMN=>'username',VERSIONS=>5}
```

查询结果如图 6-16 所示。

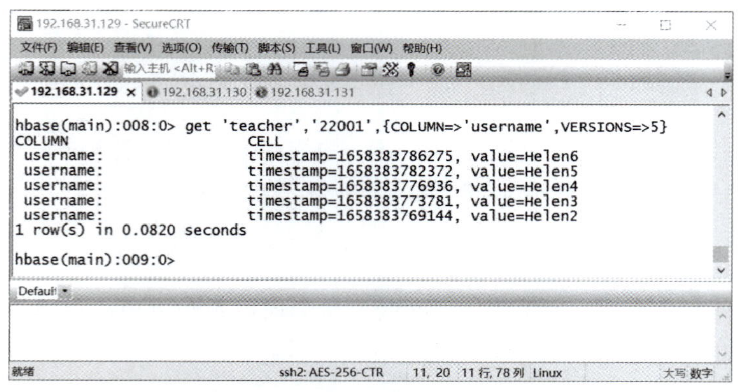

图 6-16　查询 teacher 表历史数据

8. 退出 HBase 数据库表操作

执行“exit”命令即可退出数据库表操作，但不会使 HBase 数据库停止后台运行。

小　结

本章详细介绍了 HBase 数据库的知识。HBase 数据库支持大规模海量数据，分布式并发数据处理效率极高，易于扩展且支持动态伸缩，适用于廉价设备。HBase 可以支持 Native Java API、HBase Shell、Pig、Hive 等多种访问接口，可以根据具体应用场合选择相应的访问方式。HBase 实际上就是一个稀疏、多维、持久化存储的映射表，它采用行键、列键和时间戳进行索引，每个值都是未经解释的字符串。HBase 采用分区存储，一个大的表会被分拆为许多个 Region，这些 Region 会被分发到不同的服务器上实现分布式存储。

HBase 的系统架构包括客户端、ZooKeeper 服务器、Master 主服务器、Region 服务器。客户端包含访问 HBase 的接口；Region 服务器负责维护分配给自己的 Region，并响应用户的读写请求。最后介绍了 HBase Shell 的基本操作内容。

习　题

一、选择题

1．HBase 中存储底层数据的是（　　）。

A．HDFS　　B．Hadoop　　C．Memory　　D．MapReduce

2．给 HBase 提供消息的通信机制是（　　）。

A．Zookeeper　　B．Chubby　　C．RPC　　D．Socket

3．如果对 HBase 表添加数据记录，可以使用的命令为（　　）。

A．create　　B．get　　C．put　　D．scan

4．在 HBase Shell 操作中，（　　）用于删除整行操作。

A．delete from 'users'．'xiaoming'

B．delete table from 'xiaoming'

C．deleteall 'users','xiaoming'

D．deleteall 'xiaoming'

二、填空题

1．Hbase 的基本特点包括海量存储、__________、易扩展、__________、稀疏性等。

2．NoSQL 的四大类型分别为 __________、__________、__________ 和 __________。

三、简答题

1．简述 HBase 的数据模型。

2．简述 HBase 分布式数据库与传统关系型数据库的区别。

第 7 章 Hive 数据仓库

Hive 是基于 Hadoop 构建的一套数据仓库分析工具，它提供了丰富的 SQL 查询方式分析存储在 HDFS 中的数据。可以将结构化的数据文件映射为一张数据库表，并提供完整的 SQL 查询功能；也可以将 SQL 语句转换为 MapReduce 任务运行，通过 SQL 去查询分析需要的内容。这套类 SQL 的语言为 HiveQL，对 MapReduce 不熟悉的用户可以利用 HiveQL 语言查询、汇总、分析数据，简化 MapReduce 代码，从而使用 Hadoop 集群。而 MapReduce 开发人员可以把已写的 Mapper 和 Reducer 作为插件来支持 Hive 做更复杂的数据分析。

本章将从 Hive 基本概念讲起，主要介绍 Hive 的安装和配置、HiveQL 语言。通过本章的学习，应达到以下目标：

- 了解 Hive 的概念及优缺点
- 理解 Hive 的服务组成
- 掌握 Hive 的安装和配置
- 了解 Hive 数据管理方式
- 掌握 HiveQL 语言，并能进行 Hive 表的 DDL 和 DML 操作

7.1 认识 Hive

Hive 是 Hadoop 生态系统中必不可少的一个工具，它提供了一种 SQL 语言，可以查询存储在 HDFS 中的数据或者其他 Hadoop 支持的文件系统，如 MapRFS、AmazonS3、HBase 和 Cassandra。Hive 降低了应用程序迁移到 Hadoop 集群的复杂度，掌握 SQL 语句的开发人员可以轻松地学习并使用 Hive。

7.1.1 什么是 Hive

Hive 是建立在 Hadoop 文件系统上的数据仓库，它提供了一系列工具，能够对存储在 HDFS 中的数据进行数据提取、转换和加载（ETL），是一种可以存储、查询和分析存储在 Hadoop 中的大规模数据的工具。

由于 Hive 采用了 SQL 的查询语言 HiveQL，因此很容易将 Hive 理解为数据库。其实从结构上来看，Hive 和数据库除了拥有类似的查询语言，再无类似之处。接下来通过传统关系型数据库 MySQL 和 Hive 的对比来帮助大家理解 Hive 的特性，如表 7-1 所示。

表 7-1　Hive 与关系型数据库对比

对比项	Hive	MySQL
查询语言	HiveQL	SQL
数据存储位置	HDFS	块设备、本地文件系统
数据格式	用户定义	系统决定
数据更新	不支持	支持
事务	不支持	支持
执行延迟	高	低
可扩展性	高	低
数据规模	大	小
多表插入	支持	不支持

7.1.2　Hive 架构设计

1. 架构图

Hive 是一个几乎所有 Hadoop 机器都需要安装的实用工具。Hive 环境很容易建立，不需要太多的基础设施，但需要注意的是，Hive 的查询性能通常很低，这是因为它会把 SQL 转换为运行较慢的 MapReduce 任务。Hive 架构如图 7-1 所示。

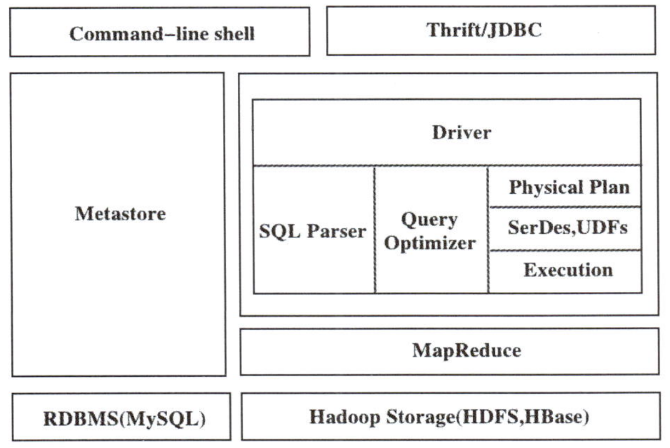

图 7-1　Hive 架构

2. 基本构成

Hive 的体系结构分为以下几部分。

（1）用户接口主要有 3 个：CLI、Client 和 HWI（Hive Web Interface）。其中最常用的是 CLI，CLI 启动时会同时启动一个 Hive 副本。Client 是 Hive 的客户端，用户通过其连接至 Hive Server。在启动 Client 模式的时候，需要指出 Hive Server 所在节点，并且在该节点启动 Hive Server。HWI 通过浏览器访问 Hive。

（2）Hive 将元数据存储在数据库中，如 MySQL、Derby。Hive 中的元数据包括表

的名字、表的列和分区及其属性、表的属性（是否为外部表等）、表的数据所在目录等。

（3）解释器、编译器、优化器、执行器用于完成 HiveQL 查询语句从词法分析、语法分析、编译、优化到查询计划生成的全部流程。生成的查询计划存储在 HDFS 中，随后由 MapReduce 调用执行。

（4）Hive 的数据存储在 HDFS 中，大部分的查询、计算由 MapReduce 完成（包含通配 * 的查询，比如 select * from stu 不会生成 MapReduce 任务）。

7.1.3 Hive 数据类型

Hive 支持两种数据类型，分别为原子数据类型和复杂数据类型。原子数据类型包括数值型、布尔型和字符串类型，如表 7-2 所示。

表 7-2 Hive 原子数据类型

类型	描述	示例
TINYINT	1 字节（8 位）有符号整数	1
SMALLINT	2 字节（16 位）有符号整数	1
INT	4 字节（32 位）有符号整数	1
BIGINT	8 字节（64 位）有符号整数	1
FLOAT	4 字节（32 位）单精度浮点数	1.0
DOUBLE	8 字节（64 位）双精度浮点数	1.0
BOOLEAN	true/false	true
STRING	字符串	'hive' 或者 "hive"

Hive 是用 Java 开发的，除了 STRING 类型，Hive 和 Java 的基本数据类型也是一一对应的。有符号的整数类型 TINYINT、SMALLINT、INT 和 BIGINT 分别等价于 Java 的 byte、short、int 和 long 原子类型，它们分别为 1 字节、2 字节、4 字节和 8 字节有符号整数；Hive 的浮点数据类型 FLOAT 和 DOUBLE 对应于 Java 的基本数据类型 float 和 double；Hive 的 BOOLEAN 数据类型相当于 Java 的基本数据类型 boolean。

Hive 的 STRING 数据类型相当于数据库的 VARCHAR 数据类型。该类型是一个可变的字符串，它不能声明其中最多能存储多少个字符，理论上它可以存储长度为 2GB 的字符串。

Hive 支持基本数据类型的转换，占用字节少的基本数据类型可以转化为占用字节多的数据类型。例如 TINYINT、SMALLINT、INT 可以转化为 FLOAT，而所有的整数类型、FLOAT 以及 STRING 类型可以转化为 DOUBLE 类型。这些转化可以从 Java 语言的类型转化考虑。当然 Hive 也支持将占用字节多的数据类型转化为占用字节少的数据类型，这就需要使用 Hive 的自定义函数 CAST 了。

Hive 的复杂数据类型包括数组（ARRAY）、映射（MAP）和结构体（STRUCT），如表 7-3 所示。

表 7-3 Hive 复杂数据类型

类型	描述	示例
ARRAY	一组有序字段。字段类型必须相同	ARRAY(1,2)
MAP	一组无序的键值对。键的类型必须是原子的，值可以是任何类型，同一个映射的键类型必须相同，值的类型也必须相同	MAP('a',1,'b',2)
STRUCT	一组命名的字段。字段类型可以不同	STRUCT('a',1,1,0)

7.1.4 Hive 服务组成

Hive 内部自带了许多服务，可以在运行时用“--service”命令来明确指定使用什么服务。如果需要查询 Hive 内部有多少服务，可以用“--service help”命令来查看帮助，具体帮助提示语句如下：

```
[root@hadoop1 apache-hive-1.2.1-bin]# bin/hive --service help
Usage ./hive <parameters> --service serviceName <service parameters>
Service List: beeline cli help hiveburninclient hiveserver2 hiveserver hwi jar lineage metastore metatool
orcfiledump rcfilecat schemaTool version
Parameters parsed:
  --auxpath : Auxillary jars
  --config : Hive configuration directory
  --service : Starts specific service/component. cli is default
Parameters used:
  HADOOP_HOME or HADOOP_PREFIX : Hadoop install directory
  HIVE_OPT : Hive options
For help on a particular service:
  ./hive --service serviceName --help
Debug help:  ./hive --debug --help
```

可以看到上面的输出项 Service List 里面显示出 Hive 支持的服务列表，列表里有 beeline、cli、help、hiveburninclient、hiveserver2、hiveserver、hwi、jar、lineage、metastore、metatool、orcfiledump、rcfilecat、schemaTool、version 共 15 个内置服务，下面介绍最常用的 5 个服务。

（1）CLI 服务：该服务是 Command Line Interface 的简写，在 Hive 的命令行界面用得比较多。这是默认的服务，可以直接在命令行里使用。

（2）Hiveserver 服务：该服务可以让 Hive 以提供 Thrift 服务的服务器形式来运行，可以与用不同语言编写的客户端进行通信。

（3）HWI 服务：该服务是 Hive Web Interface 的缩写，是 Hive 的 Web 接口，是 CLI 的一个 Web 替换方案。

（4）Jar 服务：该服务是与 Hadoop jar 等价的 Hive 接口，这是运行类路径中同时包含 Hadoop 和 Hive 类的 Java 应用程序的简便方式。

（5）Metastore 服务：默认情况下，Metastore 和 Hive 服务运行在同一个进程中。使用这个服务，可以让 Metastore 作为一个单独的进程运行，可以通过 METASTORE_PORT 来指定监听的端口号。

Hive 安装

7.2 Hive 安装

7.2.1 Hive 安装模式简介

Hive 的安装模式分为 3 种，分别是嵌入模式、本地模式和远程模式。

嵌入安装模式使用内嵌的 Derby 数据库存储元数据，这种方式是 Hive 的默认安装方式，配置简单，但是一次只能连接一个客户端，适合用来测试，不适合生产环境。本地安装模式采用外部数据库存储元数据，该模式不需要单独开启 Metastore 服务，因为本地模式使用的是和 Hive 在同一个进程中的 Metastore 服务。远程安装模式与本地模式一样，也是采用外部数据库存储元数据。不同的是远程模式需要单独开启 Metastore 服务，然后每个客户端都在配置文件中配置连接该 Metastore 服务。远程安装模式中，Metastore 服务和 Hive 运行在不同的进程中。

7.2.2 Hive 嵌入模式

首先在 Apache 镜像网站下载 Linux 下的 Hive 安装包，对应官方网址 http://archive.apache.org/dist/hive/hive-1.2.1。下载完毕后将安装包 apache-hive-1.2.1-bin.tar.gz 上传至 hadoop1 节点的 /export/soft 目录，然后解压至 /export/serv 目录，命令如下：

```
[root@hadoop1 soft]# tar -zxvf apache-hive-1.2.1-bin.tar.gz -C /export/serv/
```

进入如图 7-2 所示的 Hive 交互式界面后，就可以输入查询数据仓库的命令进行相关操作，该命令与 MySQL 查询数据库命令一致。

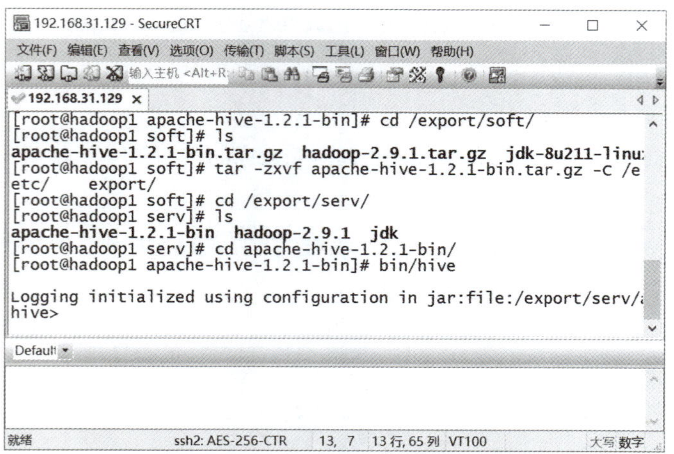

图 7-2　Hive 交互式界面

例如，在 Hive 交互式界面输入“show databases”命令可查看当前所有数据库列表，如图 7-3 所示。

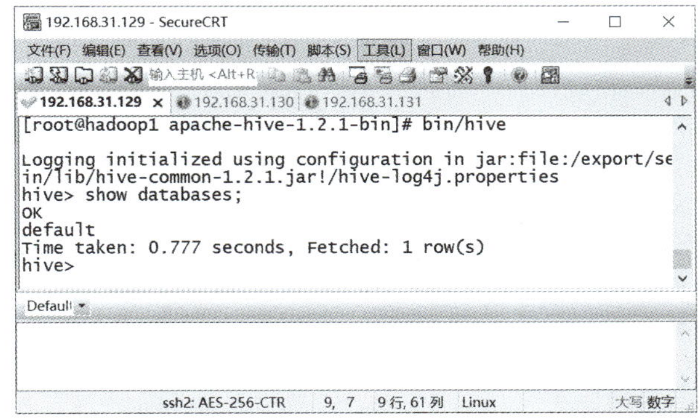

图 7-3　查看当前数据库列表

从图 7-3 可以看出，使用与 MySQL 操作相同的“show databases”语句查询 Hive 当前所有数据库列表成功，并返回唯一一个 default 数据仓库，该 default 数据仓库是 Hive 自带的（也是默认的）存储仓库。

注意：嵌入模式下，元数据保存在 Derby 数据库中，且只允许一个会话连接，若尝试多个连接则会报错。

7.2.3　Hive 本地和远程模式

本地模式和远程模式的安装配置方式大致相同，本质上是将 Hive 默认的元数据存储介质由自带的 Derby 数据库替换为 MySQL 数据库。自带的数据库 Derby 无法实现远程操作，而安装 MySQL 数据库后，无论在任何目录下以任何方式启动 Hive，只要连接的是同一台 Hive 服务，那么所有节点访问的元数据信息是一致的，从而可实现元数据的共享。

1. 安装 MySQL 服务

MySQL 安装方式有许多种，可以直接解压安装包进行相关配置，也可以选择在线安装，本节选用在线安装 MySQL 方式，具体命令和说明如下：

```
//Centos 7 在线安装 MySQL
#wget -i -c http://dev.mysql.com/get/mysql57-community-release-el7-10.noarch.rpm
#yum install mysql57-community-release-el7-10.noarch.rpm
#yum install mysql-community-server
// 解决公钥未安装问题
#rpm --import https://repo.mysql.com/RPM-GPG-KEY-mysql-2022
#yum install mysql-server
// 启动 MySQL
#service mysqld start
#grep "password" /var/log/mysqld.log
// 没有找到相应的字符，说明 MySQL 安装时没有密码
// 如有临时密码，需将其修改
```

```
#vi /etc/my.cnf
#skip-grant-tables                    // 实现免密登录
#systemctl restart mysqld             // 重启 MySQL 服务
#mysql -u root
mysql>use mysql
mysql>update user set authentication_string='' where user='root';
//quit 命令退出 MySQL 后关闭免密登录
// 修改成一般密码：123456
mysql>alter user 'root'@'localhost' identified by '123456';
// 会出现密码验证策略不符合规定的提示
mysql>set global validate_password_policy=low;
mysql>set global validate_password_length=6;
// 再执行上面 alter 命令。
// 开启远程访问
mysql>grant all privileges on *.* to 'root'@'%' identified by '123456' with grant option;
// 强制写入
mysql>flush privileges;
```

2. Hive 的配置

修改 hive-env.sh 配置文件，配置 Hadoop 环境变量。

进入 Hive 安装包下的 conf 文件夹，将 hive-env.sh.template 文件进行复制并重命名为 hive-env.sh，具体命令如下：

```
#cd /export/servers/apache-hive-1.2.1-bin/conf
#cp hive-env.sh.template hive-env.sh
```

然后修改 hive-env.sh 配置文件，添加 Hadoop 环境变量，具体命令如下：

```
export HADOOP_HOME=/export/ser/hadoop-2.9.1
```

上述操作是设置 Hadoop 环境变量，作用是无论系统是否配置 Hadoop 环境变量，在 Hive 执行时，一定能够通过 hive-env.sh 配置文件加载 Hadoop 环境变量。由于在部署 Hadoop 集群时已经配置了全局 Hadoop 环境变量，因此可以不设置该参数。

接下来添加 hive-site.xml 配置文件，配置 MySQL 相关信息。由于 Hive 安装包 conf 目录下没有提供 hive-site.xml 文件，因此这里需要创建并编辑一个 hive-site.xml 配置文件，具体内容如下所示：

```
<configuration>
        <property>
         <name>javax.jdo.option.ConnectionURL</name>
<value>jdbc:mysql://localhost:3306/hive?createDatabaseIfNotExist=true</value>
        <description>MySQL 连接协议 </description>
          <!-- 这里写自己的 MySQL 的 ip 地址 -->
    </property>
  <property>
         <name>javax.jdo.option.ConnectionDriverName</name>
         <value>com.mysql.jdbc.Driver</value>
     <description>MySQL 驱动协议 </description>
    </property>
    <property>
```

```
            <name>javax.jdo.option.ConnectionUserName</name>
            <value>root</value>
        <description> 用户名 </description>
    </property>

    <property>
            <name>javax.jdo.option.ConnectionPassword</name>
            <value>123456</value>
        <description> 密码 </description>
            <!-- 这里填自己的 MySQL 账号和密码 -->
    </property>
</configuration>
```

完成配置后，Hive 则会把默认使用 Derby 数据库方式覆盖。由于使用了 MySQL 数据库，因此还需要上传 MySQL 连接驱动的 jar 包（mysql-connector-java 5.1.32.jar）到 Hive 安装包的 lib 文件下。至此完成本地模式的安装。

3. Hive 远程服务启动方式

用 Java 等程序实现通过 Java 数据库连接（简称 JDBC）或开放数据库连接（简称 ODBC）程序登录到 Hive 中操作数据时，由于使用 CLI 连接方式不能进行多个节点的同时访问，且会造成服务器阻塞，再加之出于对服务器安全性的考虑，通常用户是无法直接访问 Hive 服务所部署的服务器的，因此必须选用远程服务启动模式。具体操作方法如下：

将 hadoop1 服务器安装的 Hive 程序分别复制到 hadoop2 和 hadoop3 服务器，具体命令如下：

```
#scp-r /export/serv/apache-hive-1.2.1-bin/ hadoop2:/export/serv/
#scp-r /export/serv/apache-hive-1.2.1-bin/ hadoop3:/export/serv/
```

在 hadoop1 服务器的 Hive 的安装包下启动 hiveserver2 服务，具体命令如下：

```
#bin/hiveserver2
```

执行完上述命令后，在 hadoop1 服务器上就已经启动了 Hive 服务，当前的命令行窗口没有任何反应，无法执行其他操作，如图 7-4 所示。

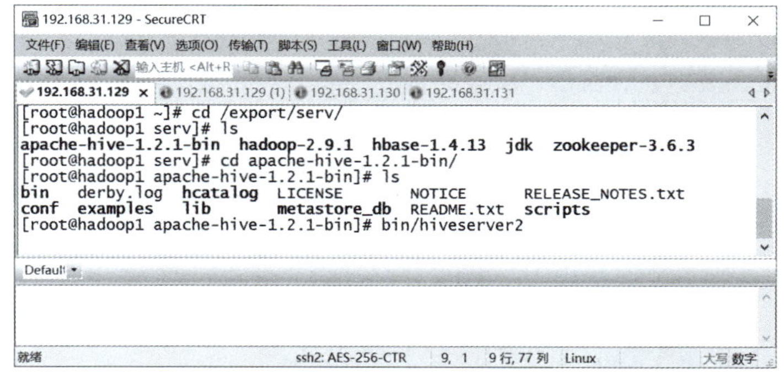

图 7-4　hadoop1 服务器启动 Hive 服务

此时，可以使用 SecureCRT 的克隆会话功能打开新的 hadoop1 会话窗口，使用“jps”

命令可以看到 Hive 服务启动情况，当前 hadoop1 上新增一个名为 RunJar 的进程，即为 Hive 服务进程，如图 7-5 所示。

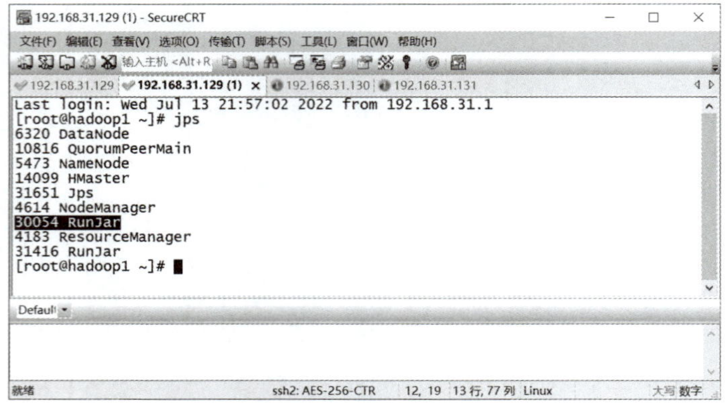

图 7-5 Hive 服务进程 RunJar

在 hadoop2 服务器的 Hive 安装包下，通过远程连接命令“bin/beeline”进行连接，并且输入连接协议，根据提示输入 Hive 服务器的用户名和密码，即可连接到 Hive 服务，具体命令如下：

```
#bin/beeline    // 输入远程连接命令
// 输入远程连接协议，连接到指定 Hive 服务（hadoop1）的主机名和端口（默认 10000）
beeline>!connect jdbc:hive2://hadoop1:10000
// 输入连接 Hive 服务器的用户名和密码
Enter ueername for jdbc:hive2://hadoop1:10000:root
Enter password for jdbc:hive2://hadoop1:10000:******
```

在上述命令中，“!connect jdbc:hive2://hadoop1:10000”命令用于指定远程 Hive 连接协议。其中，“hadoop1:10000”用来指定要远程连接的 Hive 服务地址，Hive 服务默认端口号为 10000。执行上述命令后的结果如图 7-6 所示。

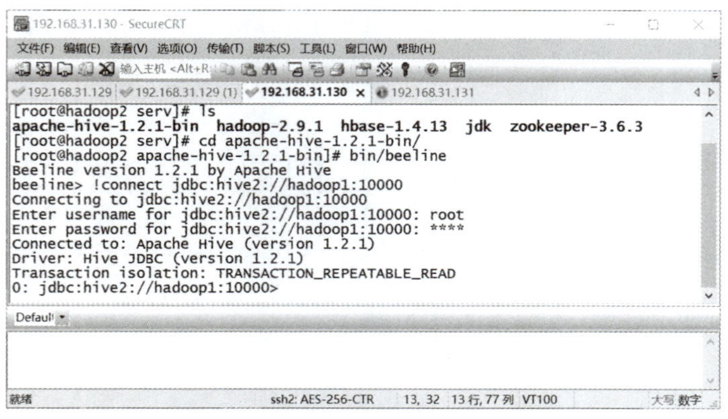

图 7-6 远程连接 Hive 服务

4. 查看数据仓库信息

在 hadoop2 服务器执行“show databases”命令，查看数据仓库的列表信息。如果可以成功显示数据仓库的列表信息，则说明远程连接 Hive 服务成功，如图 7-7 所示。

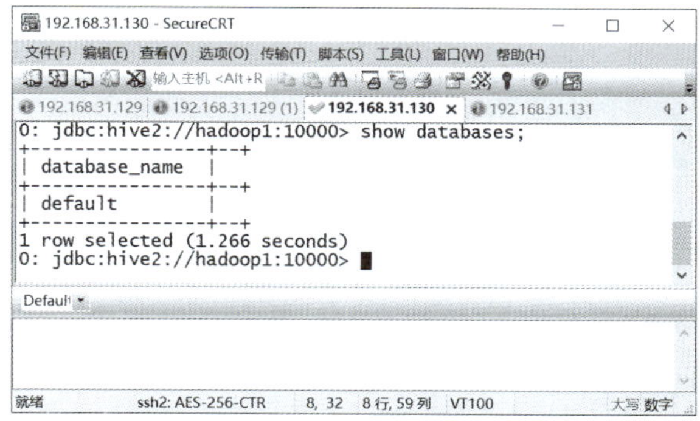

图 7-7　查看数据仓库列表信息

注意：在连接 Hive 数据仓库进行相关操作时，会使用到数据库，还会依赖 MapReduce 进行数据处理，所以进行 Hive 连接前，必须保证 Hadoop 集群以及 MySQL 已经启动，否则报错。

7.3　HiveQL 表操作

HiveQL 表操作

7.3.1　Hive 数据库操作

1. 创建数据库

Hive 数据库是一个命名空间或表的集合。创建数据库的命令格式如下：

```
create database [if not exists] <database_name>
```

其中的 [if not exists] 是一个可选子句，用来通知用户已经存在相同名称的数据库。例如创建学生信息数据库 stuinfo，命令如下：

```
create database if not exists stuinfo;
```

通过“show databases”命令，显示数据仓库列表信息，如图 7-8 所示。

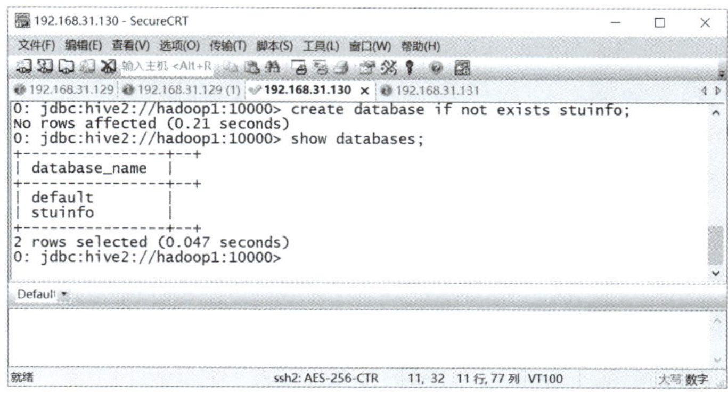

图 7-8　创建数据库并显示数据仓库列表信息

运用“use”命令可以切换到要使用的数据库，命令如下：

```
use stuinfo;
```

2. 删除数据库

删除一个空的数据库，命令如下：

```
drop database [if exists] databasename;
```

删除一个有内容的数据库，命令如下：

```
drop database [if exists] databasename cascade;
```

用“drop database databasename”语句删除数据库的方式只能删除空的数据库，如果数据库中有表要删除，可在命令中加“cascade”关键字，或者先删除数据库中的所有表，然后再使用“drop database dataname”语句进行删除。if exists 关键字判断 Hive 中是否存在此数据库名，如果没有则通知用户不存在此数据库名。

7.3.2 Hive 内部表操作

在完成创建数据仓库后，使用“use stuinfo”命令切换到新创建的数据仓库，下面就在数据库中进行数据表的创建、修改等相关操作。其中在 Hive 中创建数据表的基本语法格式如下：

```
CREATE [TEMPORARY] [EXTERNAL] TABLE [IF NOT EXISTS] table_name
[(col_name data_type [COMMENT col_comment], ...)]
[COMMENT table_comment]
[PARTITIONED BY (col_name data_type [COMMENT col_comment], ...)]
[CLUSTERED BY (col_name, col_name, ...)
[SORTED BY (col_name [ASC|DESC], ...)] INTO num_buckets BUCKETS]
[ROW FORMAT row_format]
[STORED AS file_format]
[LOCATION hdfs_path]
```

[ ] 中的内容为可选项，其中较为重要的几个参数说明如下：

- TEMPORARY 表示创建一个临时表，该表仅对当前会话可见。临时表数据将存储在用户的暂存目录中，并在会话结束时删除。
- EXTERNAL 表示创建一个外部表，这时就需要指定数据文件的实际路径（hdfs_path）。忽略 EXTERNAL 选项时，会默认创建一个内部表，Hive 会将数据文件移动到数据仓库所在的文件夹下。而当使用 EXTERNAL 创建外部表时，仅记录数据所在的路径，并不会移动数据文件的位置。
- PARTITIONED BY 则为创建带有分区的表。一个表可以拥有一个或者多个分区，每个分区以文件夹的形式单独存在于表文件夹的目录下。表和列名不区分大小写，分区是以字段的形式在表结构中存在的，通过“Describe table_name”命令可以查看到字段，但是该字段不存放实际的数据内容，仅仅是分区的表示。
- ROW FORMAT 表示行格式，是指一行中的字段存储格式，它通常不会出现在数据文件中，因此在加载数据时，需要选用合适的字符作为分隔符来映射字段，否则表中数据为 NULL。

- LOCATION 表示需要映射为对应 Hive 数据仓库表的数据文件在 HDFS 的实际路径。

下面通过几个示例演示创建内部表。先在 hadoop1 的 /export/data 目录下创建本地 hive_data 目录，在该目录下创建 stu.txt 文件，内容如下：

```
20220601, 王钧 , 男 ,20
20220305, 戴永恒 , 女 ,18
20210217, 蔡昕禾 , 女 ,12
20080808, 郑晓贤 , 男 ,30
```

针对以上学生的基本信息文件，先创建一个内部表，命令如下：

```
hive>use stuinfo;
hive>create table stu(id int,name string,sex string,age int)ROW FORMAT DELIMITED FIELDS
TERMINATED BY ',';
```

上述建表语句中，根据结构化文件 stu.txt 的具体内容及信息创建有 id、name、sex、age 字段的内部表 stu，命令中的 ROW FORMAT 选项指定映射文件的分隔符为“,”。创建成功以后，通过 Web UI 打开 Hive 内部表所在 HDFS 路径进行查看（默认在 /user/hive/warehouse/stuinfo.db/stu），如图 7-9 所示。

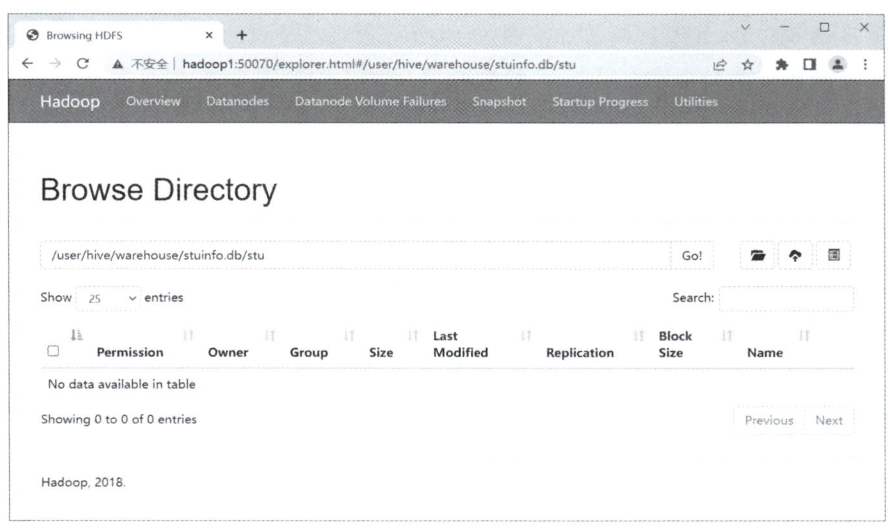

图 7-9　Hive 内部表位置

从图中可以发现，对应的 stuinfo 数据库下创建了定义的 stu 数据表，但是当前表文件夹内为空，若执行 select 查询语句则返回为空，如图 7-10 所示。所以这里需要执行加载数据到内部表的命令。

从本地加载数据到 stu 表，命令如下：

```
Hive>load data local inpath '/export/data/hive_data/stu.txt' overwrite into table stu;
```

若是从 HDFS 加载数据到内部表，命令如下：

```
Hive>load data inpath '/input/other.txt' overwrite into table stu;
```

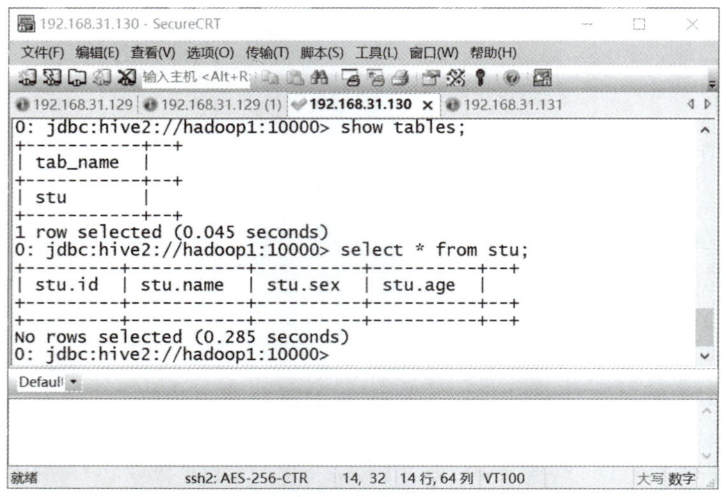

图 7-10　查询数据表（1）

说明：如果语句加上“local”关键字，inpath 后的路径是本地路径，则加载到 Hive 表中的数据将从本地复制数据到 Hive 表对应的 HDFS 中。如果语句没有加上“local”关键字，inpath 后面的路径是 HDFS 中的路径，那么加载到 Hive 表中的数据将从 HDFS 源数据位置移动到 Hive 表对应的 HDFS 目录，HDFS 源数据将被删除。“overwrite”关键字是可选项，加上代表覆盖原文件中的所有内容。如果不加“overwrite”关键字，将会在原文件基础上追加新的内容。加载数据后的查询结果如图 7-11 所示。

```
0: jdbc:hive2://hadoop1:10000> select * from stu;
+-----------+-------------+-----------+-----------+--+
|  stu.id   |  stu.name   |  stu.sex  |  stu.age  |
+-----------+-------------+-----------+-----------+--+
| 20220601  | 王钧        | 男        | 20        |
| 20220305  | 戴永恒      | 女        | 18        |
| 20210217  | 蔡昕禾      | 女        | 12        |
| 20080808  | 郑晓贤      | 男        | 30        |
+-----------+-------------+-----------+-----------+--+
4 rows selected (0.102 seconds)
0: jdbc:hive2://hadoop1:10000>
```

图 7-11　查询数据表（2）

7.3.3　Hive 外部表操作

在创建表时可以通过指定“external”关键字创建外部表，外部表对应的文件存储在 location 指定的目录下。向该目录添加新文件的同时，该表会读取到新文件，但删除外部表不会删除 location 指定目录下的文件。

现有如下结构化数据文件 student.txt（位于 /export/data/hive_data），内容如下：

```
D220100    马依鸣    男    1981 年 8 月 1 日     党员
D220101    高英      女    1982 年 4 月 1 日     党员
D220102    郭建华    男    1981 年 1 月 1 日     团员
D220103    张厚营    男    1981 年 6 月 1 日     团员
D220104    周广冉    男    1981 年 9 月 1 日     团员
D220105    成林      男    1982 年 3 月 1 日     党员
D220106    陈刚      男    1983 年 1 月 1 日     团员
D220107    田清涛    男    1980 年 9 月 1 日     团员
D220108    白景泉    男    1982 年 6 月 1 日     团员
D220109    张以恒    男    1982 年 12 月 1 日    团员
D220110    荆艳霞    女    1981 年 2 月 1 日     党员
D220111    林丽娜    女    1983 年 2 月 1 日     团员
D220112    刘丽      女    1982 年 2 月 1 日     团员
```

首先，使用命令将上述 student.txt 文件上传至 HDFS 的 /input 目录，命令如下：

```
#hadoop fs -mkdir /input
#hadoop fs -put student.txt /input
```

其次，创建外部表，命令如下：

```
hive>create external table student_ext(sno string,sname string,sex string,sbirth string,polit string) ROW FORMAT DELIMITED FIELDS TERMINATED BY '\t' LOCATION '/input';
```

上面语句在 stuinfo 数据库中创建了一张 student_ext 的外部表，并以“\t”制表符（空格）分隔数据。从 HDFS 的 input 目录下移动 student.txt 文件到对应 HDFS 目录下的 stuinfo 数据库 student_ext 表中，执行 select 查询语言，结果如图 7-12 所示。

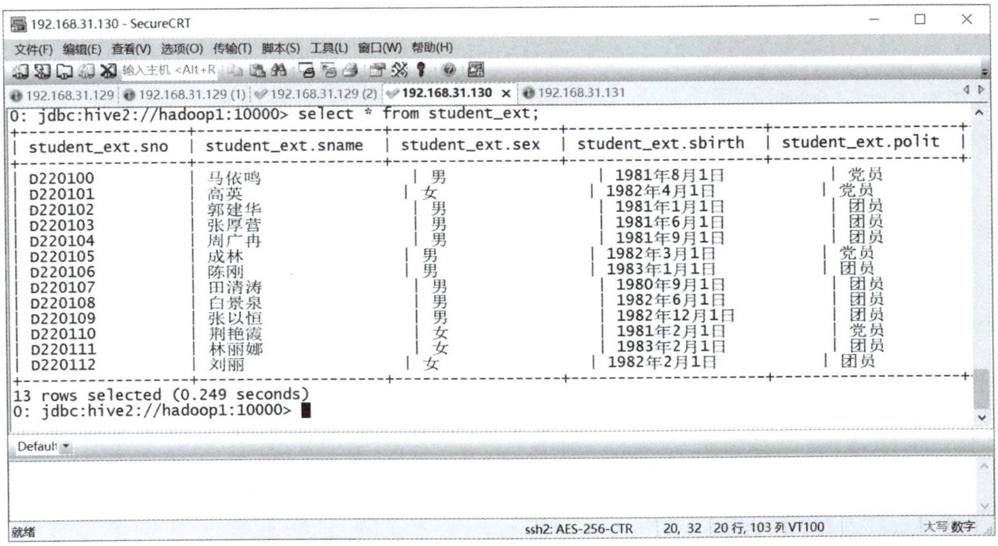

```
0: jdbc:hive2://hadoop1:10000> select * from student_ext;
+------------------+--------------------+------------------+---------------------+-------------------+
| student_ext.sno  | student_ext.sname  | student_ext.sex  | student_ext.sbirth  | student_ext.polit |
+------------------+--------------------+------------------+---------------------+-------------------+
| D220100          | 马依鸣             | 男               | 1981年8月1日        | 党员              |
| D220101          | 高英               | 女               | 1982年4月1日        | 党员              |
| D220102          | 郭建华             | 男               | 1981年1月1日        | 团员              |
| D220103          | 张厚营             | 男               | 1981年6月1日        | 团员              |
| D220104          | 周广冉             | 男               | 1981年9月1日        | 团员              |
| D220105          | 成林               | 男               | 1982年3月1日        | 党员              |
| D220106          | 陈刚               | 男               | 1983年1月1日        | 团员              |
| D220107          | 田清涛             | 男               | 1980年9月1日        | 团员              |
| D220108          | 白景泉             | 男               | 1982年6月1日        | 团员              |
| D220109          | 张以恒             | 男               | 1982年12月1日       | 团员              |
| D220110          | 荆艳霞             | 女               | 1981年2月1日        | 党员              |
| D220111          | 林丽娜             | 女               | 1983年2月1日        | 团员              |
| D220112          | 刘丽               | 女               | 1982年2月1日        | 团员              |
+------------------+--------------------+------------------+---------------------+-------------------+
13 rows selected (0.249 seconds)
0: jdbc:hive2://hadoop1:10000>
```

图 7-12　查询 Hive 外部表

内部表与外部表除了创建方式不同，其他用法均非常类似。用户还可以通过命令“desc formatted stuinfo.student_ext”查询表是内部表还是外部表，如图 7-13 所示。

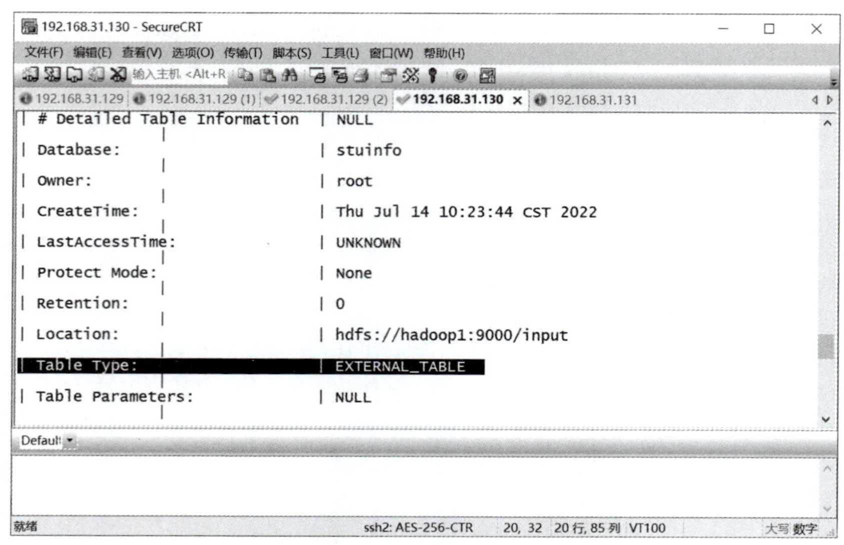

图 7-13 查询表类型

注意：内部表与外部表的基本区别在于，创建内部表时会将数据移动到数据仓库指向的路径；内部表的数据属于自己，而外部表的数据不属于自己；在删除内部表的时候，Hive 会把属于表的元数据和数据全部删掉，而删除外部表的时候仅仅删除表的元数据，数据不会被删除。此外，外部表相对来说更加安全，数据组织也更加灵活，方便共享源数据。一般情况下，如果所有处理都需要由 Hive 完成，那么应该创建内部表，否则使用外部表。

7.3.4 Hive 桶表操作

在前面讲到了内部表和外部表，以及使用分区表对数据进行细分管理的方法。其实对于每一个表或者分区，Hive 还可以进行更为细粒度的数据细分和管理，就是桶（Bucket）。Hive 是针对某一列进行桶的组织的，具体来说，Hive 采用哈希运算处理列值，然后除以桶的个数并求余，由此决定该条记录存放在哪个桶当中。把表（或者分区）组织成桶有两个理由，具体如下。

（1）更高的查询效率。桶为表加上了额外的结构，Hive 在处理一些查询时能利用这个结构。具体而言，连接两个在相同列（包含连接列的）上划分了桶的表，可以使用 Map 端连接（Map-side join）高效地实现。比如 JOIN 操作：两个表连接的时候，就不必扫描整个表，只需要匹配相同分桶的数据即可，效率大大提升。

（2）更高的取样效率。桶的概念就是 MapReduce 的分区的概念，两者完全相同。桶是按照数据内容的某个值进行分桶的，把一个大文件散列成为一个个小文件。物理上，每个桶就是目录里的一个文件，一个作业产生的桶数量和 Reduce 任务个数相同。而分区表代表了数据的仓库，也就是文件夹目录。每个文件夹下面可以放不同的数据文件，通过文件夹可以查询里面存放的文件，但文件夹本身和数据的内容毫无关系。如果没有分区则需要扫描整个数据集，取样效率很低。

下面通过一个案例进行桶表相关操作的演示。首先，开启分桶功能，命令如下：

```
hive>set hive.enforce.bucketing=true;
hive>set mapreduce.job.reduces=4;// 产生相应文件的数量
```

创建桶表的命令如下：

```
hive>create table stu_buck(sno string,sname string,sex string,sbirth string,polit string) clustered by(sno) into 4 buckets row format delimited fields terminated by '\t';
```

执行上述语句后，桶表（stu_buck）创建完成，并且以学生编号（sno）分为 4 个桶，以“\t”为分隔符的桶表。在 HDFS 的 /input/ 目录下已有结构化数据文件 student.txt，需要将该文件复制到 /hive_data 目录。加载数据到桶表中，由于分桶表加载数据时不能使用 load data 方式导入数据，因此在分桶表导入数据时需要创建临时表 stu_tmp，该表与 stu_buck 表的字段必须一致，命令如下：

```
hive>create table stu_tmp(sno string,sname string,sex string,sbirth string,polit string)  row format delimited fields terminated by '\t';
```

接着先加载数据至 student 表，再将数据导入 stu_buck 表，命令如下：

```
hive>load data local inpath '/export/data/hive_data/student.txt' into table stu_tmp;
hive>insert overwrite table stu_buck select * from stu_tmp cluster by(sno);
```

完成上述操作后，使用常规查询语句 select 可以查看桶表 stu_buck 的数据，如图 7-14 所示。

```
INFO  : 2022-07-16 00:01:59,428 Stage-1 map = 100%,  reduce = 100%, Cumulative CPU 9.68 sec
INFO  : MapReduce Total cumulative CPU time: 9 seconds 680 msec
INFO  : Ended Job = job_1657500162429_0001
INFO  : Loading data to table stuinfo.stu_buck from hdfs://hadoop1:9000/user/hive/warehouse/stuinfo.(
ive-staging_hive_2022-07-16_00-01-21_250_2685929673701016144-1/-ext-10000
INFO  : Table stuinfo.stu_buck stats: [numFiles=4, numRows=13, totalSize=574, rawDataSize=561]
No rows affected (40.774 seconds)
0: jdbc:hive2://hadoop1:10000> select * from stu_buck;
+----------------+------------------+----------------+-------------------+------------------+--+
| stu_buck.sno   | stu_buck.sname   | stu_buck.sex   | stu_buck.sbirth   | stu_buck.polit   |
+----------------+------------------+----------------+-------------------+------------------+--+
| D220103        | 张厚营           | 男             | 1981年6月1日      | 团员             |
| D220107        | 田清涛           | 男             | 1980年9月1日      | 团员             |
| D220110        | 荆艳霞           | 女             | 1981年2月1日      | 党员             |
| D220100        | 马依鸣           | 男             | 1981年8月1日      | 党员             |
| D220104        | 周广冉           | 男             | 1981年9月1日      | 团员             |
| D220108        | 白景泉           | 男             | 1982年6月1日      | 团员             |
| D220111        | 林丽娜           | 女             | 1983年2月1日      | 团员             |
| D220101        | 高英             | 女             | 1982年4月1日      | 党员             |
| D220105        | 成林             | 男             | 1982年3月1日      | 党员             |
| D220109        | 张以恒           | 男             | 1982年12月1日     | 团员             |
| D220112        | 刘丽             | 女             | 1982年2月1日      | 团员             |
| D220102        | 郭建华           | 男             | 1981年1月1日      | 团员             |
| D220106        | 陈刚             | 男             | 1983年1月1日      | 团员             |
+----------------+------------------+----------------+-------------------+------------------+--+
13 rows selected (0.129 seconds)
0: jdbc:hive2://hadoop1:10000>
```

图 7-14　查询桶表 stu_buck 数据

可能从上图来看并不明显（注意：stu_buck.sno 进行哈希运算，学号已重新分组），但从 HDFS 的 Web UI 界面可以更为明显地看到学生学号以分桶原理分为 4 个文件（4 桶）的效果，如图 7-15 所示。

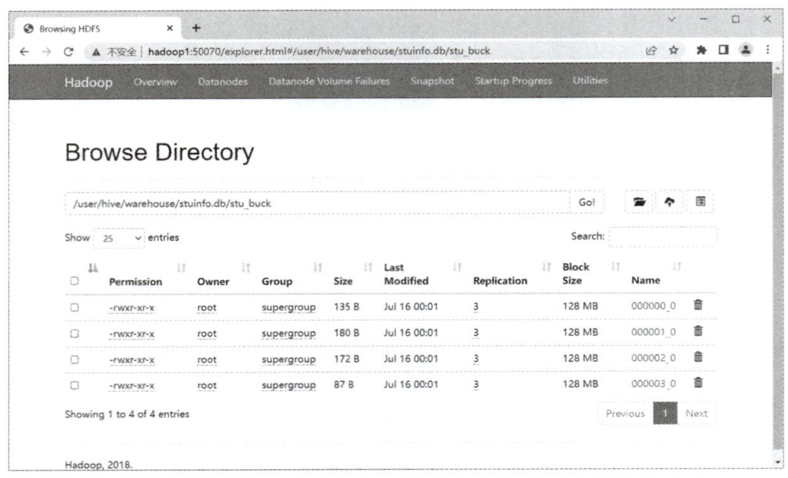

图 7-15　分桶文件结构

通过 hadoop 命令，可查看某一分桶的数据，命令如下：

```
#hadoop fs -cat /user/hive/warehouse/stuinfo.db/stu_buck/000001_0
```

对应结果如图 7-16 所示。

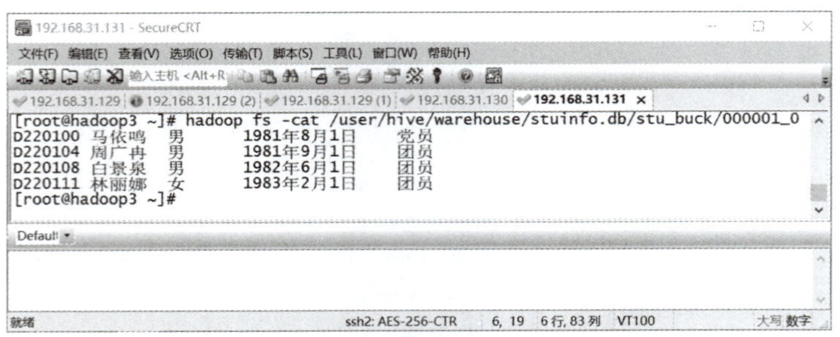

图 7-16　查看桶文件内容

HiveQL 数据操作

7.4　HiveQL 数据操作

HiveQL 语句除了能够对 Hive 中的相关表（如内部表、外部表、分区表、桶表等）进行相关的操作之外，还能够对这些表中的数据进行操作，如数据的插入、查询、导出等。本任务着重对数据各类查询操作给出详细的介绍。

7.4.1　HiveQL 基本语法概述

HiveQL 的功能就是操作数据，其中包括向数据表加载文件、查询结果等。众所周知，在所有数据库系统中，查询语句是使用最频繁的，也是最复杂的。Hive 中的 select 语句与 MySQL 语法基本一致，且支持 where、distinet、group by、order by、having、limit 以及子查询等。基本的 select 操作如下：

```
SELECT [ALL | DISTINCT] select_expr, select_expr, ...
FROM table_reference
[WHERE where_condition]
[GROUP BY col_list [HAVING condition]]
[ CLUSTER BY col_list | [DISTRIBUTE BY col_list] [SORT BY| ORDER BY col_list] ]
[LIMIT number]
```

语句中的可选项解释如下：

- ALL 和 DISTINCT 选项用于区分对重复记录的处理。默认是 ALL，表示查询所有记录。DISTINCT 表示去掉重复的记录。
- WHERE 条件类似传统 SQL 的 WHERE 条件，目前支持 AND、OR、IN、NOT IN，不支持 EXIST、NOT EXIST。
- SORT BY 与 ORDER BY 的不同：SORT BY 只在本机做排序；ORDER BY 为全局排序，只有一个 Reduce 任务。
- LIMIT 用于限制查询的记录数。

注意：select 语句可以使用正则表达式做列选择，在 Hive 中，HiveQL 是不区分大小写的，但是关键字不能被缩写，也不能被分行。

7.4.2 HiveQL 查询实例

1. 前期准备

前期需要准备四个数据文件：student.txt、teacher.txt、course.txt 和 score.txt，将其放入新建的 /export/data/hive_data/cjgl 目录，具体内容如下。

student.txt（s_id,s_name,s_birth,s_sex）：

```
01  王海量  2000-01-01  男
02  潘彦哲  2000-12-21  男
03  黄子安  2000-05-20  男
04  李泽楷  2000-08-06  男
05  赵辰语  2001-12-01  女
06  曹诺雅  2002-03-01  女
07  陈欣然  1999-07-01  女
08  刘嘉琪  2000-01-20  女
```

teacher.txt（t_id,t_name）：

```
01  张平
02  李炜
03  王霞
```

course.txt（c_id,c_name,t_id）：

```
01  语文  02
02  数学  01
03  英语  03
```

score.txt（s_id int,c_id int,score int）：

```
01  01  80
01  02  90
```

```
01	03	99
02	01	70
02	02	60
02	03	80
03	01	80
03	02	80
03	03	80
04	01	50
04	02	30
04	03	20
05	01	76
05	02	87
06	01	31
06	03	34
07	02	89
07	03	98
```

根据上述四个文件的内容，在 /export/data/ 目录下创建数据库和建表脚本 setup_tables.sql 文件，代码如下 ：

```
create database if not exists cjgl;
use cjgl;
-- 创建学生表
drop table if exists student;
create table student(
s_id int,s_name string,s_birth string,s_sex string)
row format delimited fields terminated by "\t"
stored as textfile;
-- 上传数据
load data local inpath '/export/data/hive_data/cjgl/student.txt' overwrite into table student;
-- 创建教师表
drop table if exists teacher;
create table teacher(
t_id int,t_name string)
row format delimited fields terminated by "\t"
stored as textfile;
-- 上传数据
load data local inpath '/export/data/hive_data/cjgl/teacher.txt' overwrite into table teacher;
-- 创建课程表
drop table if exists course;
create table course(
c_id int,c_name string,t_id int)
row format delimited fields terminated by "\t"
stored as textfile;
-- 上传数据
load data local inpath '/export/data/hive_data/cjgl/course.txt' overwrite into table course;
-- 创建成绩表
drop table if exists score;
create table score(
```

```
s_id int,c_id int,score int)
row format delimited fields terminated by "\t"
stored as textfile;
-- 上传数据
load data local inpath '/export/data/hive_data/cjgl/score.txt' overwrite into table score;
```

克隆 hadoop1 机器，生成一个新的会话，在 Hive 安装目录（/export/serv/apache-hive-1.2.1-bin）下，运行以下命令，弹出一系列成功创建提示符，如图 7-17 所示。

```
#bin/hive -f /export/data/setup_tables.sql
```

```
Last login: Fri Jul 29 17:34:01 2022 from 192.168.31.1
[root@hadoop1 ~]# cd /export/serv/
[root@hadoop1 serv]# cd apache-hive-1.2.1-bin/
[root@hadoop1 apache-hive-1.2.1-bin]# bin/hive -f /export/data/setup_tables.sql

Logging initialized using configuration in jar:file:/export/serv/apache-hive-1.2.1-bin/lib/hive-common-1.2.1.jar!/
hive-log4j.properties
OK
Time taken: 1.188 seconds
OK
Time taken: 0.032 seconds
OK
Time taken: 0.097 seconds
OK
Time taken: 0.556 seconds
Loading data to table cjgl.student
Table cjgl.student stats: [numFiles=1, numRows=0, totalSize=224, rawDataSize=0]
OK
Time taken: 0.863 seconds
OK
Time taken: 0.023 seconds
OK
Time taken: 0.054 seconds
Loading data to table cjgl.teacher
Table cjgl.teacher stats: [numFiles=1, numRows=0, totalSize=30, rawDataSize=0]
OK
Time taken: 0.342 seconds
OK
Time taken: 0.013 seconds
OK
Time taken: 0.095 seconds
Loading data to table cjgl.course
Table cjgl.course stats: [numFiles=1, numRows=0, totalSize=39, rawDataSize=0]
OK
Time taken: 0.352 seconds
OK
Time taken: 0.011 seconds
OK
Time taken: 0.079 seconds
Loading data to table cjgl.score
Table cjgl.score stats: [numFiles=1, numRows=0, totalSize=162, rawDataSize=0]
OK
Time taken: 0.345 seconds
[root@hadoop1 apache-hive-1.2.1-bin]#
```

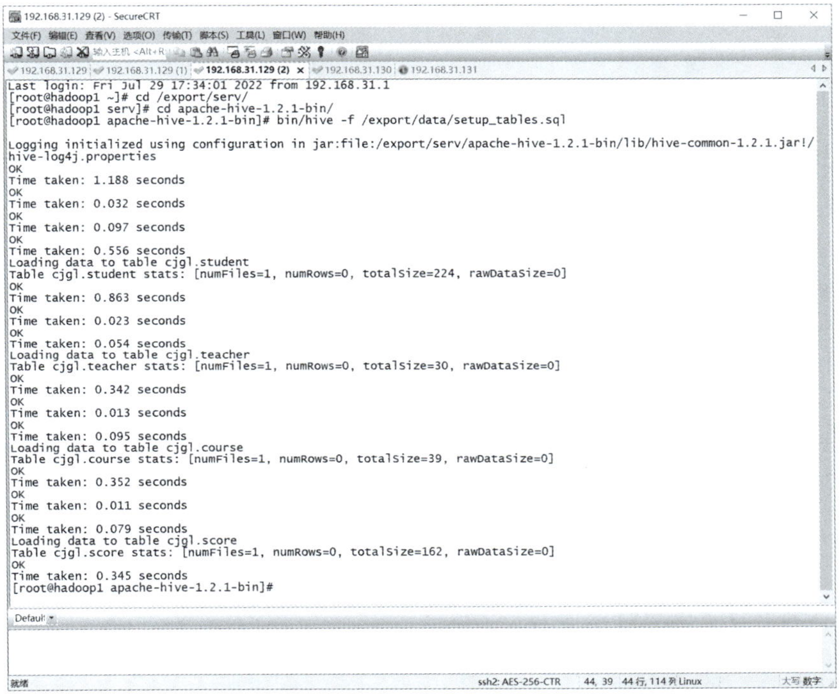

图 7-17　成功执行 sql 脚本文件提示

2. 相关查询操作

在完成下述各类操作查询之前，首先需要在 Hive 提示符下使用“use cjgl”命令，切换 cjgl 为当前数据库。

（1）查询“01”课程比“02”课程成绩高的学生的信息及课程分数。

```
select s3.*,s1.score,s2.score
from score s1 join score s2 join student s3
on s1.s_id=s2.s_id and s2.s_id = s3.s_id
where s1.c_id=1 and s2.c_id=2 and s1.score>s2.score;
```

（2）查询平均成绩小于 60 分的学生的编号、姓名和平均成绩（包括有成绩的和无成绩的学生）。

```
with t1 as (
select round(avg(s1.score),2) a,s1.s_id
from score s1
```

```
group by s1.s_id)
select s1.s_id, s1.s_name,t1.a
from student s1 left join t1
on s1.s_id=t1.s_id
where t1.a<60 or t1.a is null;
```

（3）查询所有学生的编号、姓名、选课总数、所有课程的总成绩。

```
select s.s_id,s_name,count(c_id),sum(score)
from student s
left join score sc
on s.s_id=sc.s_id
group by s.s_id,s_name;
```

（4）查询“李”姓老师的数量。

```
select count(t_id)
from teacher
where t_name like ' 李 %';
```

（5）查询选修“张平”老师所授课程的学生信息。

```
select s2.s_id
from score s1 join course c join teacher t1 join student s2 join (select t_id from teacher  where t_name=' 张平 ') a
on s1.c_id = c.c_id and t1.t_id = c.t_id and s1.s_id = s2.s_id and a.t_id=t1.t_id;
```

（6）查询选修了编号为“01”但是没有选修编号为“02”课程的学生信息。

```
select a select a.s_id,a.s_name,a.s_birth,a.s_sex
from student a
join score b on a.s_id=b.s_id and b.c_id=1
where not exists
(select * from score c where a.s_id=c.s_id and c.c_id=2);
```

（7）查询没有学全所有课程的学生信息。

```
select distinct a.*
from student a join course b left join score c
on c.s_id =a.s_id and c.c_id=b.c_id
where c.score is null;
```

（8）查询两门及以上课程不及格的学生的编号、姓名及其平均成绩（分成两部分理解）。

```
-- 找出两门以上不及格的学生的编号
select s_id ,count(score) cs
from score
where score <60
group by s_id
having cs>1;
-- 查询两门及以上课程不及格的学生的编号、姓名及其平均成绩
select sc.s_id,st.s_name,avg(score) avgs from score sc
join student st
on st.s_id=sc.s_id
join
(select s_id ,count(score) cs
```

```
from score
where score <60
group by s_id
having cs>1) t1
on sc.s_id=t1.s_id
group by sc.s_id ,st.s_name;
```

（9）查询各科成绩的最高分、最低分和平均分，以如下形式显示：课程编号，课程名称，最高分，最低分，平均分，及格率，中等率，优良率，优秀率。

```
select a.c_id,b.c_name,MAX(a.score) AS max_score,MIN(a.score) AS min_score,
    ROUND (AVG(a.score),2) AS avg_score,
round(count(if(a.score>=60,a.score,null))/count(a.score)*100,2) as jige,
round(count(if(a.score>=70 and a.score<80,a.score,null))/count(a.score)*100,2) as zd,
round(count(if(a.score>=80 and a.score<90,a.score,null))/count(a.score)*100,2) as yl,
round(count(if(a.score>=90,a.score,null))/count(a.score)*100,2) as yx
from score a
join course b on a.c_id=b.c_id
group by a.c_id,b.c_name;
```

（10）按各科成绩进行排序并显示排名。

```
select c_id,s_id,score,row_number()over(partition by c_id order by score) from score;
```

（11）查询学生的总成绩并进行排名。

```
select s_id,t1.s,row_number()over(order by t1.s desc)
from
(select s_id,sum(score) s from score group by s_id)t1;
```

（12）统计各科成绩各分数段人数，课程编号，课程名称，成绩在 [100-85]、[85-70]、[70-60]、[0-60] 分数段中的人数及其所占百分比（注意：命令中的分数段之间无空格）。

```
select c.c_id,c.c_name, 0to60,60to70,70to85,85to100 from
course c
join
(select c_id,
round(count(if(score>0 and score<60,score,null))/count(score)*100,2) as 0to60,
round(count(if(score>=60 and score<70,score,null))/count(score)*100,2) as 60to70,
round(count(if(score>=70 and score<85,score,null))/count(score)*100,2) as 70to85,
round(count(if(score>=85 and score<100,score,null))/count(score)*100,2) as 85to100
from score
group by c_id)t1
on t1.c_id=c.c_id;
```

（13）查询各科成绩前三名的记录。

```
select c.c_id,c.c_name,st.s_id,st.s_name,score,rn
from course c
join
(select s_id,c_id,score,row_number()over(partition by c_id order by score) rn from score)t1
on c.c_id=t1.c_id
join student st
on st.s_id=t1.s_id
where rn in (1,2,3);
```

（14）查询男生、女生人数。

```
select
count(if(s_sex=" 男 ",1,null)) as boyN,
count(if(s_sex=" 女 ",1,null)) as girlN
from student;
```

或者：

```
select s_sex,count(*) from student group by s_sex;
```

（15）查询同名同姓学生名单，并统计同名人数。

```
select s_name,count(*) c
from student group by s_name
having c>1;
```

（16）查询每门课程的平均成绩，结果按平均成绩降序排列。平均成绩相同时，按课程编号升序排列。

```
select c_id,avg(score) avgs
from score group by c_id
order by avgs desc ,c_id;
```

（17）查询平均成绩大于 85 的所有学生的学号、姓名和平均成绩。

```
select st.s_id,st.s_name,avgs
from student st
join
(select s_id,avg(score) avgs
from score
group by s_id
having avgs >85)t1
on st.s_id=t1.s_id;
```

（18）查询所有学生的课程及分数情况（所有学生包括没有成绩的学生，需要左连接）。

```
select st.s_id,st.s_name,c.c_id,c.c_name,score
from student st
left join score sc
on sc.s_id=st.s_id
join course c;
```

（19）查询课程不及格的学生。

```
select st.s_id,st.s_name,c.c_id,c.c_name,score
from score sc
join student st
on sc.s_id=st.s_id
join course c
on c.c_id=sc.c_id
where score<60;
```

（20）查询选修“张平”老师所授课程的学生中，成绩最高的学生信息及其成绩。

```
select st.s_id,st.s_name,score
from score sc
join student st
```

```
on st.s_id=sc.s_id
join course c
on c.c_id=sc.c_id
join teacher t
on t.t_id=c.t_id
where t_name=" 张平 "
order by score desc
limit 1;
```

（21）查询每门课程成绩最好的前三名。

```
select t.* from
(select c_id, s_id,row_number()over(partition by c_id order by score) rn from score)t
where rn<=3;
```

（22）查询各学生的年龄（周岁）。

```
select *, cast(date_format(current_date(),'yyyy') as int)-cast(date_format(s_birth,'yyyy') as int) from student;
```

（23）查询本周过生日的学生。

```
select *
from student
where unix_timestamp(cast(concat_ws('-',date_format(current_date(),'yyyy'),
date_format(s_birth,'MM'),date_format(s_birth,'dd')) as date),'yyyy-MM-dd')
between unix_timestamp(current_date())
and unix_timestamp(date_sub(next_day(current_date(),'MON'),1),'yyyy-MM-dd');
```

（24）查询本月过生日的学生。

```
select *
from student
where month(s_birth) = month(current_date());
```

小　　结

作为数据仓库，Hive 与传统数据库虽然都是存储数据的工具，但是它们的使用有很大区别。本章通过介绍 Hive 的基本概念，使读者了解 Hive 以及 Hive 架构和数据模型；通过介绍 Hive 的安装和管理，使读者熟悉 Hive 的安装步骤和管理；通过介绍 Hive 的数据操作，使读者掌握 HiveQL 的相关操作。

习　　题

一、选择题

1．Hive 是为了解决（　　）问题。

A．海量结构化日志的数据统计　　B．分布式组件调度

C．分布式系统监控　　D．分布式系统高可用

2. 以下不属于 Hive 驱动器的是（　　）。

A. 解释器　　B. 编译器　　C. 策略器　　D. 优化器

3. 以下表达式书写错误的是（　　）。

A. year('2015-12-31 12:21')　　B. month(2015-10-31)

C. day('2015-12-11')　　D. date_sub('2015-12-01',3)

4. 以下不是 Hive 支持的数据类型（　　）。

A. struct　　B. int　　C. map　　D. long

5. 下面不属于 Hive 中的元数据信息的是（　　）。

A. 表的名字　　B. 表的列和分区及其属性

C. 表的属性（只存储内部表信息）　　D. 表的数据所在目录

6. 下列 Hive 数据类型中不是基本类型的是（　　）。

A. varchar　　B. int　　C. float　　D. double

7. 外连接进行 JOIN 默认在（　　）。

A. Map 端　　B. Reduce 端　　C. external 端　　D. Shuffle 端

8. Hive 最重视的性能是可测量性、延展性、（　　）和对于输入格式的宽松匹配性。

A. 较低恢复性　　B. 容错性

C. 快速查询　　D. 可处理大量数据

9. Hive 查询语言和 SQL 的一个不同之处在于（　　）操作。

A. Groupby　　B. JOIN　　C. Partition　　D. Union

10. 按粒度大小的顺序，Hive 数据被分为数据库、数据表、（　　）和桶。

A. 元组　　B. 栏　　C. 分区　　D. 行

二、填空题

1. Hive 的本质是将 HiveQL 转化为 __________ 程序。

2. Hive 处理的数据存储在 __________ 上。

3. Hive 有三种复杂数据类型，它们分别是 __________、__________ 和 __________。

4. Hive 可以使用 __________ 操作进行显式数据类型转换。

5. Hive 可以使用 __________ 关键字创建一个外部表。

三、简答题

1. 简述 Hive 内部表和外部表的区别。

2. 简述 Hive 中 SORT BY、ORDER BY、CLUSTER BY 各代表的意思。

第 8 章 Sqoop 数据迁移

Hadoop 的核心技术包括 HDFS、MapReduce 和 YARN。在实际大数据开发过程中，数据的来源涉及大数据开发过程中的数据采集，即如何将 HDFS、Hive 和 HBase 上的数据导出到传统关系型数据库（RDBMS）中，又或者将传统数据库中的数据导入 HDFS、Hive 和 HBase 等大数据平台。如果仅仅通过手动的方式来实现，就会非常麻烦且容易出错。因此，本章将充分利用 Apache 提供的 Sqoop 框架来实现大数据平台上的数据迁移工作。

通过本章的学习，应达到以下目标：

- 了解 Sqoop 基本概念
- 掌握 Sqoop 安装配置方法
- 熟悉 Sqoop 常用的相关命令
- 掌握使用 Sqoop 进行导入和导出的方法

8.1 Sqoop 概述

8.1.1 Sqoop 简介

Apache 的 Sqoop 项目旨在协助关系型数据库（简称 RDBMS）与 Hadoop 之间进行高效的数据迁移操作。利用 Sqoop 框架可以轻松地把关系型数据库中存储的数据导入 Hadoop 的 HDFS、HBase 和 Hive 等数据存储系统；同时也可以把 Hadoop 系统中存储的数据导出到关系型数据库。因此，我们可以把 Sqoop 看成一座桥梁，它连接了关系型数据库与 Hadoop 大数据平台，Sqoop 工作流程示意图如图 8-1 所示。

8.1.2 Sqoop 的优势

Sqoop 框架具有以下优势：

- Sqoop 支持并发控制，充分利用资源，通过调整任务数来控制任务的并发度。
- Sqoop 支持关系型数据库中的数据类型与 Hadoop 系统中数据类型的映射与转换，并且这一过程由 Sqoop 自动实现。
- Sqoop 支持多种关系型数据库，比如 MySQL、Oracle、DB2 和 SQL Server 等。

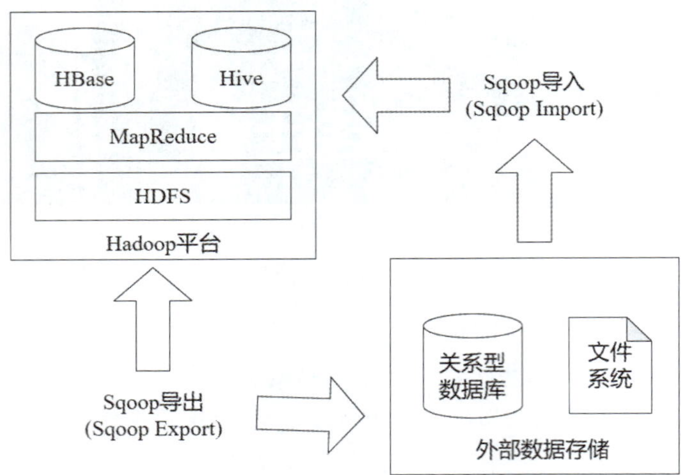

图 8-1　Sqoop 工作流程示意图

8.1.3　Sqoop 的版本

目前，Apache 官方共提供两个版本的 Sqoop，分别是 Sqoop 1 和 Sqoop 2。其中 Sqoop 1 功能结构简单，部署方便，提供命令行操作方式，主要适用于系统服务管理人员进行简单的数据迁移操作的场景；Sqoop 2 功能完善、操作简便，同时支持多种访问模式，引入角色安全机制增加安全性等多种优点，但是结构复杂，配置部署更加烦琐。本章主要使用 Sqoop 1 实现数据迁移的相关操作，请读者注意下载相应的版本。

8.1.4　Sqoop 的构架与工作机制

Sqoop 是一款在传统关系型数据库和 Hadoop 之间实现数据迁移的工具，其底层利用 Hadoop 的 MapReduce 并行计算模型，以批处理方式加快了数据迁移速度，并且具有较好的容错性，Sqoop 的架构图如图 8-2 所示。

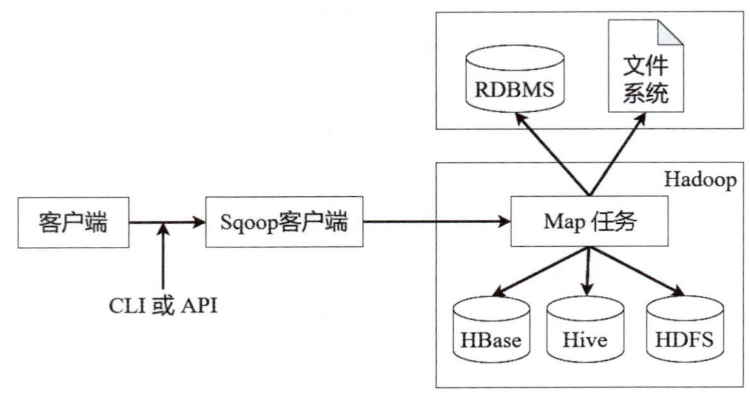

图 8-2　Sqoop 架构图

用户通过客户端 CLI（命令行界面）方式或 Java API 方式调用 Sqoop 的相关命令，

Sqoop 客户端接收到命令后，将其转换为对应的 MapReduce 作业，然后将关系型数据库和 Hadoop 中存储的数据进行相互转换，从而完成数据的迁移。

Sqoop 是关系型数据库与 Hadoop 之间的数据桥梁，其中最重要的组件就是 Sqoop 连接器，它构建了关系型数据与 Hadoop 数据之间的连接，从而实现数据的导入和导出操作。Sqoop 连接器支持常用的关系型数据库，如 MySQL、Oracle、DB2 和 SQL Server 等，同时它还有个通用的 JDBC 连接器，用于连接支持 JDBC 协议的数据库。

下面介绍下 Sqoop 的导入、导出流程。

1. Sqoop 导入流程（Import）

在导入数据之前，Sqoop 使用 JDBC 检查连接的数据库和相应的表，并判断数据库和表的状态。接着检索表中的所有字段以及字段的 SQL 数据类型，并将 SQL 数据类型自动映射为 Java 数据类型，在转换后的 MapReduce 应用中使用 Java 数据类型来保存数据库中的字段值。Sqoop 的代码生成器使用这些信息来创建数据表对应的 Java 类，用于保存从表中抽取的记录。

2. Sqoop 导出流程（Export）

在导出数据之前，Sqoop 会根据提供的数据库连接字符串来连接数据库。Sqoop 会根据导出表的结构定义生成一个 Java 类，该 Java 类能够从 Hadoop 数据平台中解析出相应的数据，并根据关系型数据库中提供的数据类型，插入合适的数据值。最后同样启动一个 MapReduce 作业，从 Hadoop 数据平台中读取源数据文件，使用生成的类解析出记录，并且执行相应的导出方法。

Sqoop 安装与配置

8.2 Sqoop 安装与配置

在安装 Sqoop 前需要确定机器上是否安装 Java 和 Hadoop，因为 Sqoop 导入与导出操作需要基于 Hadoop 平台。Sqoop 的安装配置非常简单，本节将采用 Sqoop 1.4.7 版本来讲解 Sqoop 的安装与配置。

8.2.1 Sqoop 安装

首先到官网下载好 Sqoop-1.4.7 的安装包，并上传至 hadoop1 主节点的 /export/soft 目录中，将其解压至 /export/serv 路径下，然后对解压包进行重命名，具体命令如下：

```
// 解压 Sqoop-1.4.7 安装包
#tar -zxvf /export/soft/sqoop-1.4.7.bin__hadoop-2.6.0.tar.gz -C /export/serv
// 重命名安装目录名
#mv /export/serv/sqoop-1.4.7.bin__hadoop-2.6.0/ /export/serv/sqoop
```

执行完上述操作就完成了 Sqoop 1.4.7 的安装操作。

8.2.2 Sqoop 配置

（1）首先进入 Sqoop 安装目录中的 conf 目录，将 sqoop-env-template.sh 文件复制

并重命名为 sqoop-env.sh，指定 Sqoop 运行所需的环境变量，修改内容如下：

```
// 进入 Sqoop 的安装目录中的 conf 目录
#cd /export/serv/sqoop/conf
// 创建 sqoop-env.sh
#cp sqoop-env-template.sh sqoop-env.sh
// 编辑 sqoop-env.sh
#vi sqoop-env.sh
// 指定 Sqoop 运行时所需的环境变量
export HADOOP_COMMON_HOME=/export/serv/hadoop
export HADOOP_MAPRED_HOME=/export/serv/hadoop
export HIVE_HOME=/export/serv/hive
```

在 sqoop-env.sh 配置文件中，需要指定 Sqoop 运行时必备的环境变量。由于 Sqoop 运行在 Hadoop 之上，因此必须在 sqoop-env.sh 配置文件中指定 Hadoop 的安装目录。另外，也可以根据实际情况配置 HBase、Hive 和 ZooKeeper 等环境变量。

（2）为了方便后期的使用，将 Sqoop 目录配置到系统环境变量中，即可以在任意目录使用 Sqoop CLI 命令。

```
// 打开 /etc/profile，在文件末尾增加如下内容
#vi /etc/profile
export SQOOP_HOME=/export/serv/sqoop
export PATH=$PATH:$SQOOP_HOME/bin
// 更新配置文件
#source /etc/profile
```

配置完成后直接保存退出，接着使用“source /etc/profile”命令刷新配置文件即可。

（3）在完成 Sqoop 的相关配置后，还需要根据所操作的关系型数据库添加对应的 JDBC 驱动包，用于连接 Sqoop 与关系型数据库。本节主要针对 MySQL 数据库进行数据迁移操作，所以需要将 mysql-connector-java.jar 包上传至 Sqoop 安装目录的 lib 文件夹下。

8.2.3　Sqoop 配置测试

执行完上述 Sqoop 的安装与配置操作后，就可以执行 Sqoop 相关命令来验证 Sqoop 的执行效果，具体命令如下：

```
// 需要先启动 Hadoop
#start-all.sh
// 在任意目录下输入如下命令，注意行末有一个空格加斜杠
#sqoop list-databases \
--connect jdbc:mysql://hadoop1:3306/ \
--username root \
--password 1QAZ2wsx#
```

“sqoop list-databases \”命令的作用是输出连接 hadoop1 机器上 MySQL 数据库中的所有数据库名，如果正确返回 hadoop1 机器上的 MySQL 数据库信息，那么说明 Sqoop 配置完毕。

执行上述命令后，终端效果如图 8-3 所示。通过 Sqoop 成功查询出连接到 hadoop1 机器上 MySQL 数据库中的所有数据库名，这就说明 Sqoop 安装与配置成功。

```
[root@hadoop1 ~]# sqoop list-databases \
> --connect jdbc:mysql://hadoop1:3306/ \
> --username root \
> --password 1QAZ2wsx#
Warning: /root/export/serv/sqoop/../hbase does not exist! HBase imports will fail.
Please set $HBASE_HOME to the root of your HBase installation.
Warning: /root/export/serv/sqoop/../hcatalog does not exist! HCatalog jobs will fail.
Please set $HCAT_HOME to the root of your HCatalog installation.
Warning: /root/export/serv/sqoop/../accumulo does not exist! Accumulo imports will fail.
Please set $ACCUMULO_HOME to the root of your Accumulo installation.
22/08/10 09:07:11 INFO sqoop.Sqoop: Running Sqoop version: 1.4.7
22/08/10 09:07:12 WARN tool.BaseSqoopTool: Setting your password on the command-line is insecure. Consider using -P ins
tead.
22/08/10 09:07:12 INFO manager.MySQLManager: Preparing to use a MySQL streaming resultset.
Wed Aug 10 09:07:13 CST 2022 WARN: Establishing SSL connection without server's identity verification is not recommende
d. According to MySQL 5.5.45+, 5.6.26+ and 5.7.6+ requirements SSL connection must be established by default if explici
t option isn't set. For compliance with existing applications not using SSL the verifyServerCertificate property is set
 to 'false'. You need either to explicitly disable SSL by setting useSSL=false, or set useSSL=true and provide truststo
re for server certificate verification.
information_schema
hive
mysql
performance_schema
studentdb
sys
[root@hadoop1 ~]# 
```

图 8-3　Sqoop 验证效果

Sqoop 的使用

8.3　Sqoop 的使用

Sqoop 数据导入操作将关系型数据库（简称 RDBMS）中的单个表数据导入 HDFS、Hive 和 HBase 等具有 Hadoop 分布式存储结构的文件系统，表中的每一行都被视为一条记录，所有记录默认以文本文件格式进行逐行存储。

8.3.1　数据准备工作

下面将演示 Sqoop 数据导入的相关操作。首先在 hadoop1 机器的 MySQL 数据库中创建一个 studentdb 数据库，字符集设置为 UTF-8，接下来创建两张表：t_student（学生表）和 t_major（专业表），并完成数据的初始化，具体表结构和表数据如下。

```
// 在 hadoop1 机器上连接 MySQL 数据库
#mysql -u root -p // 输入用户名和密码
// 创建 studentdb 数据库
CREATE DATABASE IF NOT EXISTS 'studentdb' DEFAULT CHARACTER SET utf8;
// 切换数据库 studentdb
use studentdb;
// 创建 t_stduent 表
DROP TABLE IF EXISTS 't_student';
CREATE TABLE 't_student' (
  'id' int(11) NOT NULL COMMENT ' 流水号 ',
  'no' char(6) DEFAULT NULL COMMENT ' 学号 ',
  'name' varchar(50) DEFAULT NULL COMMENT ' 姓名 ',
  'age' int(11) DEFAULT NULL COMMENT ' 年龄 ',
  'sex' varchar(10) DEFAULT NULL COMMENT ' 性别 ',
  'dep_id' int(11) DEFAULT NULL COMMENT ' 专业 ID',
  PRIMARY KEY ('id')
```

```
) ENGINE=InnoDB DEFAULT CHARSET=utf8;

// 插入 t_student 表中数据
insert  into 't_student'('id','no','name','age','sex','dep_id') values (1,'202201',' 郭好 ',19,' 男 ',1);
insert  into 't_student'('id','no','name','age','sex','dep_id') values (2,'202202',' 胡恒 ',20,' 男 ',1);
insert  into 't_student'('id','no','name','age','sex','dep_id') values (3,'202203',' 将张娟 ',19,' 女 ',2);
insert  into 't_student'('id','no','name','age','sex','dep_id') values (4,'202204',' 胡梦晨 ',20,' 女 ',3);
insert  into 't_student'('id','no','name','age','sex','dep_id') values (5,'202205',' 曾国强 ',21,' 男 ',2);
insert  into 't_student'('id','no','name','age','sex','dep_id') values (6,'202206',' 马慧茹 ',20,' 女 ',2);

// 创建 t_major 表
DROP TABLE IF EXISTS 't_major';
CREATE TABLE 't_major' (
 'id' int(11) NOT NULL COMMENT ' 流水号 ',
 'no' char(4) DEFAULT NULL COMMENT ' 专业号 ',
 'name' varchar(100) DEFAULT NULL COMMENT ' 专业名 ',
 PRIMARY KEY ('id')
) ENGINE=InnoDB DEFAULT CHARSET=utf8;

// 插入 t_major 表中数据
insert  into 't_major'('id','no','name') values (1,'0001',' 计算机应用技术 ');
insert  into 't_major'('id','no','name') values (2,'0002',' 物联网应用 ');
insert  into 't_major'('id','no','name') values (3,'0003',' 网络安全应用技术 ');
```

按照前面的要求完成 Sqoop 数据导入操作的相关准备工作后，检查一下数据表和数据是否已经操作成功，具体命令如下所示：

```
// 查询两张表是否创建成功
show tabels;
// 检查 t_student 表的数据是否创建成功
select * from t_student;
// 检查 t_major 表的数据是否创建成功
select * from t_major;
```

检查完毕后，接下来就是针对不同 Sqoop 数据导入需求，进行相应的数据导入操作。

8.3.2　MySQL 表数据导入 HDFS

现在通过 Sqoop 将之前新建的 MySQL 表数据导入 HDFS，具体命令如下：

```
// 将 t_student 表导入 HDFS 的 student 目录
#sqoop import \
--connect jdbc:mysql://hadoop1:3306/studentdb \
--username root \
--password 1QAZ2wsx# \
--target-dir /student \
--table t_student \
--num-mappers 1
```

上述命令是将 studentdb 数据库中的 t_student 表导入 HDFS 的基本操作，其中包含了多个参数，下面对其中的参数进行具体说明。

- connect：指定关系型数据库的连接信息，包括 JDBC 驱动名、主机名、端口号和数据库名称。需要注意 Sqoop 数据导入操作需要启动 Hadoop 集群的 MapReduce 服务，所以这里连接的主机名不能是 localhost，必须是 MySQL 数据库所在主机名或 IP 地址。
- username：用于指定连接 MySQL 数据库的用户名。
- password：用于指定连接数据库的密码。这种方式会暴露数据库连接密码，安全性较差，建议使用 -p 代替，-p 会以交互方式提示用户输入密码。
- target-dir：指定导入 Hadoop 平台下 HDFS 的目录，表示 MySQL 数据表要导入的 HDFS 目标路径。注意，所指定的 HDFS 路径的最后一个子目录不能存在，否则 Sqoop 会执行失败。
- table：表示要进行数据导入操作的 MySQL 数据表名。
- num-mappers：指定 Map 任务个数，可简写为 -m。如指定 Map 任务个数为 1，那么只会启动一个 Map Task 执行相关操作，并只会生成一个结果文件。

执行上述命令后，Sqoop 操作会转换为 MapReduce 任务在整个集群中并行执行，作业执行成功后可以通过 HDFS UI 查看数据结果文件，如图 8-4 所示。

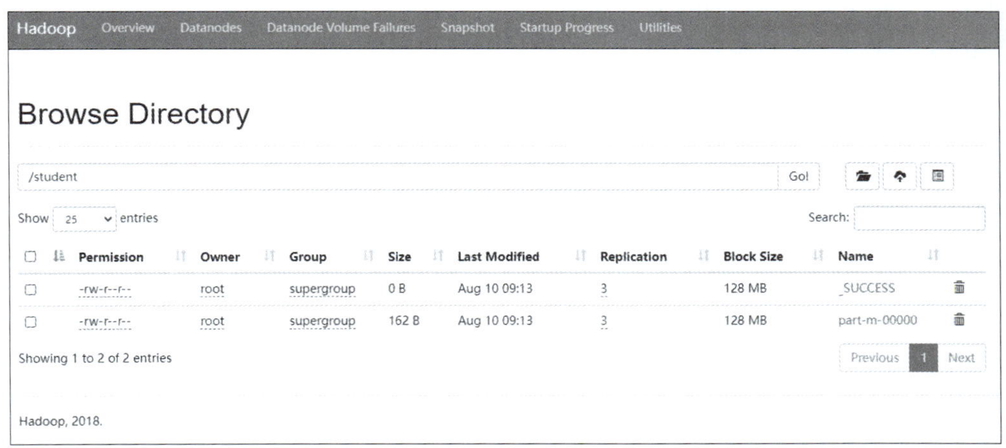

图 8-4　导入 HDFS 目录的结果

从图 8-4 可以看出，指定的 MySQL 数据库中表 t_student 的数据成功导入 HDFS。用户可以将结果文件下载下来进行查看，也可以使用“hadoop fs -cat /student/part-m-00000”命令查看导入后的文件内容，如图 8-5 所示。

```
root@hadoop1:~  ×  root@hadoop2:~  root@hadoop3:~
[root@hadoop1 ~]# hadoop fs -cat /student/part-m-00000
1,202201,郭好,19,男,1
2,202202,胡恒,20,男,1
3,202203,将张娟,19,女,2
4,202204,胡梦晨,20,女,3
5,202205,曾国强,21,男,2
6,202206,马慧茹,20,女,2
[root@hadoop1 ~]#
```

图 8-5　查看 HDFS 文件内容

从图 8-5 可以看出，导入 HDFS 目录的文件内容与 MySQL 数据库中表 t_student 中的数据保持一致，且导入后的数据内容按照逗号进行分隔。

8.3.3 增量导入

如果 MySQL 表中的数据发生变化，如新增数据或者删除数据，这时需要更新 HDFS 上对应目录下的数据，我们可以使用 Sqoop 提供的增量导入功能。Sqoop 目前支持两种增量导入模式，即 Append 模式和 LastModified 模式。其中，Append 模式主要针对新增数据（Insert）的增量导入；而 LastModified 模式主要针对修改数据（Update）的增量导入。

在进行 Append 模式增量导入操作时，首先必须指定 check-column 参数，用来检查数据表中的特定字段，从而确定需要执行增量导入操作的数据内容。通常会将 check-column 参数指定为主键字段，即具有连续自增功能的字段。而执行 LastModified 模式增量导入操作时，通常会将 check-column 参数指定为日期时间类型的字段。

同时，还可以为增量导入操作指定 last-value 参数，该参数用于导入 last-value 值以后新增的数据，增量导入的数据会被存储到之前的 HDFS 上相应目录下的另一个单独文件中，并非导入同一个 HDFS 文件中。

下面来演示一下增量导入的过程，首先向 t_student 表添加新数据，命令如下：

```
insert  into 't_student'('id','no','name','age','sex','dep_id') values (7,'202207',' 李媛 ',20,' 女 ',1);
```

接下来，针对 t_student 表数据的新增变化执行 Append 模式的增量导入操作，具体命令示例如下：

```
#sqoop import \
--connect jdbc:mysql://hadoop1:3306/studentdb \
--username root \
--password 1QAZ2wsx# \
--target-dir /student \
--table t_student \
--num-mappers 1 \
--incremental append \
--check-column id \
--last-value 6
```

上述增量导入命令与 Sqoop 导入命令基本相同，为了实现增量导入功能，添加了 3 个参数。其中 incremental append 指定了增量导入的模式为 Append；check-column id 指定了针对表 t_student 数据的 id 主键进行检查；last-value 6 指定了针对 id 值为 6 以后的数据执行增量导入操作。

执行上述命令后，从 HDFS UI 查看增量导入结果，如图 8-6 所示。

可以看出，增量导入的数据在指定的目标目录下创建了一个新的结果文件 part-m-00001。可以使用“hadoop fs -cat”命令查看数据，当设置了 last-value 6 参数后，增量导入的新结果文件只会把指定值后的数据添加到结果文件中，如图 8-7 所示。

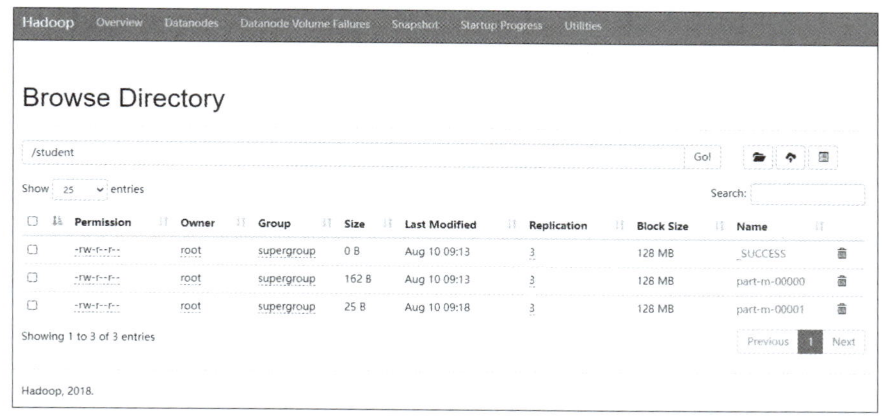

图 8-6　增量导入结果

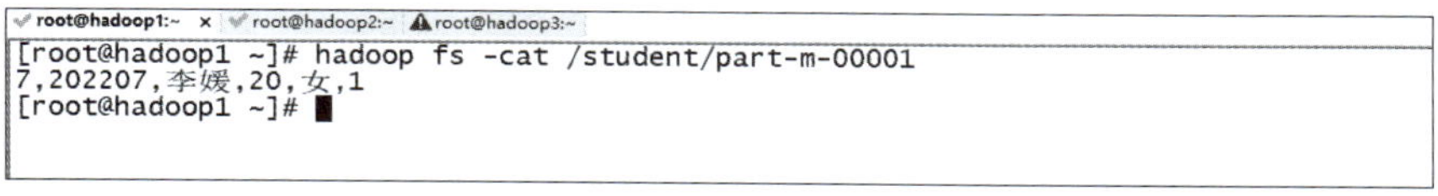

```
root@hadoop1:~  ×  root@hadoop2:~  root@hadoop3:~
[root@hadoop1 ~]# hadoop fs -cat /student/part-m-00001
7,202207,李媛,20,女,1
[root@hadoop1 ~]#
```

图 8-7　查看增量导入文件

增量导入操作中还有一种是 LastModified 模式，该操作方法与 Append 模式基本相同，不再具体演示。

8.3.4　MySQL 表数据导入 Hive

如果 Hadoop 集群中部署有 Hive 服务，并且在 Sqoop 服务的 sqoop-env.sh 文件中配置了 Hive 的安装路径，那么也可以通过 Sqoop 工具将 MySQL 表数据导入 Hive 的数据表中。

将 MySQL 中 t_major 表的数据导入 Hive 文件系统，具体命令如下：

```
// 注意在导入前，需要提前创建 studentdb 数据仓库
#sqoop import \
--connect jdbc:mysql://hadoop1:3306/studentdb \
--username root \
--password 1QAZ2wsx# \
--table t_major \
--hive-table studentdb.major \
--create-hive-table \
--hive-import \
--num-mappers 1
```

上述命令中，hive-table 参数用于指定上传到 Hive 文件系统中的目标地址为 studentdb 数据仓库的 major 表。注意，必须在导入数据的表名前指定数据仓库名。create-hive-table 参数用于自动创建指定的目标 Hive 表，如果表已存在，则执行失败。hive-import 参数用于指定数据源导入 Hive 数据仓库。执行上述命令后，可以连接到 Hive 客户端查看 Hive 数据仓库表数据，结果如图 8-8 所示。

```
hive> show tables;
OK
major
Time taken: 0.037 seconds, Fetched: 1 row(s)
hive> select * from major;
OK
1       0001    计算机应用技术
2       0002    物联网应用
3       0003    网络安全应用技术
Time taken: 0.545 seconds, Fetched: 3 row(s)
hive> █
```

图 8-8　查看 Hive 数据仓库表数据

从图 8-8 看出，Sqoop 成功将 MySQL 表数据导入 Hive 中。此结果也可在 HDFS UI 查看，Hive 表数据是一个 MapReduce 的结果文件，从命名可以看出，本次 MapReduce 作业只进行了 Map 阶段，如图 8-9 所示。

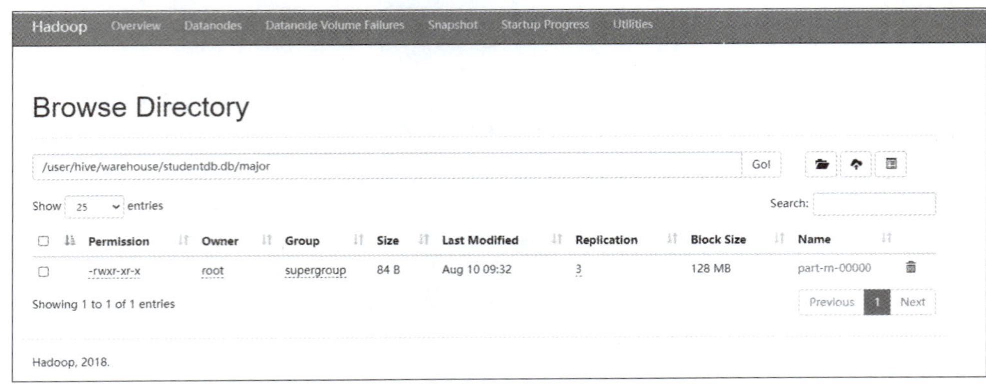

图 8-9　查看 Hive 数据表路径

8.3.5　Sqoop 数据导出

Sqoop 的导出与导入是一对相反的操作，导出操作就是将 HDFS、Hive 和 HBase 等文件系统或数据仓库中的数据导出到关系型数据库中。注意，在导出操作之前，目标表必须存在于 MySQL 数据库中，否则在执行导出操作时会失败。而 Hive 和 HBase 系统中的数据通常都是以文件的形式存储在 HDFS 中的，因此，本节重点讲解将 HDFS 数据导出到 MySQL 中的操作。

为了方便操作，这里就将之前导入 HDFS/student 目录的结果文件 part-m-00000 导出到 MySQL 数据库中。首先在本地 MySQL 数据库中提前创建目标表结构，该表结构需要与 HDFS 中的源数据结构类型一致，具体结构如下：

```
// 创建 t_student_export 表
DROP TABLE IF EXISTS 't_student_export';
CREATE TABLE 't_student_export' (
  'id' int(11) NOT NULL COMMENT ' 流水号 ',
  'no' char(6) DEFAULT NULL COMMENT ' 学号 ',
  'name' varchar(50) DEFAULT NULL COMMENT ' 姓名 ',
  'age' int(11) DEFAULT NULL COMMENT ' 年龄 ',
  'sex' varchar(10) DEFAULT NULL COMMENT ' 性别 ',
  'dep_id' int(11) DEFAULT NULL COMMENT ' 专业 ID',
```

```
 PRIMARY KEY ('id')
) ENGINE=InnoDB DEFAULT CHARSET=utf8;
```

创建好目标表 t_student_export 后，接下来对 HDFS/student 目录下的 part-m-00000 文件执行导出操作，具体命令示例如下：

```
// 注意导入前先创建 t_student_export 表
#sqoop export \
--connect jdbc:mysql://hadoop1:3306/studentdb?characterEncoding=utf-8 \
--username root \
--password 1QAZ2wsx# \
--table t_student_export \
--export-dir /student
```

上述数据导出的操作命令与之前导入命令基本相同，主要是将其中的导入目录参数 target-dir 改为导出目录参数 export-dir。

执行完命令后，进入 MySQL 数据库，查看表 t_student_export 的内容，可以看出，使用 Sqoop 成功将 HDFS 的数据导出到 MySQL 数据库中，如图 8-10 所示。

```
| t_major          |
| t_student        |
| t_student_export |
+------------------+
3 rows in set (0.00 sec)

mysql> select * from t_student_export;
+----+--------+--------+-----+-----+--------+
| id | no     | name   | age | sex | dep_id |
+----+--------+--------+-----+-----+--------+
|  1 | 202201 | 郭好   |  19 | 男  |      1 |
|  2 | 202202 | 胡恒   |  20 | 男  |      1 |
|  3 | 202203 | 将张娟 |  19 | 女  |      2 |
|  4 | 202204 | 胡梦晨 |  20 | 女  |      3 |
|  5 | 202205 | 曾国强 |  21 | 男  |      2 |
|  6 | 202206 | 马慧茹 |  20 | 女  |      2 |
|  7 | 202207 | 李媛   |  20 | 女  |      1 |
+----+--------+--------+-----+-----+--------+
7 rows in set (0.01 sec)
```

图 8-10　导出表 t_student_export

小　　结

本章讲解了 Sqoop 数据迁移工具的相关知识。首先，对 Sqoop 的相关概念进行了介绍，接着对 Sqoop 的安装配置进行了详细讲解最后，通过具体的案例讲解了常用的 Sqoop 数据导入和导出操作。

习　　题

一、选择题

1. 以下为 Sqoop 命令的是（　　）。（多选）

A．import　　B．output　　C．input　　D．export

2．Sqoop 数据导入时，num-mappers 参数的含义是（　　）。

A．Map 任务个数　　B．Reduce 任务个数

C．数据个数　　D．以上都不对

3．Sqoop 增量导入命令中的 check-column 参数作用是（　　）。

A．指定导入的列数　　B．指定增量检查的字段

C．指定导入哪一列　　D．以上都不对

4．Sqoop 导出命令中的 hive-table 参数作用是（　　）。

A．指定导出的 Hive 数据表　　B．指定导出的 MySQL 数据表

C．指定导出的数据列　　D．以上都不对

5．下列语句描述错误的是（　　）。

A．可以通过 CLI 方式、Java API 方式调用 Sqoop

B．Sqoop 底层会将 Sqoop 命令转换为 MapReduce 任务，并通过 Sqoop 连接器进行数据的导入和导出操作

C．Sqoop 是独立的数据迁移工具，可以在任何系统上执行

D．如果在 Hadoop 分布式集群环境下，连接 MySQL 服务器参数不能是 localhost 或 127.0.0.1

二、填空题

1．Sqoop 主要用于在 ________ 和 ________ 之间进行迁移数据。

2．Sqoop 底层利用 ________ 技术以 ________ 方式加快了数据传输速度，并且具有较好的容错性。

3．目前，Apache 官方共提供两个版本的 Sqoop，分别是 ________ 和 ________。

4．从数据库导入 HDFS 时，指定以制表符作为字段分隔符的参数是 ________。

5．Sqoop 目前支持两种增量导入模式，即 ________ 和 ________。

三、简答题

1．简述 Sqoop 导入与导出数据的工作原理。

2．简述 Sqoop 增量导入的过程。

第 9 章 Storm 流计算

传统数据处理过程首先是采集数据，然后是存储数据，接着对存储后的数据进行分析和处理。这种数据处理方式虽然能够满足大部分的应用场景，但是对于对实时性要求比较高的场景则显得有些力不从心，比如实时搜索应用环境中的某些问题，使用类似于 MapReduce 方式的离线处理方式就不能很好地解决。这就引出一种全新的数据计算结构——流计算方式。它可以很好地对在不断变化的运动过程中的大规模流动数据实时地进行分析，捕捉到可能有用的信息，并把结果发送到下一计算节点。本章将全面介绍流计算的概念，使读者了解 Storm 的核心概念和集群配置，并通过一个案例讲解 Storm 流计算过程。

通过本章的学习，应达到以下目标：

- 了解流计算基本概念
- 掌握 Storm 集群搭建方法
- 掌握 Storm 流计算的相关案例

9.1 流计算概述

大数据包括静态数据和动态数据（流数据），相应地，大数据计算包括批量计算和实时计算。传统的 MapReduce 框架采用离线处理的计算方式，主要用于对静态数据的批量计算，并不适合处理流数据。流计算即针对流数据的实时计算。Storm 流计算框架具有可扩展性、高容错性、能可靠地处理消息的特点，且使用简单，可以以较低的成本来开发实时应用。

目前流计算是业界研究的一个热点，最近推特（Twitter）、领英（LinkedIn）等公司相继开源了流式计算系统 Storm、Kafka 等，加上雅虎（Yahoo）之前开源的 S4，流计算研究在互联网领域持续升温。不过流计算并非最近几年才开始研究，传统行业如金融领域等很早就已经在使用流式计算系统，比较知名的有 StreamBase、Borealis 等。

9.1.1 流计算的概念

1. 静态数据和流数据

静态数据是指不会随时间发生变化的数据，而流数据是指数据以大量、快速、时变的流形式持续到达，如网络监控、电信金融、生产制造等产生的数据。从概念上来说，流数据是指在时间分布和数量上无限的一系列动态数据集合体，数据记录是流数据的最小组成单元。

流数据具有如下特征：

（1）数据快速持续到达，潜在数据量也许是无穷无尽的。

（2）数据来源众多，格式复杂。

（3）数据量大，但是不十分关注存储，一旦流数据中的某个元素经过处理，要么被丢弃，要么被归档存储。

（4）注重数据的整体价值，不过分关注个别数据。

（5）系统无法控制将要处理的和新到达的数据元素的顺序。

2. 批量计算和实时计算

批量计算以静态数据为对象，可以在很充裕的时间内对海量数据进行批量处理，计算得到有价值的信息。而实时计算最重要的一个需求是能够快速得到计算结果，一般要求响应时间为秒级。

流数据不适合采用批量计算，因为流数据不适合用传统的关系模型建模，不能把源源不断的流数据保存到数据库中。流数据被处理后，一部分进入数据库成为静态数据，其他部分则直接被丢弃。

3. 流计算

流计算是针对流数据的实时计算；流计算秉承了一个基本理念，即数据的价值随着时间的流逝而降低。

对于一个流计算系统来说，它应达到如下需求：

（1）高性能：能够达到处理大数据的基本要求，如每秒处理几十万条数据。

（2）海量式：支持 TB 级甚至是 PB 级的数据规模。

（3）实时性：必须保证一个较低的时延，达到秒级，甚至毫秒级别。

（4）分布式：支持大数据的基本架构，必须能够平滑扩展。

（5）易用性：能够快速进行开发和部署。

（6）可靠性：能可靠地处理流数据。

9.1.2 流计算的处理流程

1. 传统数据处理特点

（1）存储的数据是旧的。当查询数据的时候，存储的静态数据已经是过去某一时刻的快照，这些数据在查询时可能已不具备时效性。

（2）需要用户主动发出查询。

2. 流计算处理流程

流计算处理流程包括数据实时采集、数据实时计算和实时查询服务。

（1）数据实时采集阶段需要采集多个数据源的海量数据，需要保证实时、低延迟和稳定可靠。

（2）数据实时计算阶段是对采集的数据进行实时的分析和计算。流处理系统接收数据采集系统不断发来的实时数据后，应进行时实分析计算，并反馈实时结果。经流处理系统处理后的数据，可视情况进行存储，以便之后进行分析计算。在时效性要求较高的场景中，处理之后的数据也可以直接丢弃。

（3）在流处理流程中，实时查询服务可以不断更新结果，并将用户所需的结果实时推送给用户。

3. 流处理系统与传统数据处理系统的差异

（1）流处理系统处理的是实时数据，而传统数据处理系统处理的是预先存储好的静态数据。

（2）用户通过流处理系统获取的是实时结果，而通过传统数据处理系统获取的是过去某一时刻的结果。并且，流处理系统无须用户主动发出查询，实时查询服务可以主动将实时结果推送给用户。

9.2 Storm 流计算框架

9.2.1 Storm 概述

Apache Storm 是一个免费开源的分布式实时计算系统，它的前身是 Twitter Storm 平台，目前已经成为 Apache 顶级项目。Storm 的使用非常简单，适用于任意编程语言，它简化了流数据的可靠处理，像 Hadoop 一样实现实时批处理。Storm 采用了由实时处理系统和批处理系统组成的分层数据处理架构，一方面由 Hadoop 和 ElephantDB 组成批处理系统，另一方面由 Storm 和 Cassandra 组成实时系统。在计算查询时，该系统会同时查询批处理视图和实时视图，并把它们合并起来以得到最终的结果。实时系统处理的结果最终会由批处理系统来修正，这种设计方式使得 Twitter 的数据处理系统显得与众不同。

9.2.2 Storm 的特点

Storm 是分布式流式数据处理系统，其强大的分布式集群管理、便捷的针对流式数据的编程模型和高容错保障，使它成为流式数据实时处理的首选。Storm 有以下特点和优势。

- 易用性。Storm 为复杂的流计算模型提供了丰富的服务和编程接口，易于学习和使用，降低了学习和开发的门槛。
- 容错性。Storm 具有适应性的容错能力。当工作进程（Worker）失败时，Storm 可以自动重启这些进程；当一个节点宕机时，其上的所有工作进程都会在其他节点被重启。Storm 的守护进程包括 Nimbus 和 Supervisor，它们被设计为无状态和快速恢复的，当这些守护进程失败时，它们可以通过重启恢复而不会产生额外影响。

- 可扩展性。Storm 作业具有并行性，可以跨机器甚至集群执行。拓扑（Topology）中各个不同的组件(Spout 或 Bolt)可以配置为不同的并行度。当集群性能不足时，可以随时添加物理机器并对任务进行平衡。
- 完整性。Storm 对数据提供的完整性操作包含至少处理一次、至多处理一次和处理且仅处理一次。用户可以根据自己的需求进行选择。

9.2.3 Storm 的架构

与 Hadoop 主从架构一样，Storm 也采用 Master/Slave 体系结构，分布式计算由 Nimbus 和 Supervisor 两类服务进程实现。Nimbus 进程运行在集群的主节点，负责任务的指派和分发，Supervisor 进程运行在集群的从节点，负责执行任务的具体部分。Storm 架构如图 9-1 所示。

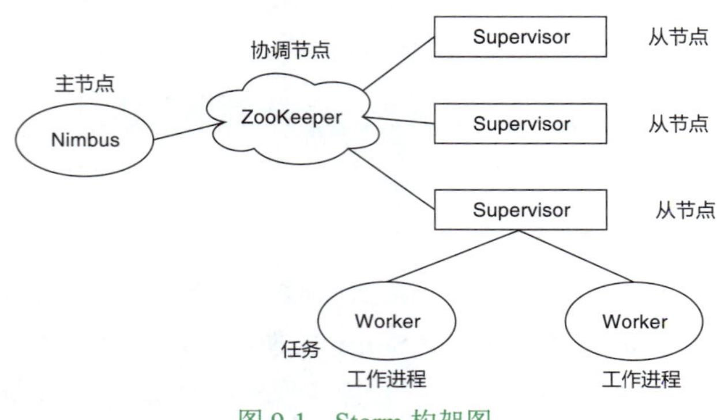

图 9-1　Storm 构架图

从图中可以看出，Storm 集群的核心是由主节点、协调节点和从节点组成，具体作用如下：

（1）主节点。运行 Nimbus 的节点是系统主节点，即主控节点。Nimbus 进程作为 Storm 系统的中心，负责接收用户提交的作业，向工作节点分配处理任务和传输作业副本，并依赖协调节点的服务监控集群运行状态，提供状态获取接口。

（2）从节点。运行 Supervisor 的节点是系统的从节点，即工作节点。Supervisor 监听所在节点，根据 Nimbus 的委派，启动、暂停、撤销或者关闭任务的工作进程。工作节点是实时数据处理作业运行的节点。

（3）协调节点。运行 ZooKeeper 进程的节点是系统的协调节点。ZooKeeper 并不是 Storm 专用的，其可以作为一类通用的分布式状态协调服务。Nimbus 和 Supervisor 之间的所有协调工作，包括分布式状态维护和分布式配置管理，都是通过该协调节点实现的。为了实现服务的高可用性，ZooKeeper 往往是以集群形式提供服务的，即在 Storm 系统中可以存在多个协调节点。

9.2.4 Storm 工作流

Storm 是一个分布式实时计算系统，它设计了一种对流和计算的抽象概念，比较简

单，实际编程开发起来相对容易。Storm 工作流如图 9-2 所示。

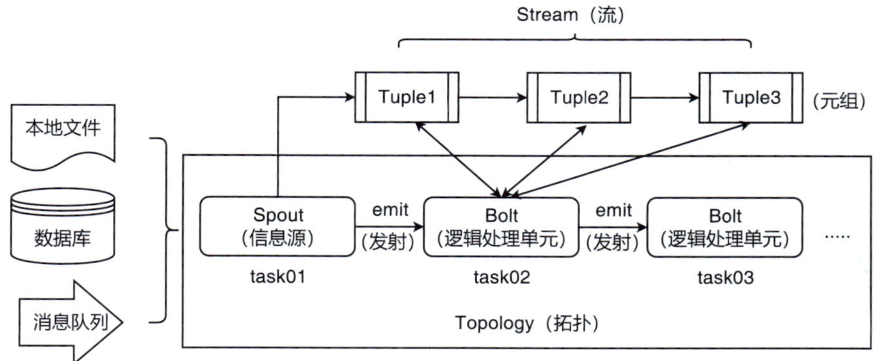

图 9-2　Storm 工作流

结合 Storm 工作流示例图，我们详细介绍 Storm 的核心组成部分。

- 拓扑（Topology）：一个由信息源（Spouts）和逻辑处理单元（Bolts）以及将它们连接起来的流分组（Stream Grouping）构成的图。Storm 的 Topology 和 MapReduce 的 Job 类似，关键的不同在于一个 MapReduce 的 Job 最终会结束，而一个 Topology 是永远运行的。
- 信息源（Spout）：在一个 Topology 中产生源数据流的组件。通常情况下 Spout 会从外部数据源中读取元组（Tuple），比如图中的 Tuple1、Tuple2 和 Tuple3，并将其发送到 Topology 中。
- 逻辑处理单元（Bolt）：在一个 Topology 中接收数据然后执行处理的组件。Topology 中的所有处理都是由 Bolt 来做的。Bolt 可以做许多事情，比如 Bolt3 可以合并 Bolt1 和 Bolt2 处理后的数据。
- 元组（Tuple）：Storm 的主要数据结构，并且是 Storm 中使用的最基本单元、数据模型，比如图中的 Tuple1、Tuple2、Tuple3。
- 流（Stream）：源源不断传递的 Tuple 组成 Stream。

9.2.5　Storm 数据流

Storm 的核心抽象概念是“流”(Stream)，一个 Stream 相当于一个无限的元组(Tuple)序列。Storm 提供用来做流转换的基件是 Spout 和 Bolts，Spout 和 Bolt 提供了相应接口，可以通过这些接口来处理与应用程序相关的逻辑。

Spout 是流的来源，例如 Spout 可以从一个 Kestrel 队列读取元组并且发射（emit）形成一个流，或者可以连接到 Twitter API，来发射一个推文的流。

一个 Bolt 可消费任意数量的流，并对流数据做一些处理，然后可能会发射出新的流，做复杂的流转换，例如从一个推文的流计算出一个热门话题的流，需要多个步骤和多个 Bolt。Bolt 可以通过运行函数来做任何事，例如过滤元组、流聚合、流连接与数据库交互等。

Storm 使用元组做数据模型，一个元组是被命名过的值列表，一个元组中的字段可以是任何类型的对象。Storm 支持所有的简单数据类型，如字符串、字节数组作为元组的字段值。

为 Topology 中每个 Bolt 确定输入数据流是定义一个 Topology 的重要环节，数据流分组定义了在 Bolt 的不同任务中划分数据流的方式。在 Storm 中有 8 种内置的数据流分组方式，而且还可以通过 CustomStreamGrouping 接口实现自定义的数据流分组模型。

Storm 集群搭建

9.3 Storm 集群搭建

Storm 集群中包含两类节点：主控节点（Master Node）和工作节点（Work Node）。Master Node 上运行一个被称为 Nimbus 的后台程序，它负责在 Storm 集群内分发代码，分配任务给工作机器，并且负责监控集群运行状态。每个 Work Node 上运行一个被称为 Supervisor 的后台程序，Supervisor 负责监听从 Nimbus 分配给它执行的任务，据此启动或停止执行任务的工作进程。每一个工作进程执行一个 Topology 的子集，一个运行中的 Topology 由分布在不同工作节点上的多个工作进程组成。

Nimbus 和 Supervisor 守护进程被设计成快速恢复的（每当遇到任何意外的情况，进程会自动毁灭），而且是无状态的（所有状态都保存在 ZooKeeper 或者磁盘上），两者的协调工作是由 ZooKeeper 来完成的，所以 Storm 依赖 ZooKeeper 的服务。ZooKeeper 集群之前已经搭建过，这里就不再赘述，接下来直接安装 Storm 集群即可。

9.3.1 集群规划

1. 主机规划

Storm 集群是高可用的，它依赖 ZooKeeper 集群提供协调服务，相关角色节点规划如表 9-1 所示。

表 9-1 相关角色节点规划

角色	hadoop1	hadoop2	hadoop3
Zookeeper	是	是	是
Nimbus	是	是	
Supervisor		是	是
UI	是		

2. 目录规划

在正式安装 Storm 之前，需要规划好所有的软件目录和数据存放目录，便于后期的管理与维护。Storm 目录规划如表 9-2 所示。

表 9-2　Storm 目录规划

目录名称	目录路径
storm 安装目录	/export/serv/storm
storm 数据目录	/export/data/storm

9.3.2　Storm 集群搭建

1. Storm 的安装

前往官网下载 apache-storm-1.2.4.tar.gz 安装包，选择 hadoop1 作为安装节点，然后上传至 hadoop1 节点的 /export/soft 目录进行解压安装，操作命令如下：

```
// 解压安装包
#tar -zxvf /export/soft/apache-storm-1.2.4.tar.gz -C /export/serv/
// 重命名安装目录
#mv /export/serv/apache-storm-1.2.4/ /export/serv/storm
// 编辑全局位置文件
#vi /etc/profile
// 末尾增加内容
export STORM_HOME=/export/serv/storm
export PATH=$PATH:$STORM_HOME/bin
// 应用全局配置文件
#source /etc/profile
```

2. Storm 的配置

进入 Storm 根目录下的 conf 文件夹中，修改 storm.yaml 配置文件，具体内容如下：

```
// 编辑 Storm 配置文件
#vi /export/serv/storm/conf/storm.yaml
// 末尾增加内容
storm.zookeeper.servers:
  - "hadoop1"
  - "hadoop2"
  - "hadoop3"

storm.local.dir: "/root/export/data/storm"

nimbus.seeds: ["hadoop1","hadoop2"]

supervisor.slots.ports:
  - 6700
  - 6701
  - 6702
  - 6704

ui.port: 9999
```

注意：yaml 文件是层次结构，有严格的缩进要求，冒号（:）表示字典，连字符（-）表示列表。

3. Storm 集群配置

将 hadoop1 节点配置好的 Storm 安装目录分发给 hadoop2 和 hadoop3 节点，具体操作如下：

```
// 将安装目录分发到 hadoop2 和 hadoop3 节点
#scp -r /export/serv/storm/ hadoop2:/export/serv/
#scp -r /export/serv/storm/ hadoop3:/export/serv/
// 分发全局配置文件
#scp /etc/profile hadoop2:/etc/profile
#scp /etc/profile hadoop3:/etc/profile
// 分别在 hadoop2 和 hadoop3 节点上运行
#source /etc/profile
```

4. 创建数据目录

在 Storm 所有安装节点创建数据目录，具体操作如下：

```
// 创建目录
#mkdir /export/data/storm
```

5. 启动 Storm 集群

在启动 Storm 集群之前，首先确保 ZooKeeper 集群已经启动，然后分别在 hadoop1、hadoop2 和 hadoop3 节点上启动 Storm 进程。

在 hadoop1 和 hadoop2 节点上启动 Storm Nimbus 进程，命令如下：

```
// 注意在启动 Storm 之前需要先启动 ZooKeeper
// 在三个节点上都要启动 ZooKeeper
#zkServer.sh start
// 在 hadoop1 和 hadoop2 上运行
#cd /export/serv/storm
#bin/storm nimbus &
```

在 hadoop1 节点上启动 Storm UI 进程，命令如下：

```
// 在 hadoop01 上启动 UI 进程
#cd /export/serv/storm
#bin/storm ui &
```

在 hadoop2 和 hadoop3 节点上分别启动 Storm Supervisor 进程，命令如下：

```
// 在 hadoop2 和 Hadoop3 节点上启动 Supervisor 进程
#cd /export/serv/storm
#bin/storm supervisor &
```

所有命令执行完后，可以通过 jps 命令查看相关进程是否已经启动。

6. 通过 Web 界面查看 Storm 集群状态

在本机浏览器中输入 Storm Web 界面的地址：hadoop1:9999，查看 Storm 集群状态，如图 9-3 所示。

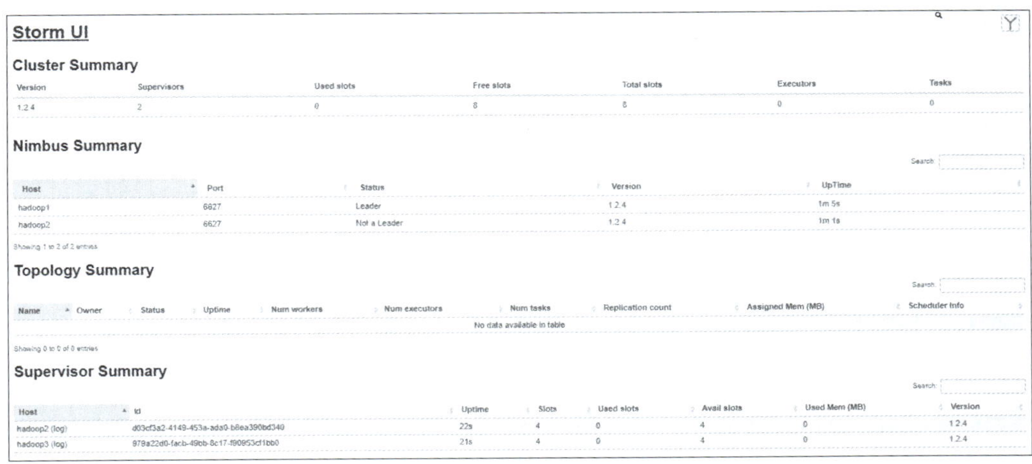

图 9-3　通过 Web 界面查看 Storm 集群状态

从图中可以看出，Storm 版本为 1.2.4，hadoop1 和 hadoop2 启动了 Nimbus，hadoop2 和 hadoop3 启动了 Supervisor，说明 Storm 集群搭建成功。

9.4　Storm 实战

Storm 实战

9.4.1　需求分析

本案例利用 Storm 流计算平台模拟解析用户订单数据，对用户订单金额进行汇总，并实时统计。

9.4.2　数据结构

这里以某网店的用户订单数据为例，数据示例如下：

```
100010 章晓非 13210982233 2022/6/14 10:11 89.9 请发顺丰快递
100011 李自强 18712345876 2022/6/14 12:21 199 无
100012 王欣欣 18623450989 2022/6/14 12:43 39.9 无
100013 周兵兵 18907672615 2022/6/14 13:11 167 无
100014 石冬梅 13910002697 2022/6/14 13:49 132 请开具纸质发票
100015 王晓飞 17913322836 2022/6/14 14:07 248 无
100016 周柏宇 15611335966 2022/6/14 14:18 178 无
100017 丁自然 13311295771 2022/6/14 14:29 86.9 无
100018 徐天娇 18528512615 2022/6/14 15:20 78.2 无
100019 王玉玉 17331096291 2022/6/14 15:39 156 无
100020 李高丽 15615625981 2022/6/14 15:54 124 无
```

注意数据之间使用 Tab 键分割，从左到右七个字段分别表示账号、姓名、手机号、日期、时间、金额和备注。

9.4.3 项目实现

1. 项目组织结构

创建一个 Maven 的 Java 项目，项目创建过程参考本书第 4 章中的案例，项目中所涉及的包结构、类文件和数据文件如图 9-4 所示。

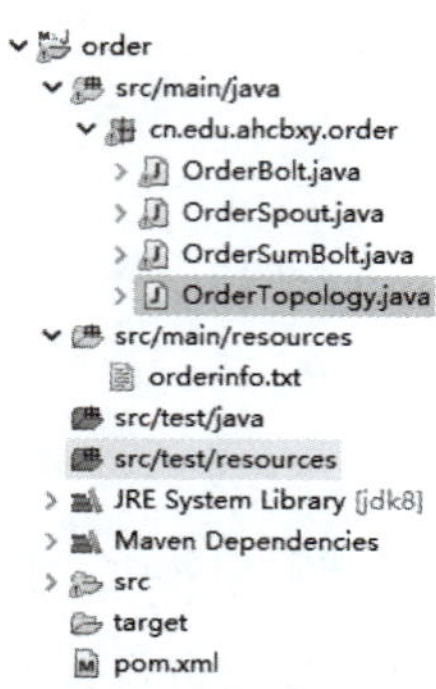

图 9-4 项目组织结构

在 pom.xml 文件中引入 Storm 对应版本的 jar 包：

```
<dependencies>
    <dependency>
      <groupId>org.apache.storm</groupId>
      <artifactId>storm-core</artifactId>
      <version>1.2.4</version>
    </dependency>
</dependencies>
```

项目中所涉及的类和文件的具体作用如下：

- OrderSpout 模拟产生用户订单数据，通过随机分组（Shuffle Grouping）方式分发给 OrderBolt。
- OrderBolt 负责从接收到的用户订单数据中提取出需要处理的订单金额，通过字段分组（Field Grouping）方式发送给 OrderSumBolt，其中字段（Field）为“id”“order”。
- OrderSumBolt 负责对提取出的订单中的金额进行统计，然后将统计结果打印到控制台。
- OrderTopology 负责构造 Storm 业务拓扑图，提交作业完成订单金额统计。
- orderinfo.txt 存储待处理的订单数据。

订单统计处理流程如图 9-5 所示。

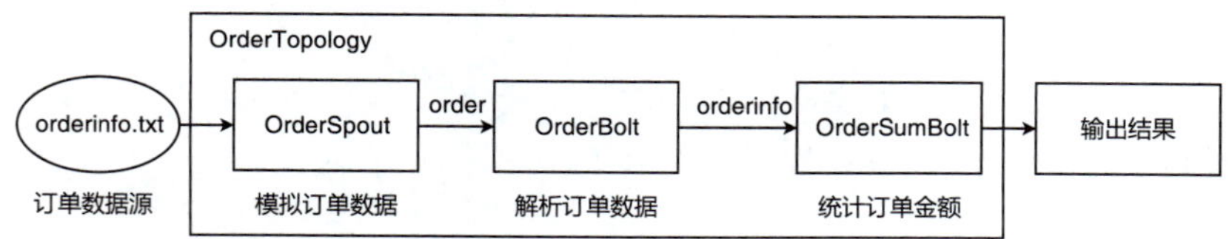

图 9-5 订单统计处理流程

2. 项目具体代码实现

（1）OrderSpout 模拟产生用户订单数据，订单数据由账号、姓名、手机号、日期、时间、金额和备注这七个字段组成。具体代码如下：

```
public class OrderSpout extends BaseRichSpout { // 继承 BaseRichSpout
    private static final long serialVersionUID = 1L;
    private SpoutOutputCollector collector;
    private BufferedReader bufferedReader;
  public void open(Map conf, TopologyContext context, SpoutOutputCollector collector) {
    this.collector = collector;
    try {
      // 获取 orderinfo.txt 文件路径
      String path = OrderSpout.class.getClassLoader().getResource("orderinfo.txt").getPath();
      // 加载 orderinfo.txt 文件
      bufferedReader = new BufferedReader(new FileReader(path));
    } catch (FileNotFoundException e) {
      e.printStackTrace();
    }
  }
  public void nextTuple() {
    String order = null;
    try {
      // 逐行读取 orderinfo.txt 内容
      order = bufferedReader.readLine();
      if (order != null) {
        // 发射订单信息
        this.collector.emit(new Values(order));
      }
    } catch (Exception e) {
      e.printStackTrace();
    }
  }
  public void declareOutputFields(OutputFieldsDeclarer declarer) {
    // 处理完的数据输出到下一个节点
    declarer.declare(new Fields("order"));
  }
}
```

（2）OrderSpout 解析用户订单数据信息，具体代码如下：

```
public class OrderBolt extends BaseRichBolt {
  private static final long serialVersionUID = 1L;
  private OutputCollector collector;
  public void prepare(Map stormConf, TopologyContext context, OutputCollector collector) {
    this.collector = collector;
  }
  public void execute(Tuple input) {
    // 从 OrderSpout 中获取订单数据
    String order = input.getStringByField("order");
```

```
        // 订单数据使用制表符进行分隔
        String[] splits = order.split("\t");
        // 判断输入的订单数据是否正确
        if (splits.length == 6) {
            // 订单 id 和金额发射到 ordersumBlot
            this.collector.emit(new Values(splits[0], splits[4]));
        }
    }
    public void declareOutputFields(OutputFieldsDeclarer declarer) {
        declarer.declare(new Fields("id", "orderinfo"));
    }
}
```

（3）OrderSumBolt 统计用户订单金额，具体代码如下：

```
public class OrderSumBolt extends BaseRichBolt {
    private static final long serialVersionUID = 1L;
    private OutputCollector collector;
    double sum = 0;  // 保存订单数据金额合计
    public void prepare(Map stormConf, TopologyContext context, OutputCollector collector) {
        this.collector = collector;
    }
    public void execute(Tuple input) {
        // 获取从 OrderBlot 发射的数据
            String price = input.getStringByField("orderinfo");
        // 统计订单金额总和
        sum += Double.parseDouble(price);
        // 输出订单统计结果
        System.out.println(" 订单总金额： " + sum);
    }
    public void declareOutputFields(OutputFieldsDeclarer declarer) {
    }
}
```

（4）OrderTopology 构造拓扑结构提交作业，具体代码如下：

```
public class OrderTopology {
    public static void main(String[] args) {
        // 创建 Storm 拓扑图
        TopologyBuilder topologyBuilder = new TopologyBuilder();
        topologyBuilder.setSpout("orderSpout", new OrderSpout());
        topologyBuilder.setBolt("orderBolt", new OrderBolt()).shuffleGrouping("orderSpout");
        topologyBuilder.setBolt("ordersumBolt", new OrderSumBolt()).shuffleGrouping("orderBolt");
        // 创建本地集群，即模拟集群
        LocalCluster localCluster = new LocalCluster();
        // 配置类
        Config config = new Config();
        StormTopology topology = topologyBuilder.createTopology();
        localCluster.submitTopology("orderTopology", config, topology);
    }
}
```

3. 查看运行状况

右击 OrderTopology.java 文件，在弹出的快捷菜单中执行 Run As 命令运行 Java 应用程序，通过观察日志输出窗口，可以看到如图 9-6 所示的效果，到这里 Storm 项目已经完成。

```
Problems  Console  Progress  Servers
OrderTopology [Java Application] D:\java\jdk8\bin\javaw.exe (2022年8月10日 上午8:58:28)
21351 [Thread-24-__system-executor[-1 -1]] INFO  o.a.s.d.executor - Prepared
21351 [Thread-18-orderBolt-executor[2 2]] INFO  o.a.s.d.executor - Preparing
21351 [Thread-18-orderBolt-executor[2 2]] INFO  o.a.s.d.executor - Prepared t
21366 [Thread-26-ordersumBolt-executor[4 4]] INFO  o.a.s.d.executor - Prepari
21366 [Thread-26-ordersumBolt-executor[4 4]] INFO  o.a.s.d.executor - Prepare
21396 [Thread-20-orderSpout-executor[3 3]] INFO  o.a.s.d.executor - Opening s
21402 [Thread-20-orderSpout-executor[3 3]] INFO  o.a.s.d.executor - Opened sp
21413 [Thread-20-orderSpout-executor[3 3]] INFO  o.a.s.d.executor - Activatir
订单总金额：89.9
订单总金额：288.9
订单总金额：328.79999999999995
订单总金额：495.79999999999995
订单总金额：627.8
订单总金额：875.8
订单总金额：1053.8
订单总金额：1140.7
订单总金额：1218.9
订单总金额：1374.9
订单总金额：1498.9
```

图 9-6　运行效果

小　结

本章讲解了 Storm 流计算的相关知识。首先对流计算的相关概念进行了介绍，接着对 Storm 的安装配置进行了详细讲解，最后通过具体的案例演示讲解了常用的 Storm 流计算操作。通过本章的学习，读者能够掌握 Storm 的安装配置方法，并且能够使用 Storm 完成常用的操作。

习　题

一、选择题

1．下面可以作为流式架构的数据采集组件的是（　　）。

A．Redis　　B．Hbase　　C．Sqoop　　D．Flume

2．Storm 架构中负责任务分发的是（　　）。

A．Nimbus　　B．Supervisor　　C．Worker　　D．Task

3．Strom 中 Spout 发送的数据是（　　）。

A．字符串　　B．列表　　C．键值对　　D．Tuple

4．下面不是 BaseRichBolt 需要实现的接口方法的是（　　）。

A．DeclareOutputFields　　B．Ack

C．Prepare　　D．Execute

5. 关于 Strom 应用场景说法错误的是（　　）。

A. 可以实现主机的实时监控

B. 可以实现实时的欺诈分析

C. 可以实现对数据仓库中海量数据的处理和分析

D. 可以实现网页点击的每秒级别的统计分析

二、填空题

1. 大数据包括 __________ 和 __________，相应地，大数据计算包括批量计算和实时计算。

2. __________ 是一个免费开源的分布式实时计算系统，它的前身是 Twitter Storm 平台，目前已经成为 Apache 顶级项目。

3. Storm 是分布式流数据处理系统，其强大的 __________、便捷的针对流数据的编程模型、__________，使它成为流数据实时处理的首选。

4. Storm 提供的用来做流转换的基件是 __________ 和 __________。

5. Storm 也采用与 Hadoop 架构一样的 Master/Slave 体系结构，分布式计算由 __________ 和 __________ 两类服务进程实现。

三、简答题

1. 简述 Storm 的特点。

2. 简述 Storm 流计算的基本过程。

第 10 章 数据可视化

数据可视化起源于图形学、计算机图形学、人工智能、科学可视化、用户界面等领域的相互促进和发展，是当前计算机科学的一个重要研究方向，它利用计算机对抽象信息进行直观地表示，以利于快速检索信息和增强认知。本章主要介绍数据可视化的基本概念、数据可视化的流程、数据可视化的应用等内容。

通过本章的学习，应达到以下目标：

- 了解数据可视化的相关概念
- 熟悉数据可视化的基本流程
- 了解数据可视化的常用工具
- 掌握 ECharts 数据可视化工具的使用

10.1 数据可视化简介

步入大数据时代，各行各业对数据的重视程度与日俱增，随之而来的是对数据整合、挖掘、分析、可视化需求的日益迫切。数据可视化是指借助于图形化手段展示大数据分析结果，使数据清晰有效地表达，以便于人们快速高效地理解并使用大数据的手段，它集成了数据采集、统计、分析、呈现等多个环节。不同行业的数据可视化可能有不同的呈现形式和要求，但最终的目的都是挖掘出数据深层次的含义，把纷繁复杂的大数据集、晦涩难懂的数据报告变得轻松易读、易于理解。

10.1.1 数据可视化的基本概念

在学习数据可视化的概念之前，必须先弄清楚数据、图形的基本概念以及它们之间的相互关系。理解这些基本概念有助于深入学习和掌握数据可视化。

（1）数据是对客观事物属性的一种符号化表示。从数据处理的角度看，数据是计算机处理及数据库中存储的基本对象。例如，数字、字母、文字、图像、声音等在计算机中都以数据的形式体现。

（2）图形一般指在一个二维空间中的若干空间形状，可由计算机绘制的图形有直线、圆、曲线、图标以及各种组合形状等。

（3）数据可视化可通过对真实数据的采集、清洗、预处理、分析等过程建立数据模

型，并最终将数据转换为各种图形，以打造较好的视觉效果。如图 10-1 所示为数据可视化的图形展示。

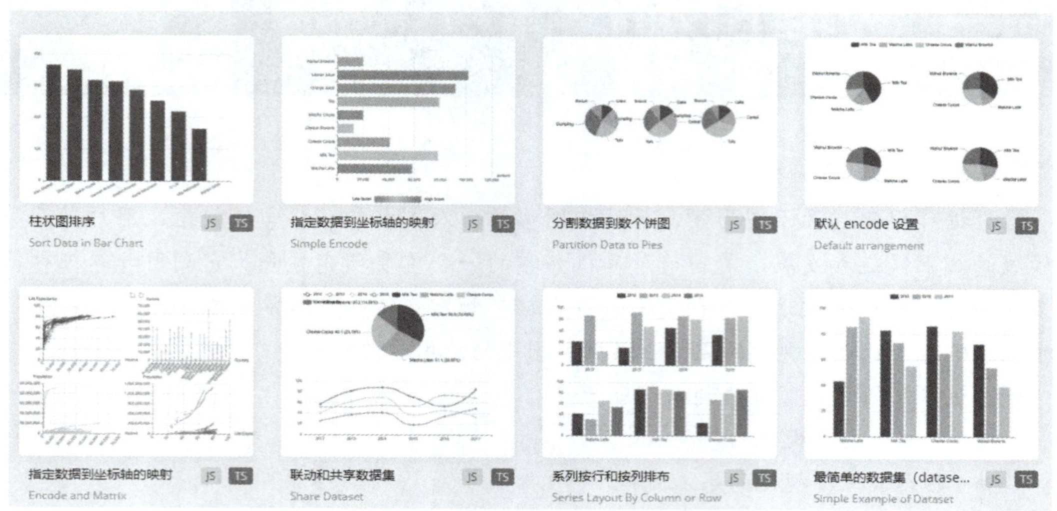

图 10-1　数据可视化的图形展示

10.1.2　数据可视化的类型

随着对数据可视化认识的不断深入，数据可视化一般分为三种类型，即科学可视化、信息可视化和可视化分析。

（1）科学可视化是数据可视化的一个应用领域，主要关注空间数据与三维现象的可视化，包含气象学、生物学、物理学、农学等。科学可视化是计算机科学的一个分支，因此，科学可视化的目的主要是以图形方式展示数据，使科学家能够从数据中了解和分析规律。

（2）信息可视化是一个跨学科领域，旨在研究大规模非数值型信息资源的视觉呈现。利用图形学的相关技术与方法帮助人们理解和分析数据。人们日常工作中使用的柱状图、趋势图、流程图、树状图等都属于信息可视化，这些图形的设计都将抽象的信息转化成为可视化信息。

（3）可视化分析是科学可视化与信息可视化领域发展的产物，侧重于借助交互式的用户界面进行对数据的分析与推理。

10.2　数据可视化流程

数据可视化是一个系统的流程，该流程以数据为基础，以数据流为导向，还包括了数据采集、数据预处理、数据变换、可视化映射、人机交互和用户感知等环节。

1. 数据采集数据

可视化的基础是数据，数据可以通过仪器采样、调查记录等方式进行采集。数据采集又称为“数据获取”或“数据收集”，是指对现实世界的信息进行采样，以便产生可供计算机处理的数据的过程。通常，数据采集过程中包括为了获得所需信息而对信号和波形进行采集并对它们加以处理的一系列步骤。

2. 数据预处理

数据预处理是进行数据可视化的前提条件，进行数据预处理的原因是，通过前期的数据采集得到的数据不可避免地含有噪声和误差，数据质量较低。数据的特征、模式往往隐藏在海量的数据中，需要进一步的数据处理才能提取出来。

一方面采集得来的原始数据不可避免地含有噪声和误差，另一方面数据的模式和特征往往被隐藏。数据预处理是指在可视化之前需要对数据进行数据清洗、数据规范、数据分析。在进行数据预处理时，可以首先把脏数据、敏感数据过滤掉，然后剔除和目标无关的冗余数据，最后调整数据结构到系统能接受的方式。

3. 数据变换

在大数据时代，人们所采集到的数据通常具有 4V 特性：Volume（大量）、Variety（多样）、Velocity（高速）、Value（价值）。想要从高维、海量、多样化的数据中挖掘有价值的信息来支持决策，除了需要对数据进行清洗、去除噪声之外，还需要依据业务目的对数据进行二次处理，即数据变换。常用的数据变换的方法包括降维、聚类、数据采样等统计学和机器学习中的方法。

4. 可视化映射

对数据进行清洗、去噪操作，并按照实际要求进行数据处理之后，就可以进入可视化映射环节。数据可视化过程的核心是可视化映射，指把经过处理的数据信息映射为视觉元素的过程。

5. 人机交互

可视化的目的是为了反映数据的数值、特征和模式，以更加直观、易于理解的方式，将数据背后的信息呈现给目标用户，辅助其做出正确的决策。通常我们面对的数据是复杂的，数据所蕴含的信息是丰富的。因此，在数据可视化的过程中要进行组织和筛选。如果只是将可视化结果全部机械地摆放出来，整个页面不仅会变得臃肿、混乱、缺乏美感，而且会出现主次不分的问题，导致用户的注意力无法集中，降低用户单位时间获取信息的能力。

6. 用户感知

可视化的结果只有被用户感知之后，才可以转化为知识和灵感。用户在感知过程中除了被动接受可视化的图形之外，还通过与可视化各模块之间的交互主动获取信息，因此需要将结果转化为有价值的信息用来指导决策。

10.3　可视化技术和工具

10.3.1　Excel

Excel是Microsoft Office中的一个组件，主要用于处理电子表格，进行各种数据处理、统计分析和辅助决策等操作，广泛应用于管理、统计、财经、金融等领域。Excel 界面如图 10-2 所示。

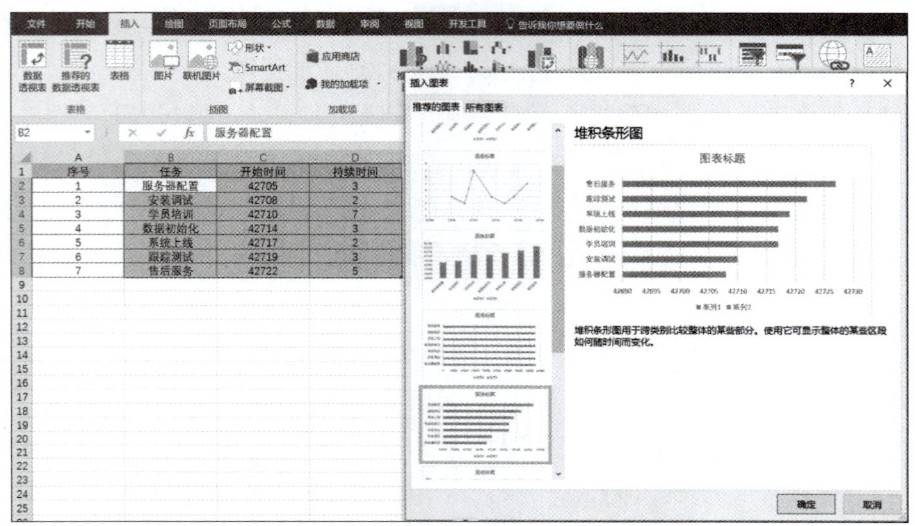

图 10-2　Excel 数据可视化

10.3.2　HTML5

对于基于 Web 的应用，包含了 SVG 和 Canvas 的 HTML5 提供了新的数据可视化技术。现在主流的浏览器大部分完成了对 HTML5 标准的支持，包括 IE、Chrome、FireFox、Safari 等，而且目前的智能手机和平板电脑的浏览器对 HTML5 都有很好的支持，这些移动终端的日益普及也使基于 HTML5 的数据可视化跨平台成为可能。

10.3.3　Tableau

Tableau 是一个数据可视化工具，具有许多优秀和独特的功能，是强大的数据发现和探索应用程序。可以使用 Tableau 的拖放界面可视化任何数据，探索不同的视图，甚至可以轻松地将多个数据库组合在一起。它不需要任何复杂的脚本，任何理解业务问题的人都可以轻松使用。作为一款数据分析与可视化工具，Tableau 支持连接本地或云端数据，无论是电子表格还是数据库元数据，都能进行无缝连接，通过拖拽式操作，实时生成各种专业的图表与趋势线来揭示业务的实质。Tableau 可以管理大量的数据，其较好的数据引擎优化了 CPU 和内存的使用，通过使用一些高级查询技术来加快查询速度。

相比 Excel，Tableau 的可视化更加简单、灵活、高效，主要体现在以下几个方面：对数据的操作量级更大；提供了更多自定义的功能和插件，可以依据需求自行调整可视化效果；交互性能更加便捷，可以添加筛选框、标记高亮等方式进行交互展示；Tableau 的工作表、仪表板结构以及故事的结构化呈现方式更好地支持了可视化的分析。Tableau 界面如图 10-3 所示。

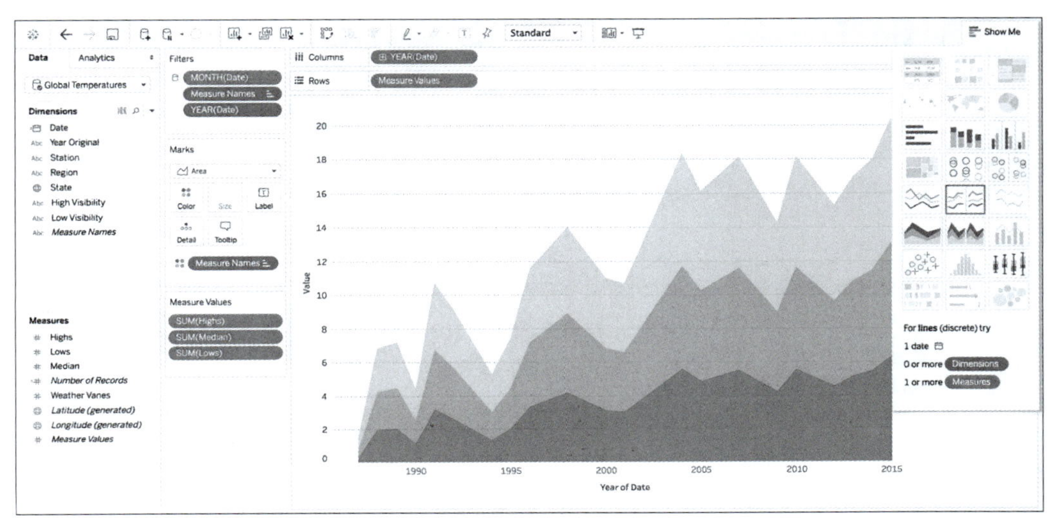

图 10-3 Tableau 界面

10.3.4 ECharts

ECharts 是一个使用 JavaScript 实现的开源可视化库，可以流畅地运行在 PC 和移动设备上，并能够兼容当前绝大部分浏览器。在功能上，ECharts 可以提供直观、交互丰富、可高度个性化定制的数据可视化图表。ECharts 界面如图 10-4 所示。

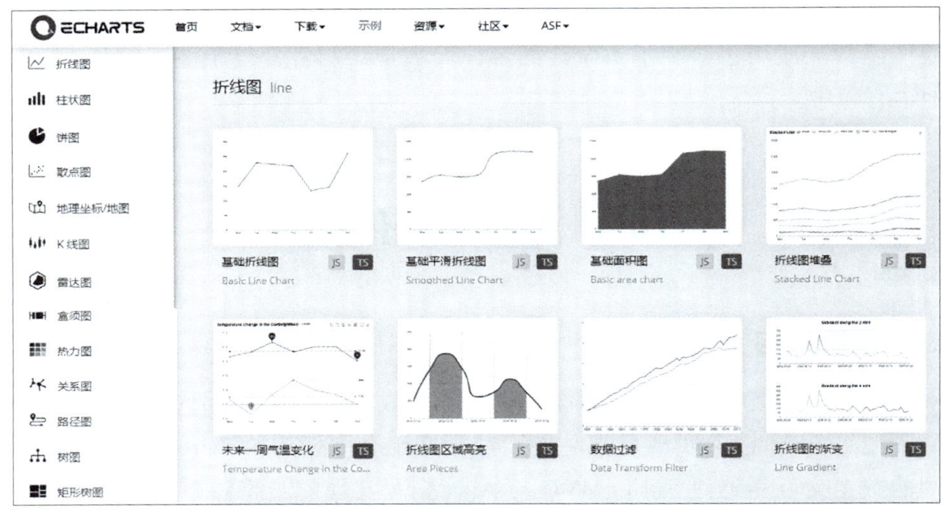

图 10-4 ECharts 界面

10.3.5 Python

使用 Python 中的扩展库可以较为轻松地实现数据可视化。Python 中的可视化扩展库较多，通常来讲初学者只需要掌握 Numpy 库和 matplotlib 库的基本使用方法，即可使用 Python 语言来实现数据可视化操作。matplotlib 库页面如图 10-5 所示。

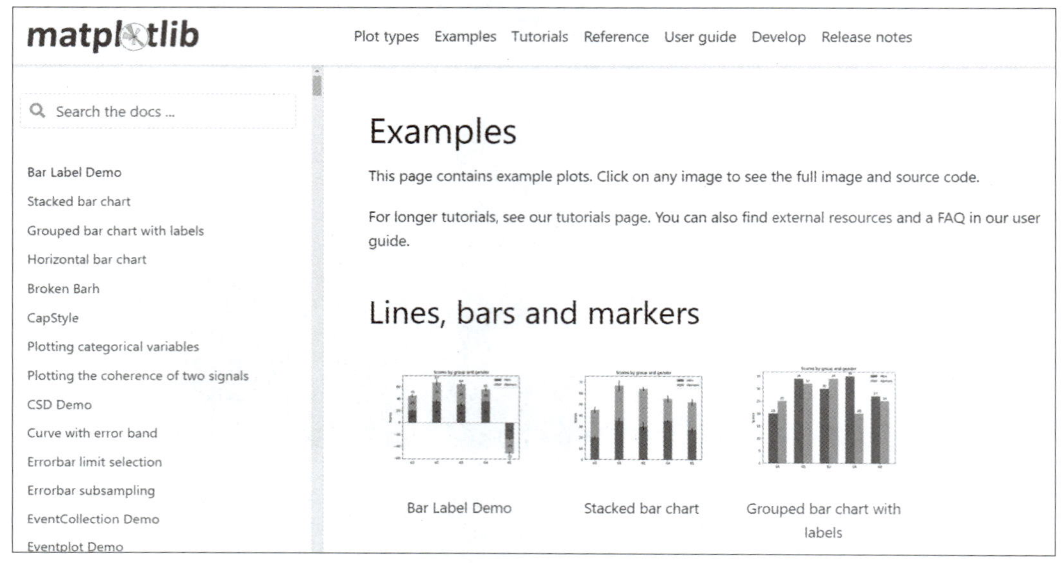

图 10-5　matplotlib 库页面

10.3.6 R 语言

R 语言之所以被广大用户所喜爱，主要原因之一就是 R 语言的图形绘制功能极其卓越，图形种类丰富，通过参数设置即可对图形进行精确控制，绘制的图形能满足出版印刷的要求，而且可以输出各种格式，在数据可视化方面优势突出。R 语言基础包中的绘图函数一般用于绘制基本统计图形，而大量绘制各类复杂图形的函数一般在 R 的其他语言包中。

数据可视化实例

10.4　数据可视化实例

10.4.1 系统架构

本节以学生成绩可视化分析系统为例，学生成绩可视化分析系统以 JavaWeb 为基础搭建，通过 SSM 框架实现后端功能，前端在 JSP 中使用 ECharts 实现可视化展示，前后端的数据交互是通过 SpringMVC 与 Ajax 交互实现的。整体系统架构图如图 10-6 所示。

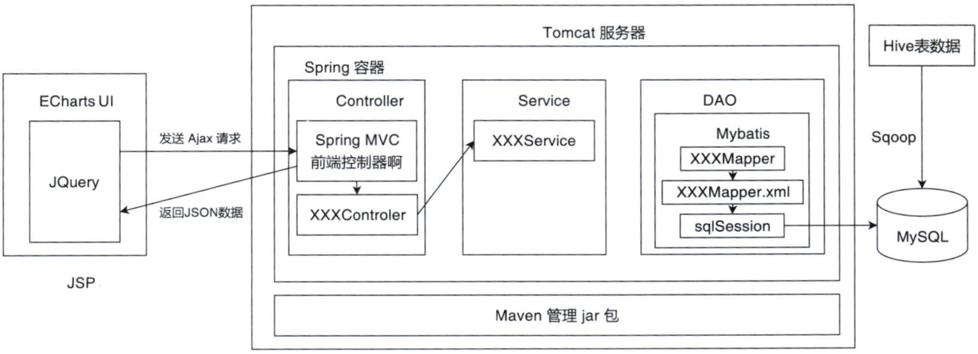

图 10-6　系统构架图

可以看出，学生成绩可视化分析系统的整体技术流程如下。首先在关系型数据库 MySQL 中创建 t_score 学生成绩表；接着使用 SpringMVC 中的 Controller 层接收前台 JQueryAjax 的 GET 请求，开启与后台的数据交互；然后 Controller 层调用 Service 层接口实现查询分析功能；随后 Service 层调用 DAO 层接口实现与数据库交互，通过在 MyBatis 中定义的 SQL 语句获取 MySQL 中相应的数据；最后 Controller 层通过 Ajax 将处理后的数据以 JSON 数据形式响应给前端，并在 JSP 中通过 ECharts 将返回的 JSON 数据进行可视化展示。

10.4.2　创建数据表

首先在之前创建的 studentdb 数据库中创建 1 张表 t_score（学生成绩表），并完成数据的初始化，具体表结构和表数据如下：

```
DROP TABLE IF EXISTS 't_score';
CREATE TABLE 't_score' (
 'id' int(11) NOT NULL COMMENT ' 流水号 ',
 'no' char(6) DEFAULT NULL COMMENT ' 学号 ',
 'name' varchar(50) DEFAULT NULL COMMENT ' 姓名 ',
 'sum' int(11) DEFAULT NULL COMMENT ' 总分 ',
 PRIMARY KEY ('id')
) ENGINE=InnoDB DEFAULT CHARSET=utf8;
insert into 't_score'('id','no','name','sum') values (1,'202201',' 郭好 ',560);
insert into 't_score'('id','no','name','sum') values (2,'202202',' 胡恒 ',380);
insert into 't_score'('id','no','name','sum') values (3,'202203',' 将张娟 ',660);
insert into 't_score'('id','no','name','sum') values (4,'202204',' 胡梦晨 ',480);
insert into 't_score'('id','no','name','sum') values (5,'202205',' 曾国强 ',440);
insert into 't_score'('id','no','name','sum') values (6,'202206',' 马慧茹 ',700);
```

10.4.3　平台环境搭建

本系统是一个 JavaWeb 项目，通过 Eclipse 开发工具构建整个系统框架。

1. 新建 Maven 项目

在 Eclipse 中创建一个 Maven 项目，打开 Eclipse 开发工具，在 Eclipse 主界面执行

File → New → Other 命令，在弹出的窗口选择 Maven Project 选项，单击 Next 按钮，如图 10-7 所示。

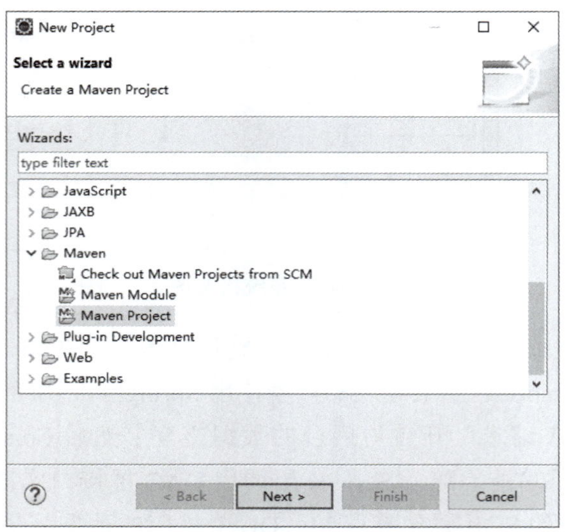

图 10-7　创建 Maven 项目

在打开的窗口中通过勾选 Create a simple project 复选框创建一个简单的 Maven 项目，在创建 Maven 项目的最终页面为 Group Id 和 Artifact Id 选择合适的值，并在 Packaging 下拉列表中选择 war 打包方式，设置完成后单击 Finish 按钮，如图 10-8 所示。

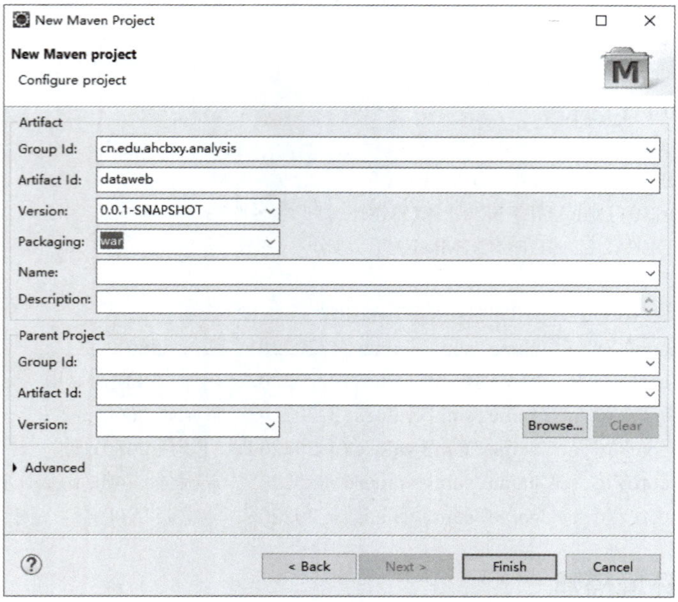

图 10-8　Maven 项目设置

创建成功后，会提示“web.xml is missing and <failOnMissingWebXml> is set to true”的错误，这是缺少 Web 工程的 web.xml 文件所导致的，只需要通过右击项目，选择

Java EE Tools 选项，然后选择 Generate Deployment Descriptor Stub 选项便可以快速创建 web.xml 文件，如图 10-9 所示。

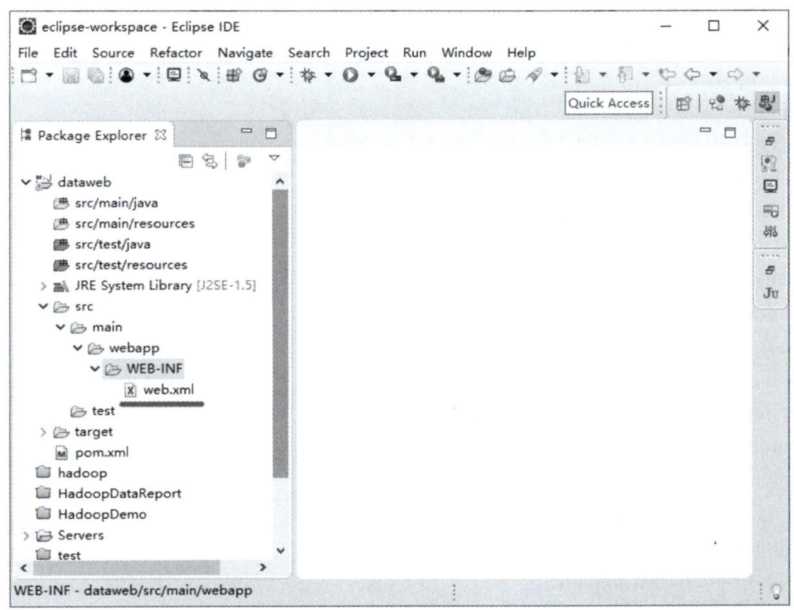

图 10-9　创建 web.xml 文件

至此，已完成了基于 Maven 的 Java Web 项目的创建。

2. 配置 pom.xml 文件

由于项目采用多个开源框架，需要将所需的 jar 包和插件引入项目中，打开项目根目录下的 pom.xml 文件，添加内容如下：

```
<dependencies>
  <dependency>
    <groupId>org.codehaus.jettison</groupId>
    <artifactId>jettison</artifactId>
    <version>1.1</version>
  </dependency>
  <dependency>
    <groupId>org.springframework</groupId>
    <artifactId>spring-context</artifactId>
    <version>4.2.4.RELEASE</version>
  </dependency>
  <dependency>
    <groupId>org.springframework</groupId>
    <artifactId>spring-beans</artifactId>
    <version>4.2.4.RELEASE</version>
  </dependency>
  <dependency>
    <groupId>org.springframework</groupId>
    <artifactId>spring-webmvc</artifactId>
```

```
        <version>4.2.4.RELEASE</version>
    </dependency>
    <dependency>
        <groupId>org.springframework</groupId>
        <artifactId>spring-jdbc</artifactId>
        <version>4.2.4.RELEASE</version>
    </dependency>
    <dependency>
        <groupId>org.springframework</groupId>
        <artifactId>spring-jms</artifactId>
        <version>4.2.4.RELEASE</version>
    </dependency>
    <dependency>
        <groupId>org.springframework</groupId>
        <artifactId>spring-context-support</artifactId>
        <version>4.2.4.RELEASE</version>
    </dependency>
    <dependency>
        <groupId>org.mybatis</groupId>
        <artifactId>mybatis</artifactId>
        <version>3.2.8</version>
    </dependency>
    <dependency>
        <groupId>org.mybatis</groupId>
        <artifactId>mybatis-spring</artifactId>
         <version>1.2.2</version>
    </dependency>
    <dependency>
        <groupId>com.github.miemiedev</groupId>
        <artifactId>mybatis-paginator</artifactId>
        <version>1.2.15</version>
    </dependency>
    <dependency>
        <groupId>mysql</groupId>
        <artifactId>mysql-connector-java</artifactId>
        <version>5.1.32</version>
    </dependency>
    <dependency>
        <groupId>com.alibaba</groupId>
        <artifactId>druid</artifactId>
        <version>1.0.9</version>
    </dependency>
    <dependency>
        <groupId>jstl</groupId>
        <artifactId>jstl</artifactId>
        <version>1.2</version>
    </dependency>
    <dependency>
```

```
        <groupId>javax.servlet</groupId>
        <artifactId>servlet-api</artifactId>
        <version>2.5</version>
        <scope>provided</scope>
    </dependency>
    <dependency>
        <groupId>javax.servlet</groupId>
        <artifactId>jsp-api</artifactId>
        <version>2.0</version>
        <scope>provided</scope>
    </dependency>
    <dependency>
        <groupId>junit</groupId>
        <artifactId>junit</artifactId>
        <version>4.12</version>
        <scope>test</scope>
    </dependency>
    <dependency>
        <groupId>com.fasterxml.jackson.core</groupId>
        <artifactId>jackson-databind</artifactId>
        <version>2.4.2</version>
    </dependency>
    <dependency>
        <groupId>org.aspectj</groupId>
        <artifactId>aspectjweaver</artifactId>
        <version>1.8.4</version>
        <scope>runtime</scope>
    </dependency>
</dependencies>
```

注意还需要根据实际情况配置其他一些参数。

3. 项目组织结构

本实例中所涉及的包路径、配置文件等在项目中的组织结构可参考图 10-10。

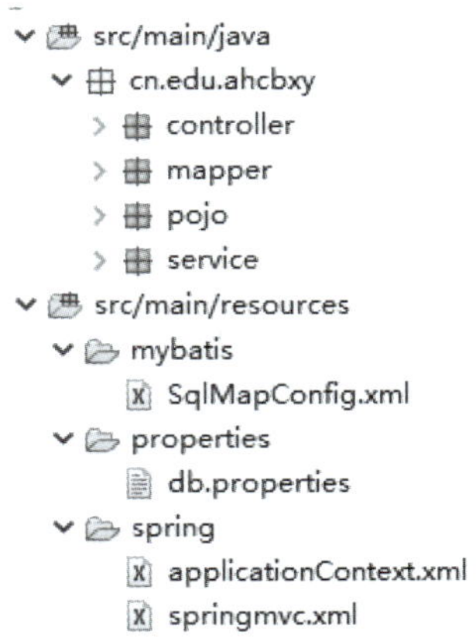

```
src/main/java
    cn.edu.ahcbxy
        controller
        mapper
        pojo
        service
src/main/resources
    mybatis
        SqlMapConfig.xml
    properties
        db.properties
    spring
        applicationContext.xml
        springmvc.xml
```

图 10-10 项目组织结构

4. SSM 框架中的配置文件

首先配置 Spring 框架相关的配置文件信息，在项目 src/main/resources/spring 文件夹下的 applicationContext.xml 文件中添加以下内容：

```
<!-- 加载配置文件 -->
<context:property-placeholder location="classpath:properties/db.properties" />
<!-- 数据库连接池 -->
<bean id="dataSource" class="com.alibaba.druid.pool.DruidDataSource"
  destroy-method="close">
  <property name="url" value="${jdbc.url}" />
  <property name="username" value="${jdbc.username}" />
  <property name="password" value="${jdbc.password}" />
  <property name="driverClassName" value="${jdbc.driver}" />
  <property name="maxActive" value="10" />
  <property name="minIdle" value="5" />
</bean>
<!-- 让 Spring 管理 sqlSessionFactory，使用 mybatis 和 spring 整合包中的 org.mybatis.spring.
    SqlSessionFactoryBean-->
<bean id="sqlSessionFactory" class="org.mybatis.spring.SqlSessionFactoryBean">
  <!-- 数据库连接池 -->
  <property name=”dataSource” ref=”dataSource” />
  <!-- 加载 mybatis 的全局配置文件 -->
  <property name="configLocation" value="classpath:mybatis/SqlMapConfig.xml" />
</bean>
<!-- 使用扫描包的形式来创建 mapper 代理对象 -->
<bean class="org.mybatis.spring.mapper.MapperScannerConfigurer">
  <property name="basePackage" value="cn.edu.ahcbxy.mapper" />
</bean>
<!-- 事务管理器 -->
<bean id="transactionManager"
  class="org.springframework.jdbc.datasource.DataSourceTransactionManager">
  <!-- 数据源 -->
  <property name="dataSource" ref="dataSource" />
</bean>
<!-- 通知 -->
<tx:advice id="txAdvice" transaction-manager="transactionManager">
  <tx:attributes>
    <!-- 传播行为 -->
    <tx:method name="save*" propagation="REQUIRED" />
    <tx:method name="insert*" propagation="REQUIRED" />
    <tx:method name="add*" propagation="REQUIRED" />
    <tx:method name="create*" propagation="REQUIRED" />
    <tx:method name="delete*" propagation="REQUIRED" />
    <tx:method name="update*" propagation="REQUIRED" />
    <tx:method name="find*" propagation="SUPPORTS" read-only="true" />
    <tx:method name="select*" propagation="SUPPORTS" read-only="true" />
    <tx:method name="get*" propagation="SUPPORTS" read-only="true" />
  </tx:attributes>
```

```
</tx:advice>
<!-- 切面 -->
<aop:config>
  <aop:advisor advice-ref="txAdvice"
    pointcut="execution(* cn.edu.ahcbxy.service..*.*(..))" />
</aop:config>
<!-- 配置包扫描器，扫描所有带 @Service 注解的类 -->
<context:component-scan base-package="cn.edu.ahcbxy.service" />
```

接着配置 SpringMVC 框架相关的配置文件信息，在项目 src/main/resources/spring 文件夹下的 springmvc.xml 文件中添加以下内容：

```
<!-- 扫描指定包路径，使路径当中的 @controller 注解生效 -->
<context:component-scan base-package="cn.edu.ahcbxy.controller" />
<!-- MVC 的注解驱动 -->
<mvc:annotation-driven />
<!-- 视图解析器 -->
<bean
class="org.springframework.web.servlet.view.InternalResourceViewResolver">
  <property name="prefix" value="/WEB-INF/jsp/" />
  <property name="suffix" value=".jsp" />
</bean>
<!-- 配置资源映射 -->
<mvc:resources location="/css/" mapping="/css/**"/>
<mvc:resources location="/js/" mapping="/js/**"/>
<mvc:resources location="/echarts/" mapping="/echarts/**"/>
<mvc:resources location="/assets/" mapping="/assets/**"/>
<mvc:resources location="/img/" mapping="/img/**"/>
```

接着编写 web.xml 文件，配置 Spring 监听器、编码过滤器和 SpringMVC 的前端控制器等信息，具体内容如下：

```
<display-name>Weblog</display-name>
<welcome-file-list>
  <welcome-file>index.html</welcome-file>
</welcome-file-list>
<!-- 加载 Spring 容器 -->
<context-param>
  <param-name>contextConfigLocation</param-name>
  <param-value>classpath:spring/applicationContext.xml</param-value>
</context-param>
<listener>
<listener-class>org.springframework.web.context.ContextLoaderListener</listener-class>
</listener>
<!-- 解决 post 乱码 -->
<filter>
  <filter-name>CharacterEncodingFilter</filter-name>
<filter-class>org.springframework.web.filter.CharacterEncodingFilter</filter-class>
  <init-param>
    <param-name>encoding</param-name>
    <param-value>utf-8</param-value>
```

```
        </init-param>
    </filter>
    <filter-mapping>
        <filter-name>CharacterEncodingFilter</filter-name>
        <url-pattern>/*</url-pattern>
    </filter-mapping>
    <!-- 配置 SpringMVC 的前端控制器 -->
    <servlet>
        <servlet-name>data-report</servlet-name>
    <servlet-class>org.springframework.web.servlet.DispatcherServlet</servlet-class>
        <init-param>
            <param-name>contextConfigLocation</param-name>
            <param-value>classpath:spring/springmvc.xml</param-value>
        </init-param>
        <load-on-startup>1</load-on-startup>
    </servlet>
    <!-- 拦截所有请求，jsp 除外 -->
    <servlet-mapping>
        <servlet-name>data-report</servlet-name>
        <url-pattern>/</url-pattern>
    </servlet-mapping>
    <!-- 全局错误页面 -->
    <error-page>
        <error-code>404</error-code>
        <location>/WEB-INF/jsp/404.jsp</location>
    </error-page>
```

编写数据库配置参数文件 db.properties，具体内容如下：

```
jdbe .driver= com. mysql .jdbe.Driver
jdbc.url-jdbc:mysql://hadoop1:3306/studentdb?characterEncoding-utf-8
jdbe.username=root
jdbc.password=1QAZ2wsx#
```

配置 MyBatis 框架相关的配置文件信息，修改 SqlMapConfig.xml 文件。由于在 applicationContext.xml 中配置使用扫描包形式创建 Mapper 代理对象，那么在 SqlMapConfig.xml 文件中就不需要再配置 Mapper 的路径了，只需要创建一个空配置文件即可。

```
<?xml version="1.0" encoding="UTF-8" ?>
<!DOCTYPE configuration PUBLIC "-//mybatis.org//DTD Config 3.0//EN" "http://mybatis.org/dtd/
    mybatis-3-config.dtd">
<configuration>
</configuration>
```

10.4.4 基于 EChart 数据可视化的实现

1. 创建数据库实体类

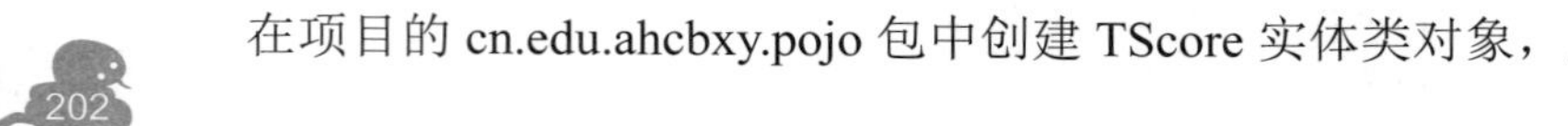
在项目的 cn.edu.ahcbxy.pojo 包中创建 TScore 实体类对象，用于封装数据库获取的

学生基本数据，在该类中定义属性的 get()/set() 方法，并重写 toString() 方法，用于自定义输出信息，具体代码如下：

```
public class TScore {
    private int id;           // 流水号
    private String no;        // 学号
    private String name;  // 姓名
    private int sum;          // 总分
}
```

TScore 实体类对象的属性值与 t_score 表中字段保持一致。

2. 实现 DAO 层

在 cn.edu.ahcbxy.mapper 包下创建 DAO 层接口 TScoreMapper，并在接口中编写查询学生成绩数据的方法，具体代码如下：

```
public interface TScoreMapper {
public List<TScore> findAll();
}
```

在 mapper 包下创建 MyBatis 映射文件 TScoreMapper.xml，并在映射文件中编写查询语句，具体代码如下：

```
<?xml version="1.0" encoding="UTF-8"?>
<!DOCTYPE mapper PUBLIC "-//mybatis.org//DTD Mapper 3.0//EN" "http://mybatis.org/dtd/
    mybatis-3-mapper.dtd" >
<mapper namespace="cn.edu.ahcbxy.mapper.TScoreMapper">
<select id="findAll" resultType="cn.edu.ahcbxy.pojo.TScore">
    select *
    from t_score;
</select>
</mapper>
```

编写了一条 SQL 语句，用来查询 t_score 表中的所有数据。

3. 实现 Service 层

在 cn.edu.ahcbxy.service 包下创建 Service 层接口 ScoreService，在接口实现在 ScoreServiceImpl 中编写一个获取学生成绩数据的方法，具体代码如下：

```
@Service
public class ScoreServiceImpl implements ScoreService {
    @Autowired
    private TScoreMapper mapper;
    @Override
    public String getScore() {
        List<TScore> lists = mapper.findAll();
        List<String> names = new ArrayList<String>();
        List<Integer> scores = new ArrayList<Integer>();
        for (TScore score : lists) {
            names.add(score.getName());
            scores.add(score.getSum());
        }
```

```
        ScoreBean bean = new ScoreBean();
        bean.setNames(names);
        bean.setScores(scores);
        ObjectMapper om = new ObjectMapper();
        String beanJson = null;
        try {
            beanJson = om.writeValueAsString(bean);
        } catch (JsonProcessingException e) {
            e.printStackTrace();
        }
        System.out.println(beanJson);
        return beanJson;
    }
}
```

上述代码将查询的数据放入 ScoreBean 集合中，这样就可以利用 Jackson 工具类中 ObjectMapper 对象的 writeValueAsString() 方法将集合转换成 JSON 格式的数据并发送给前端。

4. 实现 Controller 层

在 cn.edu.ahcbxy.controller 包下创建 controller 层的实现类 IndexController，具体代码如下：

```
@Controller
public class IndexController {
    @Autowired
    private ScoreService scoreService;
    @RequestMapping("/index")
    public String showIndex() {
        return "index";
    }
    @RequestMapping(value = "/score", produces = "application/json;charset=UTF-8")
    @ResponseBody
    public String getChart() {
        System.out.println(" 获取学生成绩信息 ");
        String data = scoreService.getScore();
        return data;
    }
}
```

在上述代码的 getChart() 方法中，通过 scoreService 对象调用 getScore() 方法将 JSON 格式数据返回给前端并定义实现数据可视化页面时，前端请求后端获取数据的指定参数为“/score”。

5. 实现页面展示

在 echarts-view.js 文件中创建 score() 方法，通过在 index.jsp 的成绩分布按钮下调用 score() 方法，实现成绩分布的可视化展示，核心 js 代码片段如下：

```
<div id="main1" style="width: 100%; height: 400px;"></div>
<script type="text/javascript">
```

```
$(document).ready(function () {
  var myChart = echarts.init(document.getElementById('main1'));
  // 显示标题、图例和空的坐标轴
  myChart.setOption({
    title: {
        text: ' 班级学生成绩分布 ',
        subtext: ' 动态数据 '
    },
    tooltip: {},
    legend: {
      data: [' 学生姓名 ']
    },
    xAxis: {
      data: []
    },
    yAxis: {},
      series: [{
        name: ' 学生成绩 ',
        type: 'bar',
        data: []
      }]
    });
    //loading 动画
    myChart.showLoading();
    // 异步加载数据
    $.get('http://localhost:8080/score').done(function (data) {
      myChart.setOption({
        xAxis: {
           data: data.names
        },
        series: [{
          // 根据名字对应到相应的系列
          name: ' 学生成绩 ',
          data: data.scores
        }]
      });
      // 数据加载完成后再调用 hideLoading() 方法隐藏加载动画
      myChart.hideLoading();
    });
  });
</script>
</div>
```

通过 Ajax 异步请求获取 JSON 数据，并将 JSON 数据动态填充到柱状图模板，通过 setOption 将填充数据的柱状图加载到容器中实现数据可视化功能。

10.4.5 功能展示

至此代码编写完毕，接下来右击项目，执行 Run As → Maven build 命令，在 Goals 文本框中输入“tomcat7:run”启动 Tomcat 服务，在浏览器输入“http://localhost:8080/index.html”网址，展示效果如图 10-11 所示。

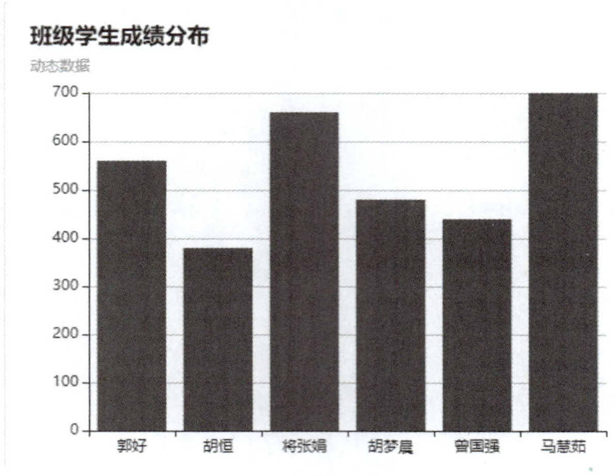

图 10-11 可视化展示效果

小 结

本章主要讲解了数据可视化的相关概念、流程和常用的工具，并通过一个基于 ECharts 的实例，讲解实现数据可视化的具体操作。

习 题

一、填空题

1. __________ 是对客观事物属性的一种符号化表示。

2. __________ 是进行数据可视化的前提条件，进行此操作的原因是通过前期的数据采集得到的数据不可避免地含有噪声和误差，数据质量较低。

3. 数据可视化一般分为三种类型，即 __________、__________ 和 __________。

4. __________ 可通过对真实数据的采集、清洗、预处理、分析等过程建立数据模型，并最终将数据转换为各种图形，以打造较好的视觉效果。

5. __________ 是指对现实世界的信息进行采样，以便产生可供计算机处理的数据的过程。

二、简答题

1．简述数据可视化的类型。

2．简述数据可视化的基本流程。

三、编程题

利用 ECharts 框架制作学生专业分布的饼状图。

参考文献

[1] 林子雨．大数据技术原理与应用 [M]．2 版．北京：人民邮电出版社，2017．

[2] 孙帅，王美佳．Hive 编程技术与应用 [M]．北京：中国水利水电出版社，2018．

[3] 王宏志，李春静．Hadoop 集群程序设计与开发 [M]．北京：人民邮电出版社，2018．

[4] 中科普开．大数据技术基础 [M]．北京：清华大学出版社，2016．

[5] 杨治明，许桂秋．Hadoop 大数据技术与应用 [M]．北京：人民邮电出版社，2019．

[6] 黄源，董明，刘江苏．大数据技术与应用 [M]．北京：机械工业出版社，2020．

[7] 杨力．Hadoop 大数据开发实战 [M]．北京：人民邮电出版社，2019．

[8] 刘雯，王文兵．Hadoop 应用开发基础 [M]．北京：人民邮电出版社，2019．

[9] 周苏，王文．大数据可视化 [M]．北京：清华大学出版社，2016．

[10] 邓杰．Hadoop 大数据挖掘从入门到进阶实战（视频教学版）[M]．北京：机械工业出版社，2018．

[11] 林意群．深度剖析 Hadoop HDFS[M]．北京：机械工业出版社，2017．

[12] 刘春阳，张学龙，刘丽军．Hadoop 大数据开发 [M]．北京：中国水利水电出版社，2018．